BIOLOGIE FÜR ALLE

2. KLASSE

Margit Drexler, Helga Grössing, Brigitta Hellerschmidt

Olympe Verlag GmbH
www.olympe.at

Dieses Buch ist laut Bescheid des Bundesministeriums für Unterricht, Kunst und Kultur vom 10. Jänner 2012 (GZ BMUKK-5.000/12-Präs.8/2010) gemäß § 14 Abs. 2 und 5 des Schulunterrichtsgesetzes, BGBl. Nr. 472/86 und gemäß den geltenden Lehrplänen als für den Unterrichtsgebrauch in Hauptschulen und an allgemein bildenden höheren Schulen für die 2. Klasse im Unterrichtsgegenstand Biologie und Umweltkunde geeignet erklärt.

Schwierige und neue Wörter sind im Text orange hervorgehoben und werden in der Spalte daneben erklärt.

Wichtige Begriffe sind im Text **dick hervorgehoben**, du siehst also mit einem Blick, was in jedem Kapitel wichtig ist.

Aufgaben und Arbeitsaufträge, die du während des Unterrichts – alleine oder mit der ganzen Klasse – lösen kannst, sind in der seitlichen Spalte angegeben. Eine Lupe zeigt dir an, dass du hier selbst einen Versuch machen sollst.

Am Ende jedes Kapitels findest du in einem kurzen Merktext die wichtigsten Inhalte zusammengefasst. Du kannst also noch einmal wiederholen, was in dem Kapitel vorgekommen ist.

Nun geht's los – Aufgaben für schlaue Köpfe!
Unter diesem Motto findest du an vielen Stellen in diesem Buch Arbeitsblätter, die du ausfüllen kannst. Du wiederholst damit das, was du zuvor gelernt hast. Die Aufgaben sind mit Sternchen gekennzeichnet. Je mehr Sternchen du findest, desto schwieriger ist die Aufgabe. Du kannst diese Arbeitsblätter auch heraustrennen und in deiner Portfolio-Mappe sammeln.

Nach jedem großen Abschnitt dieses Buches haben wir für dich spannende Geschichten zu diesem Bereich, den du zuvor kennen gelernt hast, zusammengestellt. In Form einer Zeitung kannst du nachlesen, was es noch an Interessantem zu erfahren gibt. Willst du noch mehr wissen, dann nutze doch auch unsere Büchervorschläge, die du hier findest.

Umschlagbilder: Photos.com

Schulbuchnummer: 155.342

8. Auflage (2020)

Lektorat: Dr. Christian Monyk, Wien

Umschlaggestaltung, Satz, Layout: Raoul Krischanitz, Wien, transmitterdesign.com
Grafik: Raoul Krischanitz, transmitterdesign.com
Druck, Bindung: Druckerei Berger, Horn

ISBN: 978-3-902779-05-2

INHALTSVERZEICHNIS

LEBENSRAUM WALD

INSEKTEN UND SPINNENTIERE

BAUSTEINE DES LEBENS

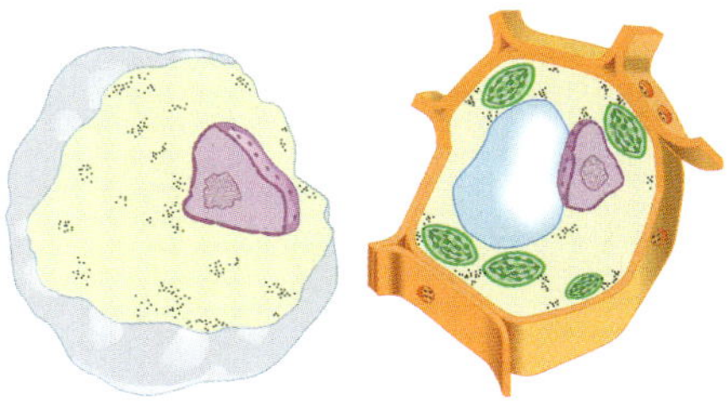

1. DER WALD IN ÖSTERREICH

Waldflächen in Österreich

Der Wald ist ein Lebensraum mit besonderer Bedeutung für Pflanzen, Tiere und Menschen.

Österreich hat eine **Fläche** von **84 000** **km²**. Davon sind 39 000 km² mit Wald bedeckt. Damit gehört Österreich zu den waldreichsten Ländern Europas. Nur Finnland und Schweden besitzen mehr Waldfläche.

Waldtypen in Österreich

Der **Boden**, die **Temperatur**, das **Wasser**, das **Licht** und die **geografische Höhe** haben **Einfluss** darauf, welche **Bäume** in einem Wald **gedeihen**. So gibt es in Österreich verschiedene Waldtypen, die mit Ausnahme des Auwaldes nach den dort vorherrschenden Bäumen benannt werden.

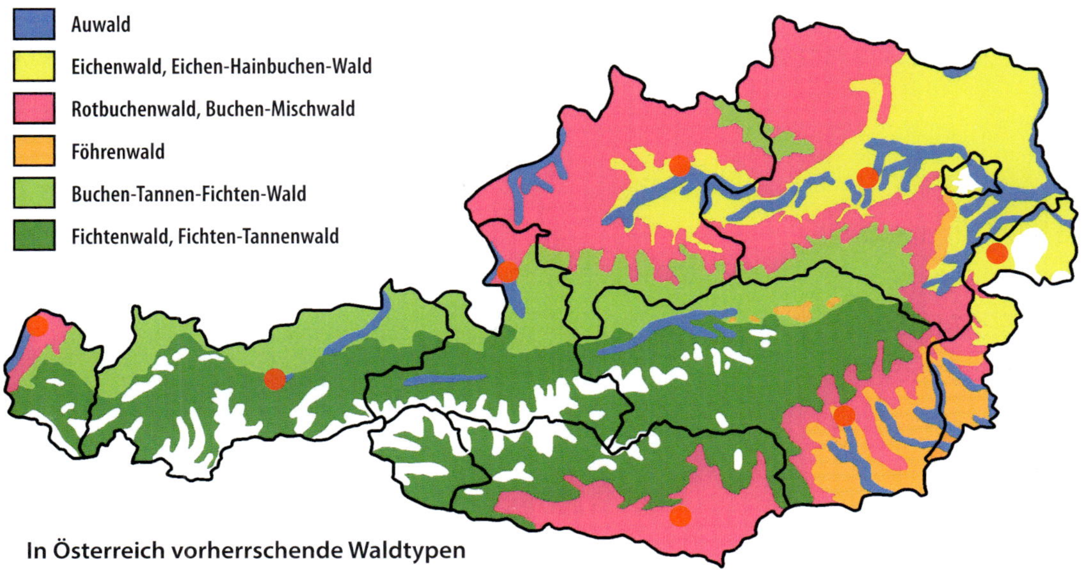

In Österreich vorherrschende Waldtypen

Ein Urwald in Österreich?

Wälder, die ohne Eingriffe des Menschen wachsen, bezeichnet man als **ursprüngliche Wälder** oder **Urwälder**. In diesen Urwäldern bleiben umgestürzte Bäume (Totholz) liegen. Dieses Totholz verrottet und wird schließlich zu **Humus**, der Mineralstoffe für andere Pflanzen liefert. Es herrscht ein **natürlicher Stoffkreislauf**.

Südlich von Lunz am See in Niederösterreich gibt es noch so einen Urwald. Seit dem Ende der letzten Eiszeit, also seit 12 000 Jahren, wurde ein Teil des Rothwaldes in den niederösterreichischen Kalkalpen praktisch nie von Menschen genutzt. Der Rothwald ist mit ca. 40 km² Fläche der größte Urwald Europas. Er darf ausschließlich zu Forschungszwecken genutzt und betreten werden.

Rothwald in NÖ

km²: Quadratkilometer, Flächenmaß: 1 000 m x 1 000 m

Betrachte im Atlas eine Österreichkarte! Welche Bundesländer haben viel Wald?

geografische Höhe: Höhe über dem Meeresspiegel

gedeihen: wachsen

Mischwald: In einer Waldlandschaft wachsen verschiedene Arten von Laubbäumen oder Laub- und Nadelbäume gemischt.

Finde mit Hilfe der Abbildung heraus, welche Waldtypen es in deinem Bundesland gibt!

Humus: Gemisch verschiedener toter und tierischer Substanzen, die durch Um- und Aufbauvorgänge zersetzt wurden

natürlicher Stoffkreislauf: Alle Substanzen in einem Lebensraum werden wieder verwendet, nichts geht verloren.

Urwaldbach im Rothwald mit Totholz

Fichtenwald

nachhaltig: ein natürliches System ausschließlich so nützen, dass es in seinen wesentlichen Eigenheiten erhalten bleibt

Buchenwald

Buchen sind in Österreich weit verbreitet. Viele Orte in Österreich enthalten das Wort „Buch", das sich von Buche ableitet. Welche Orte kennst du?

Schau dich in deiner Umgebung um! Was alles ist aus Holz gemacht?

Fast **die Hälfte** der Fläche **Österreichs** ist mit **Wald** bedeckt. Der Wald ist ein **wichtiger Lebensraum** für **Tiere** und **Pflanzen**. Eine **naturnahe Waldwirtschaft** erhält die biologische Vielfalt.

In Österreich werden die meisten Wälder von Menschen bewirtschaftet und verändert. Man nennt diese Wälder **Forste**. In diesen Forsten wurden früher häufig nur Fichten gepflanzt, weil sie rasch wachsen. So erhielt man schneller Holz, das man verkaufen konnte. Auch heute noch ist Fichtenholz die häufigste Holzart, die in Österreich verarbeitet wird, gefolgt von Buchen-, Föhren- und Lärchenholz.

Naturnahe Waldwirtschaft

In Österreich legt die moderne Forstwirtschaft besonderen Wert auf eine **nachhaltige Bewirtschaftung** von Waldflächen. Der Mensch versucht also, den Wald so zu nutzen, dass die biologische Vielfalt (Tiere, Pflanzen und Pilze) erhalten bleibt.

Naturnaher Wald

Merkmale eines naturnahen Waldes:

- Es werden Bäume gepflanzt, die auch tatsächlich in diesem Gebiet heimisch sind.
- Es wird darauf geachtet, dass neben alten Baumbeständen auch wieder junge Bäume wachsen können und es so zu einer **Waldverjüngung** kommt.
- Weil unterschiedlich alte Bäume verschieden hoch sind, sind sie auch widerstandsfähiger gegen Umwelteinflüsse.
- Ein naturnaher Wald bietet vielen verschiedenen Tier- und Pflanzenarten einen Lebensraum.

Ökosystem Wald

Biologen und Biologinnen bezeichnen den Wald als **Ökosystem**. Das Wort Öko kommt aus dem Griechischen und heißt **Heimat**, **Haushalt**.

Der Wald ist Heimat für viele verschiedene Lebewesen. So bilden Tiere, Pflanzen und Pilze des Waldes – die **belebte Natur** – eine Lebensgemeinschaft. Sie wird in der Biologie auch **Biozönose** genannt. Aber auch die **unbelebte Natur** (z. B. Temperatur, Wasser, Licht), die von Biologen und Biologinnen **Biotop** genannt wird, hat großen Einfluss auf die Tiere und Pflanzen des Waldes. Biozönose und Biotop bilden zusammen ein Ökosystem.

Nun geht's los – Aufgaben für schlaue Köpfe!

1) **Wie alt ist ein Baum?** Wie man das Alter eines Baumes erkennen kann, erfährst du, wenn du diesen Informationstext liest! Dann beantworte die Fragen dazu! ★★★

A: Jahresringe entstehen, …

- ☐ wenn der Baumstamm in die Breite wächst.
- ☐ wenn der Baum in die Höhe wächst.

B. Zu welcher Jahreszeit hören die Holzzellen zu wachsen auf? ______________________

C. Wann entstehen schmale Ringe? ______________________

2) **Welche Lebensräume kennst du?** Neben dem Wald gibt es noch viele andere Lebensräume, die du nun benennen sollst! ★

1 ______________________

2 ______________________

3 ______________________

4 ______________________

5 ______________________

Nun geht's los – Aufgaben für schlaue Köpfe!

3) **Reise ins Innere eines Baumstammes** – Jahr für Jahr wird der Stamm eines Baumes dicker. So kann er das höhere Gewicht seiner Äste tragen. Wie es im Inneren aussieht, zeigt dir diese Abbildung. **Lies dir zuerst diese Kurzinformation zu den einzelnen Schichten genau durch, dann kannst du die Nummern richtig einsetzen ! ★★★**

A. Das **KERNHOLZ** ist der innerste Teil des Stammes. Es ist abgestorben und sehr hart und macht den Baumstamm fest und widerstandsfähig.

B. Im **SPLINTHOLZ**, das aus noch lebenden Zellen besteht, werden Wasser und Mineralstoffe von den Wurzeln in alle Teile des Baumes geleitet. Hier werden auch Zucker und Stärke gespeichert.

C. Die **MARKSTRAHLEN** verlaufen von innen nach außen und versorgen den Stamm mit Wasser und Nährstoffen.

D. Das **KAMBIUM** ist die Wachstumsschicht des Baumstammes. Nach innen bildet es jedes Jahr einen neuen Ring Splintholz. So nimmt der Stamm an Dicke und Stärke zu. Nach außen bildet das Kambium den Bast.

E. Der **BAST** ist die innere Schicht der Rinde. In dieser Schicht werden die in den Blättern gebildeten Nährstoffe in alle Teile des Baumes und damit auch in die Wurzeln geleitet.

F. Die **BORKE** ist die äußere, abgestorbene Schicht des Stammes. Sie schützt den Baum vor Sonne, Regen und Schädlingen.

4) **Teste dein Wissen!** – Ordne die Wortgruppen dem jeweiligen Wald richtig zu! ★★

Rothwald ★ natürlicher Stoffkreislauf ★ Fichten werden gepflanzt ★ von Menschen verändert ★ wächst ohne Eingriffe des Menschen ★ die meisten Wälder in Österreich

URWALD	FORST

5) **Welche Sätze sind richtig?** Male die passenden Buchstaben an! ACHTUNG: Nur 2 Angaben sind richtig! ★

A Österreich ist das waldreichste Land Europas. B Österreich gehört zu den waldreichsten Ländern in Europa, nur in Schweden und Finnland wächst mehr Wald. C In Österreich wächst kaum Wald. D In Österreich gibt es einen Urwald. E In Österreich werden heute ausschließlich Fichtenwälder gepflanzt. F Den Rothwald in Niederösterreich bezeichnet man als Forst.

2. DER WALD – EIN ÖKOSYSTEM

Ökologischer Kreislauf im Wald

Bereits im Vorjahr hast du einiges über den ökologischen Kreislauf in einem Ökosystem erfahren. Die Abbildung zeigt dir den Aufbau eines ökologischen Kreislaufs im Ökosystem Wald.

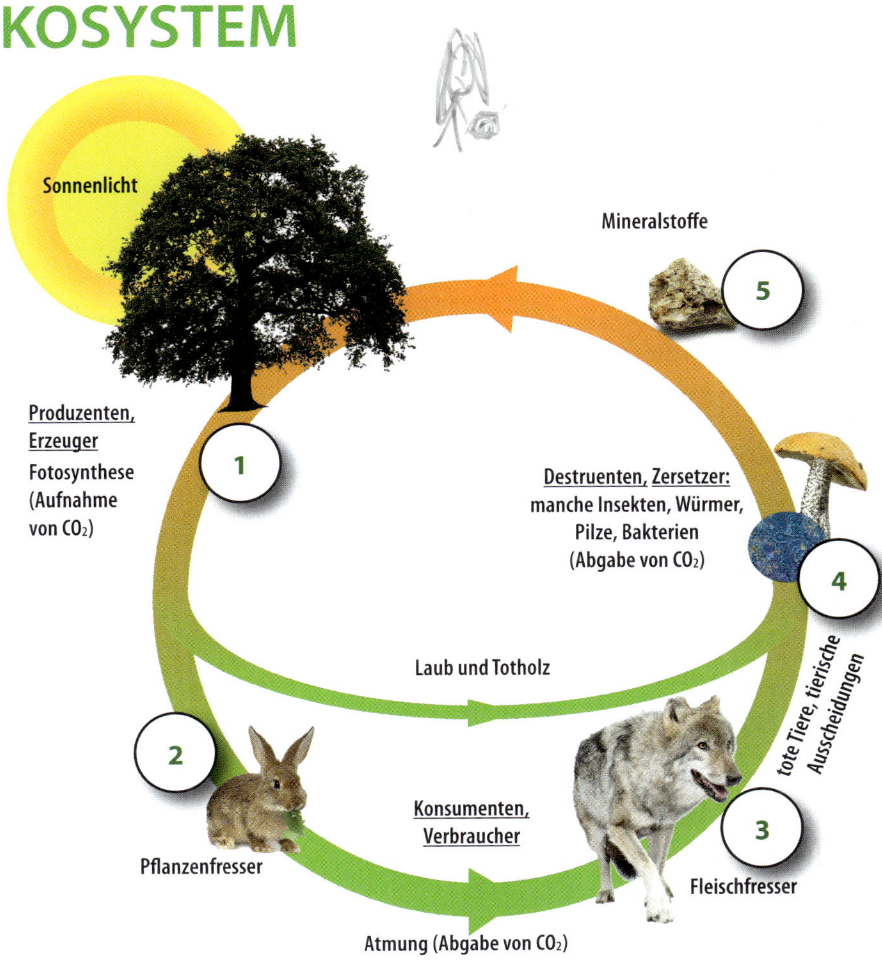

1. Pflanzen erzeugen bei der Fotosynthese Nährstoffe, die sie zum Leben brauchen (Produzenten). Dabei verbrauchen sie Kohlenstoffdioxid.

2. Sie sind Nahrung für Pflanzenfresser (Konsumenten).

3. Diese wiederum sind Nahrung für Fleischfresser (Konsumenten). Konsumenten und Destruenten geben CO_2 ab.

4. Die Destruenten fressen und zersetzen tierische Ausscheidungen, tote Tiere, Laub und Totholz. Es entstehen Wasser, Kohlenstoffdioxid und Mineralstoffe.

5. Mineralstoffe werden von den Pflanzen aufgenommen und zusammen mit Wasser, Sonnenlicht und Kohlenstoffdioxid zur Herstellung von Nährstoffen benötigt.

Auf diese Art und Weise schließt sich der Stoffkreislauf. Dabei geht nichts verloren.

Fressen und gefressen werden: Nahrungsketten und Nahrungsnetze

In einem gesunden Ökosystem gibt es viele **verschiedene Pflanzen-** und **Tierarten**.

Je artenreicher ein Ökosystem ist, desto mehr **Nahrungsketten** gibt es. Pflanzen und Tiere können Bestandteil mehrerer Nahrungsketten sein. Dadurch entstehen **Nahrungsnetze**. Merke: Pflanzen stehen immer am Beginn einer Nahrungskette.

Auf dieser Abbildung ist ein einfaches Beispiel für ein Nahrungsnetz im Ökosystem Wald zu sehen.

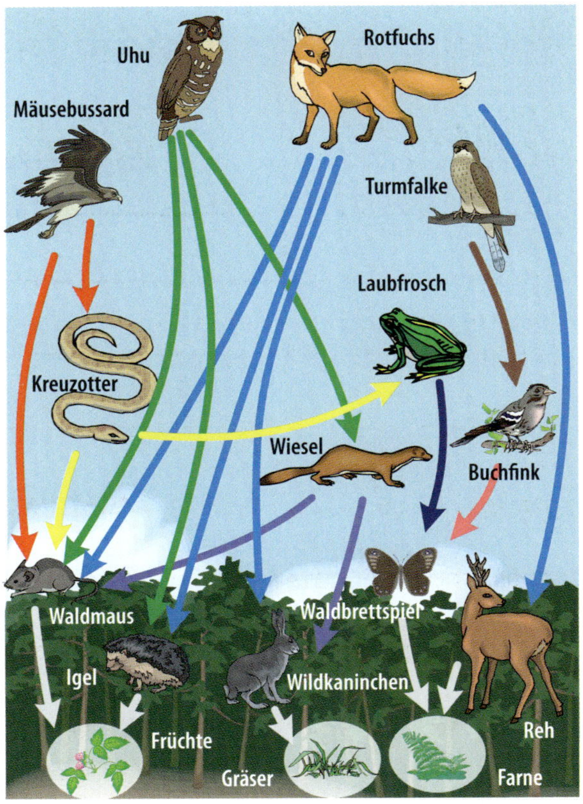

Nahrungsnetz im Wald

Betrachte diese Abbildung! Welche Nahrungsketten sind hier zu sehen?

Welche Tiere sind Bestandteil mehrerer Nahrungsketten?

Welche Bedeutung haben die Pflanzen in Nahrungsketten?

Wer hat keine Fressfeinde?

Fressfeind: Tier, das ein anderes Tier tötet und frisst

Hast du das gewusst?
In Österreichs Wäldern gibt es mehr als 3 000 Pflanzenarten und mehr als 5 000 Tierarten.

Setze dich beim nächsten Ausflug in den Wald unter einen Baum! Wenn du ganz still bist, wirst du viele verschiedene Geräusche hören. Sicher sind auch unterschiedliche Vogelstimmen dabei.

Sträucher: Holzgewächse ohne Stamm; sie bilden Äste und Zweige aus Holz

Warte: Ort, von dem aus man einen guten Überblick hat

Zapfen: Fruchtstand von Nadelbäumen

Bohrgang: Gang, den Insektenlarven unter der Baumrinde beim Fressen bohren

Ritze: Spalt

Produzenten, **Konsumenten** und **Destruenten** bewirken den **Stoffkreislauf** des Waldes. Eine **große Zahl** an **Tieren** kann im Wald zusammenleben, da jede Tierart ihre **eigenen Bedürfnisse** und **Aufgaben** hat. Man nennt das eine **ökologische Nische**. In einem gesunden Wald herrscht ein **biologisches Gleichgewicht**.

Ökologische Nischen

Trotz der Vielzahl an Tierarten, die im Wald Schutz vor Feinden, aber auch Nistplätze und Nahrung suchen, behindern sie einander kaum. Denn jede Tierart hat **unterschiedliche Bedürfnisse** und **Lebensgewohnheiten**:

So suchen Tiere unterschiedliche Plätze, um ihre Wohnungen oder Nistplätze zu bauen.	Sie fressen unterschiedliche Nahrung.	Manche sind am Tag, andere in der Nacht aktiv.

Jede **Tierart** aber auch jede **Pflanzenart** hat eine bestimmte **Aufgabe**, die sich von den Aufgaben anderer Arten unterscheidet. So können verschiedene Arten zusammen leben, da jede Art eine eigene **ökologische Nische füllt**. Eine ökologische Nische ist die Funktion, also die Aufgabe oder Rolle, die eine Art in diesem Lebensraum hat.

Viele Vögel bevorzugen Bäume und **Sträucher** als Lebensraum und Futterquelle. Die folgende Abbildung ist nur eines von vielen Beispielen. Sie zeigt dir, wie verschiedene Vogelarten denselben Lebensraum unterschiedlich nutzen. Sie zeigt dir aber auch, wie diese Vogelarten in ihrem Lebensraum aufgrund ihrer Verhaltensweisen, ihrer Nahrungssuche, aber auch der unterschiedlichen Nutzung von Nahrungsquellen unterschiedliche Aufgaben erfüllen.

Das biologische Gleichgewicht in einem Ökosystem

In einem Ökosystem wie z. B. einem Wald herrscht dann ein **biologisches Gleichgewicht**, wenn viele unterschiedliche Arten nebeneinander existieren können und sich der Zustand des Ökosystems ohne Störungen nicht verändert. Schwankungen des biologischen Gleichgewichts werden ausgeglichen. Hier ein Beispiel:

Du weißt – Eulen fressen Mäuse. Wenn die Mäuse genügend Nahrung finden, vermehren sie sich stark und ihre Anzahl wächst. Dadurch können auch die Eulen viele Junge ernähren. Viele Eulen fressen viele Mäuse, dadurch sinkt die Zahl der Mäuse. Dann können die Eulen nicht alle Jungen ernähren, sodass einige verhungern. So regeln die Gejagten die Zahl der Jäger. Das biologische Gleichgewicht ist wieder hergestellt.

Nun geht's los – Aufgaben für schlaue Köpfe!

1) **Kennst du alle Tiere und Pflanzen?** Auf dieser Abbildung des Nahrungsnetzes ist vieles nicht beschriftet. Trage ihre Namen in die Kästchen ein! ★★

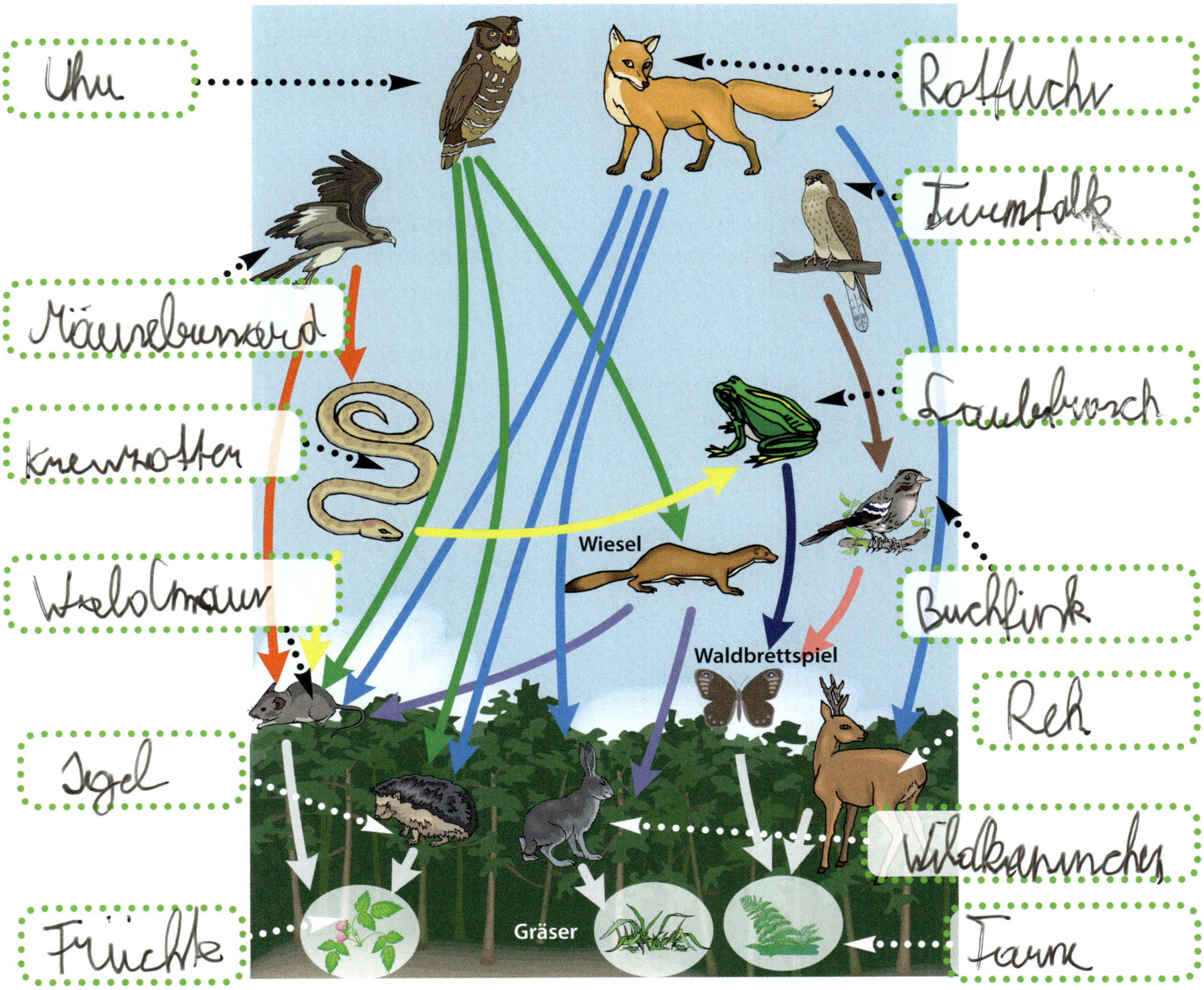

2) **Wer frisst wen?** Bestimme zwei Nahrungsketten aus dieser Abbildung und schreibe sie in ganzen Sätzen auf! ★★★

Nahrungskette 1: ____

____

____

Nahrungskette 2: ____

____

____

Nun geht's los – Aufgaben für schlaue Köpfe!

3) **Experten/Expertinnen-Quiz** – Wie heißen die Fachausdrücke? Schreibe sie über den Text! ★★

____
Viele unterschiedliche Arten können nebeneinander existieren.

____
Sie beschreibt die Funktion, aber auch die Aufgaben oder Rollen, die ein Tier in einem Lebensraum hat.

____
Pflanzen und Tiere können Bestandteil mehrerer Nahrungsketten sein.

4) Gestalte einen ökologischen Kreislauf! Die Abbildungen helfen dir dabei! Zeichne Pfeile ein und verwende bei der Beschriftung die richtigen Fachausdrücke (Produzent, Destruent, Konsument)! ★★★★

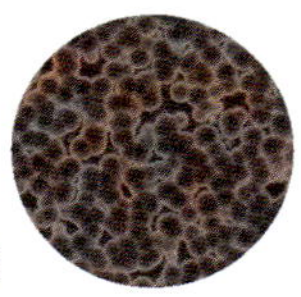

5) Bei diesem Merktext über den ökologischen Kreislauf ist einiges verloren gegangen. Fülle die Lücken! ★★★

Der ökologische Kreislauf

Pflanzen erzeugen bei der ______________ Nährstoffe. Sie sind ______________. Die Maus frisst die Samen und die Früchte der Pflanzen. Sie ist ein Pflanzenfresser und Konsument. Die Eule frisst die ________. Deshalb gehört die Eule zu den ________fressern. Sie ist ein ______________. Manche Insekten, Würmer, Pilze und Bakterien fressen und zersetzen Ausscheidungen von Tieren, Laub und ______________. Sie sind ______________.

3. FUNKTIONEN DES WALDES

Der Wald schützt uns

Bannwald

Bannwälder schützen vor **Lawinen**, **Muren**, **Erdrutschen** und **Felsstürzen**.

Die Wurzeln der Bäume halten die Erde fest. Sie verhindern dadurch, dass Wasser und Wind den Erdboden abtragen. Dieses Abtragen nennt man **Erosion**. Die Bäume verhindern auch, dass große Schneemassen ungebremst ins Tal stürzen.

Mure: Schlammlawine

Lawinenwarnung

Was bedeutet diese Tafel?

Diese Fotos zeigen dir deutlich, was geschieht, wenn es keinen Wald gibt.

Lawine

Mure

Lawinenverbau

Fehlt der Wald, so muss der Mensch versuchen, diese Gefahren durch **künstliche Hindernisse** wie teure **Lawinenverbaue** zu verringern.

Der Wald speichert Wasser

Im Waldboden wird Wasser gespeichert. So werden **Überschwemmungen** und Hochwasser verhindert.

Überschwemmung: Das Wasser tritt aus dem Bach- oder Flussbett. Das Land wird mit Wasser bedeckt.

Die Blätter fangen die Wassertropfen auf, die langsam zu Boden gleiten. **Baumwurzeln** nehmen **Wasser** auf und **Moospflanzen** speichern es. Wasser, das nicht gespeichert wird, versickert langsam im Boden und erreicht das **Grundwasser**.

Grund- und **Quellwasser** aus österreichischen Wäldern haben Trinkwasserqualität.

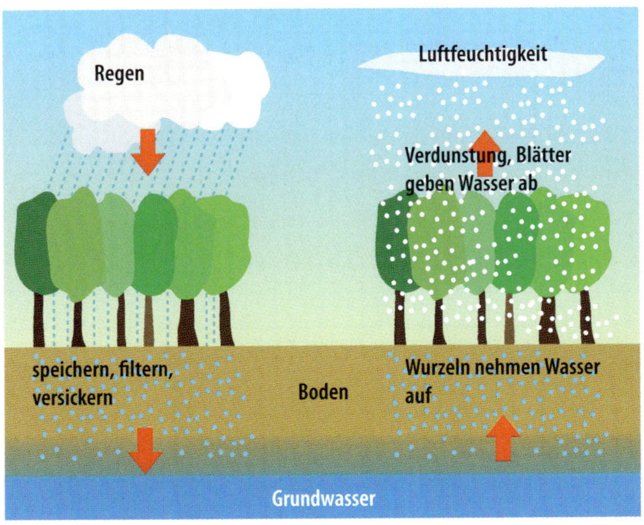

Wald als Wasserspeicher

Grundwasser: Regenwasser, das durch den Erdboden sickert und auf einer wasserundurchlässigen Schicht gestaut wird

Quellwasser: Wasser, das aus natürlichen unterirdischen und vor Schadstoffen geschützten Speichern entspringt, nachdem es viele Meter durch Gestein gesickert ist

Beschreibe mit Hilfe der Abbildung die Bedeutung des Waldes als Wasserspeicher!

Der Wald verbessert die Luft

Klimaregulator Wald

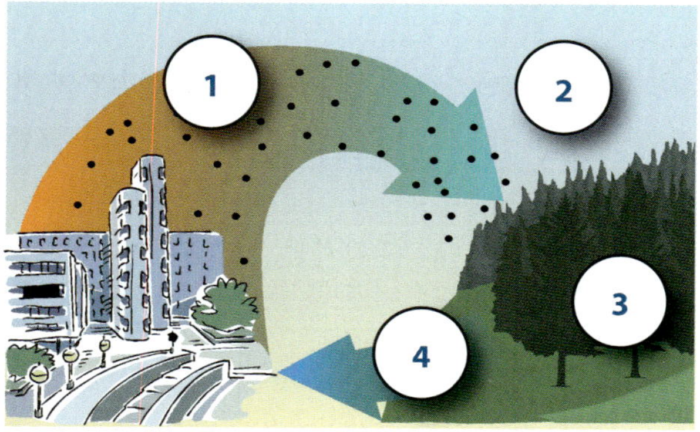

Der Wald beeinflusst das Klima.

Der **Wald** schafft in seiner **Umgebung** ein **gesundes Klima**. Wie das geht, zeigt dir die folgende Abbildung:

1. Die erwärmte, verschmutzte Luft steigt über der Stadt auf.

2. Sie kühlt ab und sinkt dabei wieder zu Boden. Die Pflanzen des Waldes **befeuchten die abgekühlte Luft**.

3. Der Wald **reinigt die Luft**. Staub bleibt an den Blättern hängen. Pflanzen geben Sauerstoff ab und filtern manche Abgase aus der Luft. Der Wald **verbessert die Luft**.

4. Die feuchte, saubere und kühlere Luft wird an die Umgebung abgegeben.

Sammle mit deinem Sitznachbarn/deiner Sitznachbarin Gründe, warum der Wald geschützt werden muss!

Sprecht in der Klasse von Ausflügen in den Wald! Welche Tiere oder Pflanzen habt ihr gesehen?

Wild: wild lebende Tiere, die gejagt werden

Der Wald ist Erholungsraum

Viele Menschen machen am Wochenende einen Ausflug in den Wald. Der Wald ist zu einem wichtigen **Erholungsraum** für die **Menschen** geworden. In Österreich kann fast jeder Wald frei betreten werden.

Dass man nicht lärmt und auf den markierten Waldwegen bleibt, um das **Wild** nicht zu erschrecken, versteht sich von selbst. Auch Abfall hat keinen Platz im Wald. Er muss mitgenommen und zu Hause richtig entsorgt werden.

Erholungsraum Wald

Holzstoß

Der Wald ist Rohstofflieferant

Der Wald liefert uns Holz. Verschiedene Holzarten werden als **Brennstoff**, **Bauholz** (Häuser, Dachstühle, Treppen usw.) und **Möbelholz** verwendet. Auch **Papier** wird aus Holz gemacht.

Forstarbeiten

Der Wald ist **Arbeitsplatz für viele Menschen** (Förster/in, Forstarbeiter/in, Jäger/in usw.).

Auch in der **Holz verarbeitenden Industrie** finden Menschen Arbeit. Forstgesetze regeln, wie viel Wald **geschlägert** werden darf, und wo **aufgeforstet** werden muss. Die wirtschaftliche Bedeutung des Holzes ist auch heute noch groß.

Holz verarbeitende Industrie: Sägewerk, Papierfabrik, Möbelfabrik usw.

schlägern: Bäume fällen

aufforsten: ein nicht bewachsenes Stück Land mit Bäumen oder Sträuchern bepflanzen

4. EINGRIFFE IN DAS ÖKOSYSTEM WALD

Durch Eingriffe des Menschen kommt es in der belebten und unbelebten Natur zu Veränderungen. Das wirst du hier anhand einiger Beispiele erfahren.

Schädlinge

Schädlinge können in **Monokulturen** viel Schaden anrichten. Sie vernichten oft ganze Waldlandschaften. **Abhilfe gegen Schädlinge** schafft das Aufforsten von Mischwäldern. In diesen können sie sich nicht so gut vermehren.

Wildschäden

Hirsch- und Rehfleisch wird als Spezialität von den Menschen geschätzt und lässt sich gut verkaufen. Die Jagd ist somit ein wichtiger Wirtschafts**faktor**. Daher legt der Mensch Wert auf hohe Wildbestände. Für diese gibt es aber nur einen relativ kleinen Lebensraum und begrenzt Nahrung. So fressen Hirsche und Rehe junge Wipfelknospen. Dies führt dazu, dass der **Baum** nicht mehr richtig wächst und klein bleibt. Er **verbuscht**.

Hirsche und Rehböcke reiben aber auch ihr Geweih an jungen Bäumen und streifen dadurch den **Bast** von ihrem Geweih ab. **Fegeschäden** kannst du vor allem an Lärchen, Föhren und Pappeln sehen. Sie sterben dadurch oft ab und so gehen verschiedene Baumarten im Wald verloren. Da die Baumrinde viele Nährstoffe, Vitamine und Wasser enthält, hat sie für die Tiere einen hohen Futterwert. Beim **Schälen** ziehen die Tiere Stücke der Baumrinde ab und verletzen so die Wachstumsschicht. Pilze befallen den ungeschützten Stamm. Oft stirbt der Baum ab.

verbuschte Fichten

Schaden durch Schälen

Man verhindert Wildschäden, indem man Jungwälder einzäunt. Folienstreifen oder aufgetragene Schutzmittel an den Wipfeln junger Bäume verhindern den **Wildverbiss**. Auch die Fütterung des Wildes hilft.

Luftverschmutzung und saurer Regen

Geschädigter Fichtenast

Durch den Hausbrand (das Heizen), den Verkehr und die Industrie wird die Luft verschmutzt. **Staub** und **Abgase** belasten die Luft. Wenn sich Schwefeldioxid im Regenwasser löst, bildet sich eine Säure. Es entsteht saurer **Regen**. Dieser sickert in den Boden und zerstört die Baumwurzeln. Als weitere Folge gehen Bodenlebewesen zu Grunde.

Schädlinge: Lebewesen, vor allem Tiere, die in der Land- und Forstwirtschaft Schaden anrichten

Monokultur: hier: Wald, in dem nur eine Baumart wächst

Faktor: ist ein bestimmender Grund oder ein bestimmendes Element

Bast: Haut, die das Geweih während des Wachsens schützt und mit Nährstoffen versorgt

fegen: scheuern, abstreifen

Wildverbiss: Abbeißen von Knospen, Blättern und Zweigen durch Wildtiere

Gefahren für den Wald

Durch Autoabgase und andere Schadstoffe entsteht bei Sonnenschein in Bodennähe **Ozon**.
Der saure Regen und das Ozon schädigen die Blätter oder die Nadeln der Bäume. Sie können dadurch weniger Nährstoffe herstellen. Nadeln werden gelb und fallen ab. Blätter werden braun oder bekommen dunkle Flecken und fallen schließlich bereits im Sommer ab.
Durch immer mehr steigende Ozonwerte ist der Wald im Osten Österreichs bereits gefährdet!

Ozon: Form des Sauerstoffs; reizt bei Menschen und Tieren die Atemwege

Schutz der Luft heißt Schutz des Waldes

Radfahren ist gesund und hilft, die Luft sauber zu halten. Überlege, welche Gelegenheiten es gibt, bei denen man mit dem Rad statt mit dem Auto fahren kann! Welche Strecken könntest du überhaupt zu Fuß gehen?

Laubwald (Wienerwald)

In Österreich wurden in den letzten Jahren genaue Vorschriften erlassen, die den Ausstoß von Abgasen beschränken. So müssen Industriebetriebe **Filteranlagen** einbauen, damit schädliche Abgase nicht in die Luft abgegeben werden. Trotzdem enthält die Luft noch immer genug Schadstoffe. Außerdem gibt es in manchen Ländern Europas solche Vorschriften überhaupt nicht.

Um die Schadstoffbelastung in der Luft zu verringern, müssen Autos in Österreich – wie in vielen europäischen Ländern – mit einem **Katalysator** ausgestattet sein. Viele Menschen fahren aber auch mit öffentlichen Verkehrsmitteln oder mit dem Fahrrad statt mit dem eigenen Auto. Auch das hilft, die Luft zu verbessern, und nützt dem Wald.

Katalysator: Vorrichtung, die die Schadstoffe in Autoabgasen reduziert

Speierling

Wichtige Grundsätze bei der Bewirtschaftung

Natur als Vorbild: Das Klima und der Boden lassen in jedem Gebiet ganz bestimmte Bäume wachsen. Genau diese werden auch gesetzt, wenn man einen naturnahen Wald anpflanzen will. Das heißt, weder fremdländische noch standortfremde Bäume werden gepflanzt.

Naturverjüngung: Der junge Baum wächst aus einem Samen der in der Umgebung stehenden Altbäume. Auf das Setzen der Bäume, die aus Baumschulen stammen, wird – wenn möglich – verzichtet.

Baumpflege: Seltene, aber ökologisch wichtige Baumarten werden bewusst gepflegt wie z. B. Elsbeere und Speierling.

Elsbeere

Schutz des Bodens: Zum Schutz des empfindlichen Bodenlebens werden Eingriffe möglichst schonend durchgeführt. Das bedeutet, dass man nach dem Schlägern das Holz zu den Forststraßen transportiert, wenn der Boden gefroren ist. Im Gebirge werden Holzstämme oft mit **mobilen** Kleinseilbahnen befördert. So werden Bodenlebewesen am wenigsten gestört.

Keine Chemikalien: Der Einsatz von **Pestiziden** und Mineraldünger wird vermieden und ist in manchen Wäldern Österreichs wie z. B. im Wienerwald sogar verboten.

mobil: beweglich, transportabel

Pestizide: chemische Substanzen (Stoffe), die vom Menschen unerwünschte Lebewesen töten oder verhindern, dass diese keimen, wachsen oder sich vermehren

Der Wald hat viele **Aufgaben**. Er beeinflusst das Klima seiner Umgebung. Der Wald ist ein wichtiger **Wasserspeicher, Luftverbesserer** und **Rohstofflieferant**. Er ist auch Arbeitsplatz für viele Menschen. Bannwälder **schützen vor Lawinen** und **Muren**.

Nun geht's los – Aufgaben für schlaue Köpfe!

1) Wie kann es beim Baum zu Verletzungen kommen und wie heilt ein Baum seine Wunden? **Fülle die Lücken!**
Tipp: Die Silben helfen dir dabei! ★★

-bi- | -den | -en | Fe- | Ge- | -ge- | -holz | Kam- | Kern- | -linge | -mine | -ren | -schä-

Schäd- | -schloss- | -schluss | Spo- | -ta- | -tums | -um | ver- | -ver- | Vi- | Wachs- | -weih | Wund-

Ursachen für Verletzungen

Hirsche schaben an Baumrinden, um den Bast von ihrem neuen ____________________ zu entfernen. Diese Schäden nennt man ____________________. Eichhörnchen, Mäuse und Kaninchen schälen Stücke der Baumrinde ab, weil diese viele Nährstoffe, ____________________ und Wasser enthalten. Sie verletzen dabei die ____________________schicht des Baumes. Nun können Pilze den ungeschützten Baum befallen. Ihre ____________________ fliegen durch die Luft und dringen durch die offenen Stellen ein. Der Pilz breitet sich im Baum aus. Wenn das ____________________ verrottet ist, stirbt der Baum ab.

Der Baum heilt seine Wunden

Wenn ein Ast mit einem glatten Schnitt entfernt wird, wächst das ____________________ vom Wundrand aus über die Wunde und bildet neue Rinde. Ist dieser ____________________ abgeschlossen, können weder Pilze noch ____________________eindringen. Es dauert allerdings Jahre, bis die Wunde ____________________ ist.

2) Eine Meteorologin hat an einem sonnigen Sommertag an verschiedenen Stellen in Österreich die Bodentemperatur gemessen. Die Tabelle zeigt dir die Messwerte sowie die Seehöhe (geografische Höhe) der Orte. **Was schließt du daraus?** ★★★★

Ort der Messung (Seehöhe)	Bodentemperatur
Weizenfeld, Grazer Becken (330 m)	**35 °C**
Feldweg, Marchfeld (167 m)	**48 °C**
Wien, Innenstadt (172 m)	**52 °C**
Bergwald, Kitzbühler Alpen (1 241 m)	**13 °C**
Hochleitenwald, Niederösterreich (192 m)	**19 °C**

Ich schließe daraus, dass …

____

____

____

____

____

3) Wenn du möchtest, kannst du auch selbst solche Messungen der Bodentemperatur durchführen. **Nimm dazu ein Außenthermometer, einen Zettel und einen Bleistift mit, wenn du das nächste Mal einen Ausflug in den Wald machst!** ★★

Nun geht's los – Aufgaben für schlaue Köpfe!

4) Diese Plakate zeigen, wie man sich im Wald verhalten soll. Was sagen sie aus? **Betrachte die Bilder genau und beschreibe dann, welche Regeln hier gelten!** ★★★★

____

____

____

____

____

____

____

____

____

5) **Kleine Dinge – große Wirkung!** Hier findest du Vorschläge, wie jeder Haushalt zu einer gesunden Umwelt beitragen kann. **Bildet Gruppen! Sucht euch dann einen Vorschlag aus und gestaltet dazu ein Plakat! Gebt diesem Plakat auch einen Titel wie z. B. „Danke!", sagt die Umwelt!** ★★★

- Ich stelle den Kühlschrank auf 7 bis 8 °C Kühltemperatur ein!
- Mein Haus/Meine Wohnung verfügt über eine gute Wärmedämmung!
- Ich lasse meine Heizung regelmäßig überprüfen!
- Bei normal schmutziger Wäsche reicht Waschen mit 40 °C!
- Geräte, die älter als 10 Jahre sind, brauchen deutlich mehr Strom und Wasser → austauschen!
- Beim Kauf neuer Elektrogeräte (Waschmaschine, Kühlschrank, Geschirrspüler) stromsparende Geräte kaufen!
- Zu Ökostrom wechseln! – Ökostrom wird auf umweltfreundliche Weise erzeugt (Sonne, Wind, Wasser, Biomasse).
- Abfall vermeiden! Mehrwegsysteme und Recycling anwenden!
- Wegwerfen – kein Thema! Reparaturservice nutzen!
- Genug ist genug – Kaufen Sie weniger Textilien!
- Kaufen Sie Baumwollprodukte aus kontrolliertem biologischem Anbau!
- Kaufen Sie umweltverträgliche Kosmetika! Sie sind gekennzeichnet.
- Sparen Sie Papier – nutzen Sie z. B. beide Seiten beim Computerausdruck!
- Nutzen Sie auch Recycling-Papier, denn bei der Produktion wird nur $^1/_3$ der Energie und $^1/_6$ des Wassers benötigt!

5. DER MISCHWALD UND SEINE STOCKWERKE

Mischwald

Was ist ein Mischwald?

Ein Mischwald ist ein Wald, in dem verschiedene Baumarten gemeinsam vorkommen. Es gibt verschiedene Arten von Mischwäldern:

Laubmischwald: Dieser besteht aus unterschiedlichen Arten von Laubbäumen.
Nadelmischwald: Er besteht aus unterschiedlichen Arten von Nadelbäumen.
Laub-Nadelmischwald: Laub- und Nadelbäume wachsen nebeneinander.

Mischwald

Fichtenmonokultur

In einem Mischwald wachsen Pflanzen, die unterschiedlich hoch sind. Auch die Kronen der Bäume stehen weniger dicht beieinander. Dadurch kann das Sonnenlicht bis in tiefere Schichten vordringen, sodass auch dort Pflanzen wachsen können.

Auch die **Wurzeln** der verschiedenen Pflanzen reichen **unterschiedlich tief** in den Boden hinein. Das hat viele **Vorteile**:

- Die Wurzeln der Bäume halten bei starken Regenfällen die einzelnen Erdschichten besser fest.
- Bei einem Sturm schützen Bäume, die sich mit ihren langen Wurzeln im Boden gut festhalten können, Bäume mit flachen Wurzeln vor dem Umfallen.
- **Wasser** und **verschiedene Mineralstoffe aus allen Bodenschichten** können genutzt werden.

Welche Vorteile haben Monokulturen?
Der Arbeitsaufwand ist durch den Einsatz von Maschinen geringer.
Da zusammenhängende Flächen geschlägert werden können, gewinnt man rasch große Holzmengen.
Der Gewinn ist höher, da ein geringer Aufwand für die Holzgewinnung erforderlich ist.

Was ist eine Monokultur?

Fichtenmonokultur

In Österreich wurden in der Forstwirtschaft früher häufig Fichten gepflanzt. In diesen **Monokulturen** wurden alle Bäume gleichzeitig gesetzt und waren daher ungefähr gleich groß. Solche Monokulturen haben eine Reihe von Nachteilen:

- Alle Bäume verbrauchen dieselben Mineralstoffe und das Wasser aus ein und derselben Bodenschicht.
- Fichten sind **Flachwurzler**. Ihre Wurzeln können den Baum im Boden nur schlecht verankern. Deshalb sind Fichtenmonokulturen anfällig für Sturmschäden. Stürzt eine Fichte um, beschädigt sie oft die Nachbar-Fichten oder reißt diese mit zu Boden.
- Schädlinge breiten sich leichter aus, weil sie reichlich Nahrung finden.

Welche Aufgaben haben die Wurzeln einer Pflanze? Besprecht dies gemeinsam in der Klasse!

Sturmschaden

Raupen auf einem kahlen Zweig

Stockwerke des Mischwaldes

Vielleicht ist dir bei einem Waldspaziergang schon einmal aufgefallen, dass der Wald aus verschiedenen Stockwerken besteht. Hohe Bäume wachsen neben Sträuchern und jungen Bäumen. Am Boden wiederum wachsen **Farne** und **Moose**.

Berichte von einem Waldspaziergang! Was hast du beobachtet? Was ist dir aufgefallen?

Stockwerke des Waldes

Alle diese Pflanzen sind unterschiedlich hoch. Der Biologe oder die Biologin spricht von den **Schichten des Waldes**.

Ein gesunder Mischwald besteht aus der **Baumschicht**, der **Strauchschicht**, der **Krautschicht**, der **Moosschicht** und der **Bodenschicht**. In allen Schichten hat das Sonnenlicht eine besondere Bedeutung.

- **BAUMSCHICHT**: Die Bäume der Baumschicht wachsen unterschiedlich hoch. Sie bekommen das **meiste Sonnenlicht**, müssen aber auch Regen, Schnee, Kälte und Sturm aushalten. Oft sind die obersten Blätter dieser Bäume kleiner und **derber**. Sie haben festere Ränder und eine sehr widerstandsfähige Haut.

- **STRAUCHSCHICHT**: Die Sträucher und jungen Bäume der Strauchschicht erhalten nur noch **wenig Licht**.

- **KRAUTSCHICHT**: Die **krautigen Pflanzen** blühen meist im Frühling, wenn die Bäume und Sträucher noch keine Blätter haben. So nützen auch sie das Sonnenlicht. In die Krautschicht gelangt nach dem **Laubausbruch** **kaum Licht**.

- **MOOSSCHICHT**: Ist der Waldboden sehr feucht, gibt es auch eine Moosschicht. Moose brauchen **wenig Licht** und **speichern viel Wasser**. Die Moosschicht entwickelt sich in Nadelwäldern besonders gut.

- **BODENSCHICHT**: In dieser Schicht befinden sich die Wurzeln der einzelnen Pflanzen.

Jeder Platz im Wald – von der obersten Baumkrone bis zur kleinsten Wurzelspitze – wird, wie du bereits in den vorigen Kapiteln erfahren hast, auch von vielen verschiedenen Tierarten **besiedelt**.

derb: grob

krautige Pflanzen: ihre Stängel enthalten kein Holz

Laubausbruch: Wachsen der Blätter im Frühling

besiedeln: bewohnen

Welche Frühblüher kennst du noch aus dem Vorjahr? Was hast du dir über sie gemerkt?

In einem **Mischwald** können verschiedene **Laubbäume**, **Nadelbäume** oder **Laub- und Nadelbäume** wachsen. Mischwälder sind **artenreich** und **widerstandsfähig**. Die Schichten des Mischwaldes heißen **Baumschicht**, **Strauchschicht**, **Krautschicht**, **Moosschicht** und **Bodenschicht**.

Nun geht's los – Aufgaben für schlaue Köpfe!

1) **Woher kommt das Licht?** Licht ist ein besonders wichtiger Faktor für den Pflanzenwuchs. Licht ist verantwortlich für den Stockwerkbau des Waldes. Das linke Foto zeigt einen Baum, der allein steht und von allen Seiten Licht bekommt. Das rechte Foto zeigt Bäume, die in einem Wald stehen und hauptsächlich von oben Licht erhalten. **Betrachte zuerst die Fotos genau! Dann zeichne in die Abbildungen mit Pfeilen ein, woher jeweils das Licht kommt! ★★**

2) Welcher Text passt zu welchem Bild? **Trage die Buchstaben aus der Aufgabe 1 hier ein! ★**

Es gibt eine Lichtversorgung von allen Seiten, sodass der Baum in die Breite wächst und bis zum Boden Äste hat.	◯
Nur am Waldrand sind die Bäume auf der dem Licht zugewandten Seite voller Äste.	◯
Da das Licht nur von oben kommt, wachsen die Bäume ihm entgegen. Sie haben lange, astarme Stämme.	◯

3) **Knifflige Fragen** – **Wie lautet die Antwort? ★★**

a) Warum wachsen, blühen und fruchten viele Pflanzen der Krautschicht so zeitig im Frühling?

Weil die ______________________________

____

____

b) Wozu brauchen die Pflanzen das Licht?

Sie brauchen es ______________

____

____

Nun geht's los – Aufgaben für schlaue Köpfe!

4) Die Beschriftung dieses Schaubildes bei einem Waldlehrpfad ist schon etwas verblasst. **Mache sie wieder neu, indem du dieses Bild richtig beschriftest! ★★**

Baumschicht

Strauchschicht

Krautschicht

Moosschicht

Bodenschicht

5) **Experten/Expertinnen-Quiz!** Welcher Fachausdruck passt zu den jeweiligen Aussagen? **Verbinde die zusammenpassenden Kästchen mit Hilfe eines Lineals mit Pfeilen! ★★★**

Hier wachsen die Wurzeln der Pflanzen.	Moosschicht
Sie entwickelt sich besonders gut in Nadelwäldern.	Bodenschicht
Die Pflanzen bekommen das meiste Sonnenlicht.	Baumschicht
Hierher fällt im Sommer schon sehr wenig Licht ein.	Krautschicht
Viele Pflanzen blühen hier zeitig im Frühling.	Strauchschicht

6) **Notiere hier jeweils 1 Vorteil und 1 Nachteil von Monokulturen! ★★**

VORTEIL	NACHTEIL

6. DER AUWALD – EIN LAUBMISCHWALD

Auwald entlang eines Flusses

Auwälder sind Laubmischwälder in der Nähe von **Fließgewässern**. Hier wachsen Pflanzen, die gut an den feuchten Lebensraum angepasst sind. Sie halten **Überschwemmungen** und einen hohen Wasserstand über längere Zeit aus. Mit jeder Überschwemmung verändert sich aber dieser Lebensraum. So wird Land vom Fluss weggespült und Flussschlamm lagert sich an manchen Stellen ab.

Fließgewässer: Flüsse, Bäche

Welchen Auwald kennst du in der Nähe deines Wohngebietes? Wenn du schon einmal einen Ausflug in einen Auwald gemacht hast, berichte darüber in der Klasse!

Bereiche des Auwaldes

Je nachdem, wie häufig ein bestimmtes Gebiet überflutet wird, gliedert sich der Auwald in unterschiedliche Bereiche.

Bereiche des Auwaldes

Gehölzfreie Au: Dieser Bereich wird so oft überschwemmt, dass dort kein Baum wachsen kann. Hier gibt es hauptsächlich **krautige Pflanzen** und einige Sträucher.

Weichholz-Au: Weiter vom Wasser entfernt wachsen Bäume, die feuchte Böden bevorzugen wie Weiden, Erlen und Pappeln. Das Holz dieser Bäume ist weich, daher der Name Weichholz-Au. Zwischen der Weichholz- und der Hartholz-Au sind die Grenzen fließend.

Hartholz-Au: Diese wird selten überflutet, da sie auch weiter vom Wasser entfernt höher liegt. Nur, wenn es **Spitzenhochwässer** gibt, kommt es zu einer Vermischung des **Laubstreus** mit dem Schlamm und dem Sand aus dem Fluss. Dadurch steigt der Waldboden immer höher an. Eichen, Ulmen, Ahornbäume und Eschen – also Bäume, die hartes Holz haben – wachsen hier.

Der Wassergehalt des Bodens und die Mineralstoffe sind in einem Auwald aufgrund der ungleichmäßigen Überflutungen und Schlammablagerungen sehr unterschiedlich. Außerdem herrschen nicht überall die gleichen Lichtverhältnisse. Daher sind auch die **Lebensbedingungen für Pflanzen** von Ort zu Ort sehr unterschiedlich.

Im Auwald finden sehr viele Pflanzen optimale Lebensbedingungen. Dieser **Pflanzenreichtum** und die damit verbundenen **Versteck-** und **Nistmöglichkeiten** bieten Lebensraum für besonders viele Tierarten.

Tiergruppen / Tiere, die im Auwald leben

Tiergruppen	Tiere
Säugetiere	Dachs, Feldhase, Reh, Hirsch, Biber
Vögel	Ente, Schwan, Storch
Insekten	Schmetterlinge

Biber

Laubstreu: Laubblätter, die im Herbst zu Boden fallen

regulieren: hier: den Lauf eines Gewässers verändern

roden: Bäume und Sträucher mitsamt ihren Wurzeln entfernen

Tümpel: kleines, stehendes Gewässer

Welche Vorteile bringen Regulierungen?
Für die Schifffahrt wird der Verkehrsweg sicherer. Überschwemmungen werden in diesen Bereichen verhindert.

Hochwassermarke: Diese zeigt den höchsten Wasserstand der letzten Überschwemmung an.

Von welchen Überschwemmungen hast du gelesen oder im Fernsehen erfahren? Kennst du Menschen, die davon betroffen waren?

Der Auwald atmet!
Die Au „atmet" durch den schwankenden Wasserspiegel des Flusses. Das funktioniert ähnlich wie kommunizierende Gefäße. Das Wasser des Flusses breitet sich nicht nur über Altarme und Gräben, sondern auch unterirdisch über das Grundwasser aus. Mineralstoffe und Mikroorganismen werden auf diese Weise in der Au verteilt.

Gefährdung des Auwaldes

Auwälder sind durch Eingriffe des Menschen besonders stark bedroht. **Reguliert** man einen Bach oder einen Fluss, baut man ein **Wasserkraftwerk**, eine **Industrieanlage** oder **Siedlungen** in der Nähe von Fließgewässern, so muss Auwald **gerodet** werden. Damit verschwinden viele Pflanzen- und Tierarten. Auch **Tümpel** trocknen aus.

Bei einer **naturnahen Regulierung** kann der Bereich jedoch wieder schnell von manchen Tier- und Pflanzenarten als Lebensraum genutzt werden.

Auwald entlang eines Donauarmes

In Österreich hat man erkannt, wie wichtig Auwälder sind, und sie zum Teil unter Naturschutz gestellt. Der **Nationalpark Thayatal** und der **Nationalpark Donauauen** sind Beispiele dafür.

Nationalpark Thayatal, Nationalpark Donau Auen

Die Au ist ein wichtiger **Feuchtigkeitsspender** und **Wasserspeicher**. Durch die weit verzweigten und unterschiedlich tief in das Erdreich hineinreichenden Wurzeln werden für das Niederschlagswasser Hohlräume geschaffen, in denen es versickern kann. Der Auwald hat positive Auswirkungen auf das Klima der Umgebung, da er Schwankungen der Temperatur und der Luftfeuchtigkeit ausgleicht. Außerdem sind Auwälder wichtige Erholungsräume für den Menschen.

Werden Auwälder gerodet, geht auch der Wasserspeicher verloren. Führt der Fluss dann Hochwasser, werden die Gebiete, auf denen zuvor der Auwald gestanden hat, überschwemmt. In den letzten Jahren wurden dadurch immer wieder Siedlungen überflutet, sodass Menschen ihr Haus und ihren Besitz verloren haben.

Bäume des Auwaldes

Auch in der Au findest du die bekannten Schichten des Waldes. Die folgenden Seiten beschreiben Pflanzen der Baum-, Strauch- und Krautschicht.

Wiederhole die Stockwerke des Mischwaldes!

Silber-Weiden, Schwarz-Pappeln und Grau-Erlen sowie Schwarz-Erlen sind Bäume der **Weichholz-Au**.

Die Silber-Weide

Die Silber-Weide kann bis zu 80 Jahre alt werden und wächst bis zu 24 m hoch. Ihre Blätter sind lang und schmal und glänzen an der Unterseite silbrig-seidenhaarig, daher auch der Name. Die Blütenstände der Silber-Weide werden Kätzchen genannt.

Die Schwarz-Pappel

Sie erreicht eine Höhe von bis zu 30 m. Die Blätter der Pappel sind rundlich-dreieckig bis rautenförmig. Der Blütenstaub aus den männlichen Blüten wird durch den Wind vertragen, die Schwarz-Pappel ist also ein Windblütler. Die Samen wachsen in einer Kapsel heran. Im Frühsommer öffnet sich die Kapsel, die Samen werden ausgestreut. Sie haben weiße Härchen und werden vom Wind vertragen (Pappelwolle).

Pappelwolle

Sal-Weide

Palmkätzchen: blühende Zweige der Sal-Weide

Silber-Weide und Blatt

Schwarz-Pappel und Blatt

Die Erle

Erlen sind oft **Pionierpflanzen**. Das bedeutet, dass sie an Standorten wachsen, an denen sonst keine Pflanzen wachsen können (z. B. nach Lawinenabgängen). Erlen bereiten anderen Pflanzen den Boden auf.

Pionierpflanzen: Erstbesiedler; Pflanzen, die in noch nicht besiedelten Gebieten wachsen

Erlenzapfen

In österreichischen Auwäldern kommen vor allem **Grau-** und **Schwarz-Erlen** vor. Sie wachsen dicht am Wasser und schützen mit ihren Wurzeln das Ufer vor dem Ausspülen.

Grau-Erle und Blatt

Warum sind Erlen Pionierpflanzen?
Erlen wachsen an extrem feuchten Standorten, die arm an Stickstoff sind. In ihren Wurzeln leben aber Bakterien in **Symbiose**, die den Luftstickstoff nützen können. Daher bereiten Erlen den Boden auf.

Symbiose: ein Zusammenleben zweier Arten, bei dem beide einen Vorteil haben

Äste mit Blättern, Blüten und Früchten

Ulmen, **Eschen**, **Eichen** und **Linden** sind Bäume der **Hartholz-Au**.

FELD-ULME

Die Feld-Ulme

Feld-Ulmen werden 30 bis 40 m hoch.

Sie wachsen im Halbschatten auf mäßig trockenen bis feuchten, nährstoffreichen Böden.

Die Feld-Ulme ist ein Baum der Ebene und **wächst entlang von Flüssen**.

Ihre Blätter sind derb und eiförmig. Ihre Blüten sind rot oder gelblich.

Feld-Ulme

GEMEINE ESCHE

Die Gemeine Esche

In der Steiermark, in Kärnten und in Niederösterreich wächst die Gemeine Esche bis in Höhen von 1 000 m, in Tirol sogar bis auf 1 700 m. Sie wird bis zu 40 m hoch.

Die Esche gedeiht im **Halbschatten**. Sie ist ein schnellwüchsiger Laubbaum und bevorzugt **feuchte** und **mineralstoffreiche Böden**. Daher wächst sie meist auch entlang von Flüssen und Bächen. Sie hat große, langgestielte Blätter, die aus 9 bis 15 sogenannten **Fiedern** bestehen.

Gemeine Esche

STIEL-EICHE

Die Stiel-Eiche

Stiel-Eichen werden bis zu 45 m hoch.

Die Eicheln, die Früchte der Stiel-Eiche, werden bis zu 2 cm groß. Sie stecken in einem flachen Becher und haben einen langen Stiel. Daher kommt der Name Stiel-Eiche.

Eichen brauchen **feuchte Böden**. Sie können 1 000 und mehr Jahre alt werden. Die Blätter sind kurz gestielt.

Stiel-Eiche

SOMMER-LINDE

Die Linde

Linden werden bis zu 40 m hoch. Ihre Blätter sind herzförmig, ihre Früchte kugelig. Sie sind **Tiefwurzler**.

In Österreich wachsen Sommer- und Winter-Linden. Die Sommer-Linde blüht von Ende Mai bis Juni und hat größere Blätter als die Winter-Linde, die im Juli blüht. Die Blätter der Sommer-Linde sind auf beiden Seiten gleichmäßig grün gefärbt, während die Unterseite der Blätter der Winter-Linde eine blaugrüne Färbung aufweist.

Sommer-Linde

Sträucher des Auwaldes

Der **Schwarze Holunder** ist in Österreich ein typischer Strauch der **Weichholz-Au**. Er hat seinen **Namen** von seinen **schwarzen Steinfrüchten**. Seine Blüten sind weiß. Sie werden von **Fliegen** und kleinen **Käfern bestäubt**. Die Früchte werden fast nur durch Vögel verbreitet. Aus den **Blüten** kann man **Tee** und **Saft**, aus den **Früchten** ein **Kompott** zubereiten. Roh sind die Früchte für den Menschen **ungenießbar**.

Wenn du genaue Steckbriefe von Bäumen und Sträuchern lesen oder schreiben willst, findest du alles, was du brauchst, auf dieser Internetseite! www.baumkunde.de

ungenießbar: nicht gut schmeckend, aber nicht giftig

Blüten und Früchte des Schwarzen Holunders

Schwarzer Holunder

Holunderblütentee

Holunderfrüchtetee

Zu den Sträuchern der **Hartholz-Au** zählen der Rote Hartriegel, der Spindelbaum und die Waldrebe. Diese Sträucher blühen bis zum Sommer. Sie werden hauptsächlich von Insekten bestäubt. Im Herbst tragen sie viele Früchte, die wiederum von Vögeln, kleinen Säugetieren und Insekten gefressen werden. Auch Sträucher sind **Nahrungsquellen** und bieten als **Nistplätze** vielen Tieren **Schutz**.

Roter Hartriegel

Spindelbaum

Waldrebe

Der **Rote Hartriegel** hat seinen Namen von seinen **rötlichen Zweigen**. Er blüht weiß. Seine **schwarzen Steinfrüchte** sind für den Menschen ungenießbar.

Der **Spindelbaum** hat rote Kapselfrüchte, die wegen ihres Aussehens auch **Pfaffenkapperl** genannt werden. ACHTUNG: **Alle Teile dieser Pflanze** sind für uns Menschen **giftig**.

Pfaffe: heute abwertender Begriff für einen Geistlichen

Die **Waldrebe** windet sich am Stamm eines Baumes nach oben. So wie andere Lianen **schlingt sie sich** um Äste und Zweige in der Baumkrone, damit ihre Blätter **mehr Sonnenlicht** erhalten. Ihre **Früchte** werden vom **Wind verbreitet**.

Krautige Pflanzen des Auwaldes

Frühblüher wie das Schneeglöckchen, das Busch-Windröschen, das Scharbockskraut und die Schlüsselblume kennst du bereits aus dem Vorjahr. Sie nutzen für ihr Wachstum, ihre Blüte und das Reifen der Früchte die Zeit, in der Bäume und Sträucher noch keine Blätter haben und die Sonnenstrahlen den Waldboden erreichen. Nach den Frühblühern blühen der **Lerchensporn** und der **Bär-Lauch**. Auch sie nützen die noch einfallenden Sonnenstrahlen.

Lerchensporn

Der **Lerchensporn** vermehrt sich durch **Knollen im Boden** und durch **Samen**. So ist es zu erklären, warum es in den Auwäldern regelrechte Pflanzenteppiche aus Lerchensporn gibt.

Auch der **Bär-Lauch** vermehrt sich sehr stark. Im Frühling bedeckt er weite Flächen des Auwaldes. Der **Bär-Lauch** ist mit dem Schnittlauch und dem Knoblauch verwandt. Seine Blätter, die nach Knoblauch riechen, können zu schmackhaften Speisen wie z. B. Aufstrichen, Strudeln und Suppen verarbeitet werden. Beim Pflücken darf man sie jedoch **nicht** mit den ähnlich aussehenden **giftigen Blättern des Maiglöckchens** und den **Blättern der Herbst-Zeitlose** verwechseln. Das kann tödliche Folgen haben. Unverwechselbar wird der Bär-Lauch, wenn er blüht.

Bär-Lauch und Pappelschnee

ACHTUNG: GIFTIG!
Neben dem Maiglöckchen gibt es in den österreichischen Wäldern noch zahlreiche andere giftige Pflanzen.

Blätter: Bär-Lauch

Maiglöckchen

Herbst-Zeitlose im März

Die **Brennnessel** ist eine Pflanze, die auf feuchten und stickstoffreichen Böden wächst. Aus den **getrockneten Blättern** kann man **Tee** zubereiten.

Die Raupen des **Tagpfauenauges** ernähren sich von den Blättern der Brennnessel. Da die Brennnessel als Unkraut betrachtet und vom Menschen an vielen Stellen ausgerottet wird, wird auch dieser schöne Schmetterling immer seltener.

Auwälder gibt es entlang von Bächen und Flüssen. Man unterscheidet die **gehölzfreie Au**, die **Weichholz-Au** und die **Hartholz-Au**. Auch in der Au gibt es alle Schichten eines Mischwaldes. Die Pflanzen der Au brauchen den feuchten Boden.

Nun geht's los – Aufgaben für schlaue Köpfe!

1) Welche Blätter und Früchte gehören zu welchem Baum? **Verbinde die passenden Bilder mit Hilfe eines Lineals mit Pfeilen!** ★★ ACHTUNG: Ein Bild passt nicht!

Feld-Ulme

Gemeine Esche

Stiel-Eiche

2) Ein Bild bleibt übrig! **Welcher Baum hat diese Blätter, Blüten und Früchte?** ★★★

____

3) **Fotoquiz** – Von welcher Pflanze stammen die Blüten oder Samen? **Trage die richtigen Zahlen ein!** ACHTUNG: Ein Foto hast du noch nicht gesehen! ★

1. Weide ★ 2. Pappel ★ 3. Lerchensporn ★ 4. Waldrebe

Nun geht's los – Aufgaben für schlaue Köpfe!

4) **Augenquiz** - Folge den Linien, dann findest du zu jedem Strauch den passenden Namen! Schreibe anschließend in Stichworten die Besonderheiten jedes Strauches dazu! ★★★★

Spindelbaum: ____________________

____

____

____

Roter Hartriegel: ____________________

____

____

____

Schwarzer Holunder: ____________________

____

____

____

Waldrebe: ____________________

____

____

____

5) **Achtung - Fälschung!** Welcher Text stimmt? Kreuze zuerst den richtigen Text an! Finde dann im falschen Text die 5 Fehler und unterstreiche sie! Zum Schluss schreibe den richtigen Text in dein Heft! ★

A. Der Auwald
Auwälder gibt es im Gebirge. Pflanzen, die hier leben, brauchen die Kälte.
Man unterscheidet die pflanzenfreie Au, die feuchte Au und die trockene Au.

B. Der Auwald
Auwälder gibt es entlang von Flüssen und Bächen. Pflanzen, die hier leben, brauchen viel Wasser.
Man unterscheidet die gehölzfreie Au, die Weichholz-Au und die Hartholz-Au.

7. DER NADELWALD

Nadelbäume sind mit wenigen Ausnahmen wie z. B. der Lärche **wintergrüne Pflanzen**. Manche wie z. B. die Tanne behalten ihre Nadeln sogar über mehrere Jahre. Ihre **Blätter**, die man **Nadeln** nennt, sind widerstandsfähig gegen Kälte, Wind und starke Sonneneinstrahlung. Die Oberfläche eines Nadelblattes ist verhältnismäßig klein. Viele Nadeln besitzen eine dickere **Schutzschicht aus Wachs** und haben weniger Spaltöffnungen als die Blätter von Laubbäumen. Dadurch sind sie besser vor Verdunstung geschützt.

Das **Harz** der Nadelbäume gefriert nicht. Es befindet sich in Harzkanälen - meist im Holz. Nadelbäume wachsen auch in den unwirtlichen Gebirgen der nördlichen Breiten, wo Laubbäume nicht überleben würden.

Fichten, Föhren, Lärchen und Tannen sind die häufigsten einheimischen Nadelbäume.

Harz: zähe, klebrige Flüssigkeit; verschließt Wunden des Baumes und schützt ihn so vor Krankheitskeimen

Die Rot-Föhre (Wald-Kiefer/ Weiß-Kiefer) ist eine anspruchslose Baumart.

Die Gemeine Fichte

Die Gemeine Fichte ist die einzige natürlich vorkommende Fichte in Europa. Sie ist auch der für die Forstwirtschaft wichtigste Nadelbaum in **Nord- und Mitteleuropa**. Die Gemeine Fichte ist sehr genügsam und stellt nur **geringe Ansprüche** an den Boden sowie an das Klima. In Österreich wachsen Fichtenwälder an den schattigen Nordhängen der Gebirgstäler und zwar ab einer Seehöhe von 600 bis 800 m. Auch in tieferen Lagen gibt es bei uns Fichtenwälder, diese wurden jedoch vom Menschen gesetzt.

Fichtenzweig

Samen reifen im Zapfen

Rot-Föhrenast mit Zapfen und Nadel

Merkmale der Gemeinen Fichte

Die **Fichte** kann bis zu 50 m hoch werden. Sie ist **einhäusig**, d.h. auf einem Baum („Haus“) wachsen sowohl männliche als auch weibliche Blüten.

Die Pollen werden – wie bei allen Nadelbäumen – durch den Wind vertragen. Nadelbäume sind **Windblütler**.

Aus den befruchteten weiblichen Blütenständen entstehen die **Zapfen**. Sie sind grün und werden braun, wenn die Samen reif sind. Die Zapfen **hängen** an den Zweigen. Aus ihnen fallen bei trockenem, warmem Wetter die reifen Samen heraus.

Fichtenzweige verlieren in warmen Räumen rasch ihre Nadeln, daher werden Fichten kaum als Weihnachtsbäume verwendet. Ihr Holz wird zur Erzeugung von Möbeln oder als Bauholz verwendet. Darüber hinaus wird es für die Herstellung von Papier verwendet.

Gemeine Fichte

Tanne

Die Weiß-Tanne

In Mitteleuropa und einigen Gebirgen Südeuropas wachsen Weiß-Tannen in Nadelmischwäldern und Laub-Nadelmischwäldern. Da sie ihre Nadeln lange behalten, sind sie besonders empfindlich gegen Luftverunreinigungen.

Tannen sind anspruchsvoller als Fichten. Die jungen Tannen gedeihen gut im **Schatten (Schattbaumart)**, sind aber nicht so widerstandsfähig gegen Kälte. Sie besitzen eine tiefe Pfahlwurzel.

Weiß-Tannen werden bis zu 55 m hoch und werden in Naturwäldern bis zu 500 Jahre alt.

Beantworte folgende Frage: Warum findest du keine Tannenzapfen auf dem Waldboden?

Tannenzweig

Dachschindel: kleine Holzplatten, mit denen Dächer gedeckt werden

Mühle: Anlage zum Mahlen von Getreide

Die **Nadeln** der Tanne sind **weicher** als die der Fichte und wachsen in zwei Reihen seitlich an den Zweigen. Die Nadeln sind an der Spitze **eingekerbt**. An ihrer Unterseite siehst du zwei **Wachsstreifen**. Tannen sind beliebte Weihnachtsbäume, weil ihre Nadeln nicht stechen und sehr lange an den Zweigen bleiben.

Die **Zapfen** der Tanne stehen **aufrecht**. Wenn die Samen reif sind, lösen sie sich mit den Schuppen von den Zapfen und fallen zu Boden. Die Spindel des Zapfens bleibt aufrecht stehen, bis sie schließlich auch abfällt.

Lärchenzweig

Die Lärche

Die Lärche ist ein **sommergrüner Nadelbaum**. Ihre **Nadeln** wachsen in **Büscheln** in einer Spirale um den Zweig. Im Herbst verfärben sie sich und fallen ab.

Ihr Holz ist besonders widerstandsfähig gegen Nässe und Sonneneinstrahlung. **Dachschindeln** und Wasserräder für **Mühlen** wurden früher häufig aus Lärchenholz hergestellt.

Heute ist Lärchenholz teuer und sehr gefragt für die Herstellung von Möbeln, Türen und Fußböden.

Fichten, **Föhren**, **Tannen** und **Lärchen** sind die wirtschaftlich bedeutendsten **heimischen Nadelbäume**. Die Lärche ist der einzige einheimische Nadelbaum, der im Winter keine Nadeln hat.

Lärchen im Winter

Lärche im Sommer

Nun geht's los – Aufgaben für schlaue Köpfe!

1) **Fehlertext** – In diesem Merktext sind die Nadelbäume verwechselt worden. **Finde die 5 Fehler, streiche sie durch und schreibe dann den richtig gestellten Merktext auf diese Heftseite! ★★**

Fichten, Föhren, Tannen und Lärchen sind die bedeutendsten heimischen Laubbäume. Die Tanne ist der einzige einheimische Nadelbaum, der im Winter keine Nadeln hat. Die Zapfen der Fichte stehen aufrecht. Die reifen Tannenzapfen fallen zu Boden. Von den Föhrenzapfen bleiben nur die Spindeln stehen.

2) **Experiment mit Zapfen** – **Suche einen Zapfen und stelle ihn in der Nähe der Heizung auf! Was geschieht? Stelle ihn anschließend an einen feuchten Ort! Was geschieht nun? Notiere hier deine Beobachtung! ★★★★**

Nähe Heizung: Bei warmen, trockenen Temperaturen ______________ sich der Zapfen und gibt die ____________________ frei.

feuchter Ort: Bei hoher Luftfeuchtigkeit ____________________ sich der Zapfen.

3) **Richtig oder falsch?** **Ringle die richtigen Antworten ein! Wenn du alles richtig hast, ergeben die Buchstaben ein Lösungswort! ★★**

	richtig	falsch
Nadeln haben einen Verdunstungsschutz.	P	S
Fichten werden sehr oft als Weihnachtsbäume verwendet.	I	O
Die Lärche ist ein wintergrüner Nadelbaum.	H	L
Die Nadeln der Tanne sind weicher als die der Fichte.	L	T
Fichtenwälder findet man ab einer Seehöhe von 300 bis 400 m.	R	E
Die Pollen der Nadelbäume werden durch den Wind vertragen.	N	B

LÖSUNGSWORT: . . . . . .

Nun geht's los – Aufgaben für schlaue Köpfe!

4) **Fichte, Tanne, Föhre oder Lärche?** Vergleiche diese Nadelbäume! Achte dabei auf ihre Form, ihre Nadeln und Zapfen! ★★★

Name: Rot-Föhre – wintergrüner Baum

Nadeln: paarige, lange Nadeln

Zapfen: hängende Zapfen

Name: Fichte

Nadeln:

Zapfen: hängende Zapfen

Name: Tanne

Nadeln:

Zapfen: stehende Zapfen

Name: Lärche

Nadeln:

Zapfen: hängende Zapfen

8. MOOSE UND FARNE

Im Wald wachsen neben den Blütenpflanzen auch **Moose** und **Farne**. Sie vermehren sich nicht durch Samen sondern mit **Sporen**.

Moose sind Pionierpflanzen

Moose bilden ein **Stockwerk** im Wald. Sie sind Pionierpflanzen und besiedeln Plätze wie Baumrinden, Steine und Felsen, an denen keine Blütenpflanzen wachsen können.

Großes Haarmützenmoos

Moospflänzchen wachsen nach oben. Ihre unteren Teile sterben ab und **werden zu Humus**. So entsteht neuer Boden, auf dem andere Pflanzen wachsen können. **Moospolster** filtern darüber hinaus Flugstaub aus der Luft und nützen dabei Mineralstoffe im Staub als Dünger.

Sie haben keine Wurzeln, sondern nehmen die Mineralstoffe über ihre Blattoberfläche auf.

orientieren: sich zurechtfinden, den Weg finden

Nimm einen Moospolster und wiege ihn ab! Dann lege ihn ein paar Stunden ins Wasser! Anschließend nimm ihn heraus und lege ihn noch einmal auf die Waage! Was hat sich verändert? Wie ist die Veränderung zu erklären?

Moose zeigen die Himmelsrichtung

Besonders oft findest du Moose im Nadelwald. Dort kannst du dich sogar mit ihrer Hilfe **orientieren**, indem du darauf achtest, wo sie wachsen.

Da Moose Feuchtigkeit und Schatten brauchen, wachsen sie besonders gut an jenen Stellen der Baumstämme und Steine, die nach **Nordwesten** gerichtet sind.

Weil der Regen bei uns meist aus Westen kommt und die Nordseite den meisten Schatten bietet, finden sie dort die besten Lebensbedingungen. Die am stärksten bemoosten Stellen zeigen daher nach Nordwesten.

bemooste Stellen

Wie überstehen Moose Trockenheit?
Moose können das 10-fache ihres Gewichtes an Wasser aufnehmen. Haben die Blättchen das Wasser abgegeben, rollen sie sich zusammen. So können Moose Trockenzeiten überstehen. Sogar im ausgetrockneten Zustand überleben Moose lange Zeit.

Moose sind Wasserspeicher

Ein Moospflänzchen besitzt ein **Stämmchen**, kleine **Blättchen** und **Wurzelfäden**. Diese Wurzelfäden dienen nicht zur Wasseraufnahme – wie bei anderen Pflanzen – sondern halten die Moospflanze im Untergrund fest. Wasser und Mineralstoffe werden vor allem durch die Blättchen aufgenommen. Zusätzlich wird Wasser zwischen den Blättchen festgehalten. Damit verhindern Moose, dass bei starkem Regen Erde weggeschwemmt wird. Bei Trockenheit **verdunsten** sie das zwischen den Blättchen gehaltene **Wasser** und verhindern so ein Austrocknen des Waldbodens. Dadurch gibt es im Wald immer annähernd die gleiche **Luftfeuchtigkeit**. So entsteht für die Lebewesen im Wald ein **angenehmes Klima**.

Moosblättchen mit Wassertropfen

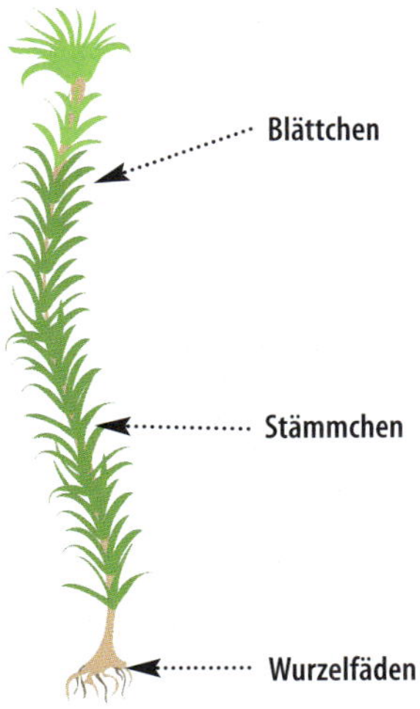

Moospflänzchen

bemooste Steine

Silberbirnenmoos

Generation: Glieder einer Abstammungslinie

Wie entstehen Moore?
Moore werden vor allem von Torfmoos gebildet. Nach oben hin wachsen die Pflanzen ständig weiter, die unteren Teile sterben ab und bilden viele Meter dicke Schichten. Im Laufe der Zeit wird daraus Torf, der als Brennmaterial abgebaut wird. In Österreich wird heute kein Torf mehr abgebaut. Damit bleibt ein für Pflanzen und Tiere einzigartiger Lebensraum erhalten.

Trügerisches Torfmoos

Fortpflanzung der Moose

Das Haarmützenmoos trägt eine **Sporenkapsel** an einem Stiel. Diese Kapsel ist mit einer **Mütze** bedeckt, daher auch der Name Haarmützenmoos.

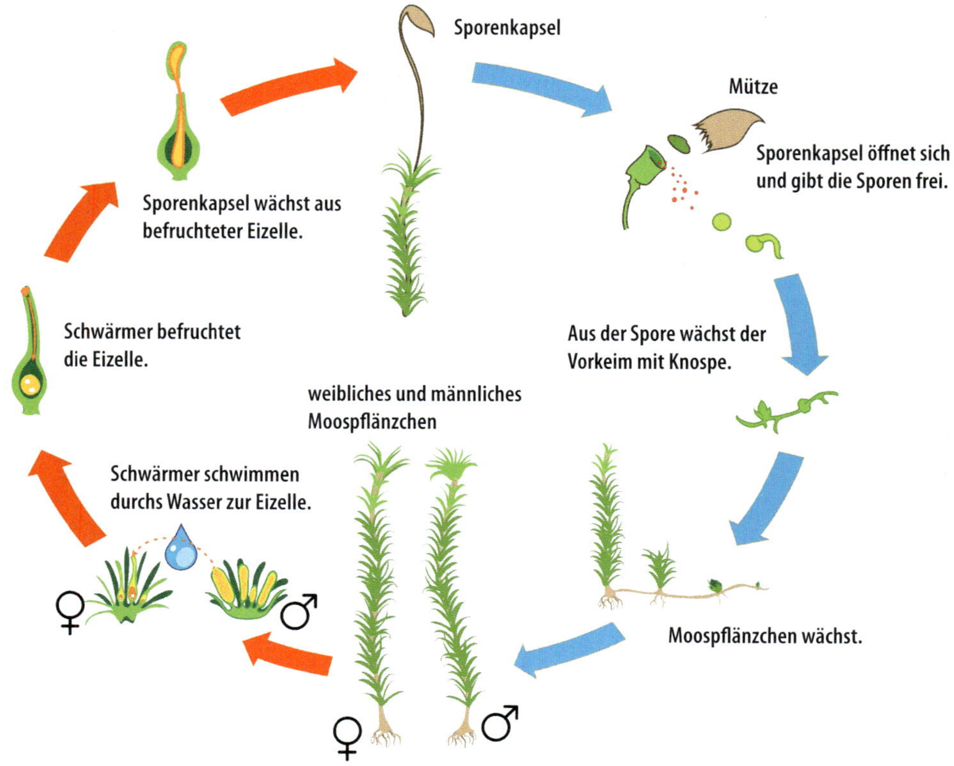

Fortpflanzung der Moose am Beispiel des Haarmützenmooses

Ungeschlechtliche Generation: Die Sporen im Inneren der Kapsel entstehen ungeschlechtlich. Sind sie reif, fällt die Mütze bei trockenem Wetter ab. Die Sporenkapsel öffnet sich, die Sporen fallen heraus und werden vom Wind vertragen. **Sporenkapsel** und **Sporen** bezeichnet man als **ungeschlechtliche Generation**.

Geschlechtliche Generation: Fallen die Sporen zu Boden, so beginnen sie im feuchten Boden zu keimen. Jede Spore bildet einen Vorkeim, der wiederum Knospen bildet. Aus der Knospe wird ein Moospflänzchen. An der Spitze der **Moospflänzchen** wachsen im Frühling kleine **Blattrosetten**, die entweder **männliche oder weibliche Organe** enthalten. Zur **geschlechtlichen Fortpflanzung** benötigen die Moose Wasser. Bei Regen schwimmen die **Schwärmer**, die männlichen Zellen, im Wassertropfen zum weiblichen Organ und **verschmelzen mit den Eizellen**. Aus einer befruchteten Eizelle wächst ein Stiel mit einer Sporenkapsel an der Spitze.

Vorkeime, **Knospen** und **Moospflänzchen mit den Geschlechtsorganen** bezeichnet man als **geschlechtliche Generation**. Da die beiden Generationen abwechselnd auftreten, spricht man von einem **Generationswechsel**.

Moose sind gefährdet

Manche Moosarten sind gefährdet. In Mitteleuropa geschieht das besonders durch **intensive Land- und Forstwirtschaft**. Einige Arten bevorzugen brach liegende Felder oder Feldränder, von denen es nur noch sehr wenige gibt. Auf gedüngten Böden können Moose nicht gedeihen. Auch in Wäldern, in denen breite **Forststraßen** gebaut werden und der Boden durch schwere Fahrzeuge verdichtet wird, verschwinden Moosarten. Durch das Verbauen von Feuchtgebieten und das Absinken des Grundwasserspiegels wird ihr Lebensraum immer kleiner.

Auch Farne bilden Sporen

Farne wachsen in der Krautschicht in feuchten, schattigen Wäldern.

Farne am Boden

Bau einer Farnpflanze

Betrachte die Unterseite eines Farnwedels mit einer Lupe! So kannst du die Sporenbehälter gut sehen.

Farne haben große Blätter, die man **Farnwedel** nennt. Sie wachsen aus einem **Erdspross**, der zum großen Teil unter der Erde liegt.

Fortpflanzung der Farne

Ungeschlechtliche Generation: An der **Blattunterseite** bilden sich bei manchen Farnen im Sommer kleine Erhebungen, die sogenannten **Sporenbehälter**. In diesen werden die **Sporen gebildet**. Wenn die Sporen reif sind, platzen die Sporenbehälter auf. Die Sporen fallen heraus und werden durch den Wind vertragen.

An feuchten und schattigen Stellen beginnen die **Sporen** zu **keimen**. Aus einer Spore wird ein **herzförmiger Vorkeim**.

Geschlechtliche Generation: Auf dem Vorkeim entwickeln sich **weibliche** und **männliche Geschlechtsorgane**. Während in den weiblichen Organen **Eizellen** entstehen, entwickeln sich in den männlichen Organen **Schwärmer**.

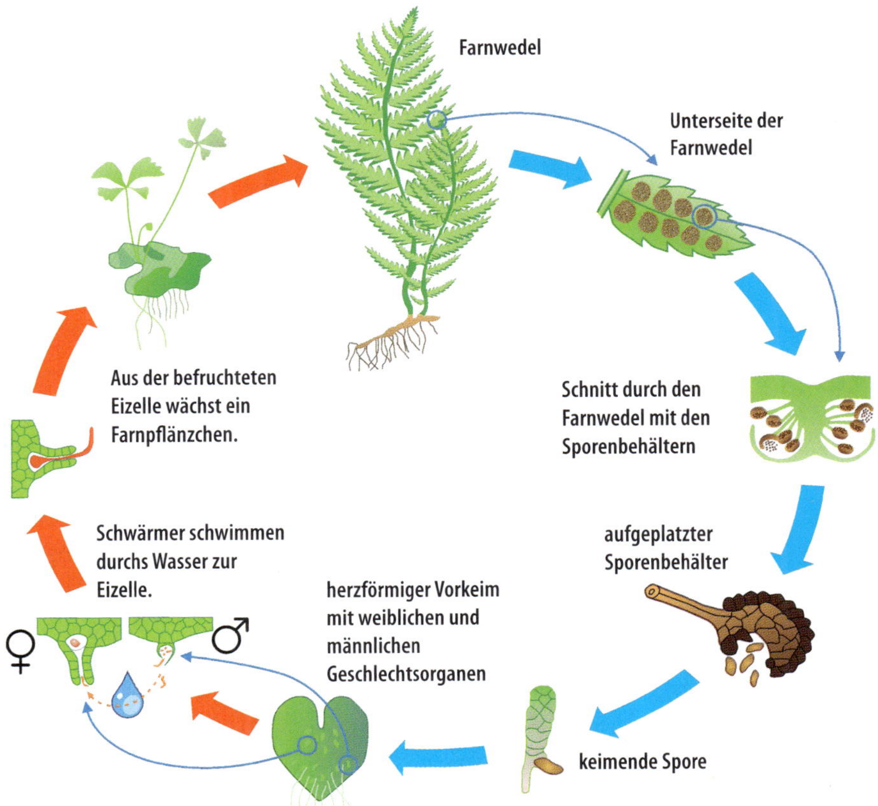

Fortpflanzung des Wurmfarns

Wenn es regnet, fallen Wassertropfen auf den Vorkeim. Im Wasser schwimmen nun die Schwärmer zu den Eizellen und befruchten sie. Pro Vorkeim entsteht aber jeweils nur aus einer **befruchteten** Eizelle eine Farnpflanze.

Auch bei den Farnen gibt es einen **Generationswechsel**. Da sich **auf den Vorkeimen die Geschlechtsorgane** bilden, ist das die **geschlechtliche Generation**. Auf einem **Farnwedel** bilden sich die Sporen in den **Sporenbehältern**. Man spricht von der **ungeschlechtlichen Generation**.

Verschiedene Farne

Hirschzungenfarn

Waldschlag: baumlose Stelle im Wald, nachdem die Bäume gefällt worden sind

Bärlappe

Echter Wurmfarn

Adlerfarn

Der **Wurmfarn** kommt in den heimischen Wäldern sehr häufig vor. Die jungen Farnwedel sind – wie bei allen Farnen – eingerollt und haben Schuppen. So sind sie vor dem Austrocknen geschützt.

Der **Adlerfarn** braucht mehr Licht als andere **Farne**. Er wächst daher in lichteren Wäldern und **Waldschlägen**. Sein Erdspross wächst mehrere Meter lang unter der Erde. Jedes Jahr bildet sich aus dem Erdspross nur ein einziger Farnwedel, der aber über 1 m hoch werden kann.

Die **Hirschzunge** ist eine Farnpflanze, die unter Naturschutz steht. Sie wird als Heilpflanze in der Kräuterheilkunde verwendet.

Auch Bärlappe und Schachtelhalme gehören zu den Farnpflanzen. Der Acker-Schachtelhalm ist bei den Bauern sehr unbeliebt, denn er gilt als Unkraut, das man nur schwer los wird. Sein Erdspross wächst bis zu 2 m tief in den Boden und bildet immer wieder neue Triebe.

Wälder der Urzeit
Vor etwa 400 Millionen Jahren gab es Farne, die so groß wie Bäume waren. Sie bildeten zusammen mit Schachtelhalmen und Bärlappen riesige Wälder. Aus diesen Wäldern entstanden die heutigen Steinkohlevorkommen.

Urzeitlicher Wald

Acker-Schachtelhalm

Moose und **Farnpflanzen** vermehren sich durch Sporen. Bei beiden gibt es einen **Generationswechsel**. Moose sind Pionierpflanzen und für den Wasserhaushalt des Waldes wichtig.

Nun geht's los – Aufgaben für schlaue Köpfe!

1) Diese Bilder zur Fortpflanzung der Moose sind durcheinander gekommen. **Bringe sie wieder in die richtige Reihenfolge, indem du die Abbildungen nummerierst!** Die erste Nummer ist bereits ausgefüllt. ★★★★

2) **Finde heraus, welche Generation die geschlechtliche und welche die ungeschlechtliche ist! Kreuze dazu an!** ★★★

	geschlechtliche Generation	**ungeschlechtliche Generation**
Farne		
Farnpflanze mit Sporenbehältern	☐	☐
Vorkeim mit weiblichen und männlichen Organen	☐	☐
Moose		
Vorkeim, Knospe und Moospflänzchen	☐	☐
Sporenkapsel und Sporen	☐	☐

3) Auch diese Bilder sind durcheinander gekommen. **Bringe sie wieder in die richtige Reihenfolge, indem du die Abbildungen nummerierst!** Die erste Nummer ist auch hier bereits ausgefüllt. ★★★★

Nun geht's los – Aufgaben für schlaue Köpfe!

4) **Buchstabenwirrwarr!** Wenn du die Buchstaben in die richtige Reihenfolge setzt, erfährst du die Namen dieser Moose. **Entschlüssle sie und schreibe sie auf! ★★**

HSAOAORMMNÜEZT

SIMOLBOSERNENRIB

FOOTORMS

5) Welcher Text passt zu welchem Bild? **Ordne zu, indem du die richtige Nummer zum Bild schreibst! ★★**

Der *Hirschzungenfarn* ist eine Farnpflanze, die unter Naturschutz steht. Sie wird als Heilpflanze in der Kräuterheilkunde verwendet. **1**

Der einzige Farnwedel, der jedes Jahr aus dem Erdspross des *Adlerfarns* wächst, kann bis zu 1 m hoch werden. **2**

Den *Echten Wurmfarn* gibt es sehr häufig in den heimischen Wäldern. Die jungen Farnwedel sind eingerollt und haben Schuppen. **3**

6) **Lesequiz:** **Versuche, diesen schwer zu lesenden Text zu entschlüsseln! Dann finde eine passende Überschrift! ★**

____

Moo se un dFar nev erm ehrens ichdurchS poren. Auseiner Spo rewird zuerstein Vor keim, au sdem sicher stspäter eineP flanze entwick elt.

7) **Entwirf einen ebenso verschlüsselten Text über Moose oder Farne! Dann lass ihn deinen Sitznachbarn oder deine Sitznachbarin lesen und eine passende Überschrift finden! ★★★**

9. PILZE

Nach Regentagen im Sommer oder an warmen Herbsttagen findest du besonders viele Pilze im Wald oder auf der Wiese. Viele von ihnen wachsen innerhalb eines Tages aus dem Boden. Schwammerlsucher und Schwammerlsucherinnen kennen die Plätze, wo es ganz bestimmte **Speisepilze** gibt.

Speisepilze: Pilze, die man essen kann

Das Reich der Pilze

Pilze werden in der Biologie weder zu den Tieren noch zu den Pflanzen gezählt. Man spricht vom **Reich der Pilze**.

- Pilze haben Zellwände – ähnlich den Pflanzen. Allerdings ist bei den Pilzen **Chitin** in den Zellwänden eingelagert.
- Da Pilze kein Chlorophyll besitzen und daher keine Fotosynthese betreiben können, ernähren sie sich von organischem Material.

Parasol – ein heimischer Pilz

Pilze vermehren sich durch Sporen

Was von manchen Menschen als Pilz bezeichnet wird, ist nur der sichtbare Teil, der sogenannte **Sporenträger**, einer ganz bestimmten Pilzart. Der eigentliche **Pilzorganismus** wächst aber **unter der Erdoberfläche**.

Chitin: ein Stoff, ähnlich dem Horn, aus dem unsere Finger- und Zehennägel bestehen

Pilze vermehren sich durch **Sporen**. Wenn diese auf einen geeigneten feuchten und nährstoffreichen Untergrund gelangen, wachsen sie zu Fäden oder **Hyphen** aus. Diese wachsen immer weiter und bilden im Boden ein dichtes Geflecht aus weißen Fäden. Dieses Pilzgeflecht wird **Myzel** genannt und durchzieht den Boden.

Wann und wo kann man Pilze finden? Frage bei einem Pilzsammler/einer Pilzsammlerin nach oder erkundige dich im Internet!

Wenn du Pilze sammelst, sei besonders vorsichtig beim Pflücken, damit das Myzel nicht verletzt wird!

Das Myzel nimmt Wasser, Mineralstoffe und Nährstoffe auf und kann viele Jahre im Boden leben. **Es ist der eigentliche Pilz!**

Sind die Lebensbedingungen für den Pilz besonders gut, dann bilden manche Arten einen **Sporenträger**. Diesen nennt man das „Schwammerl".

In diesem Sporenträger entwickeln sich Sporen, die zu Boden fallen und neuerlich Fäden bilden.

Die **Sporenträger** solcher Pilze bestehen aus dem **Hut** und dem **Stiel**.

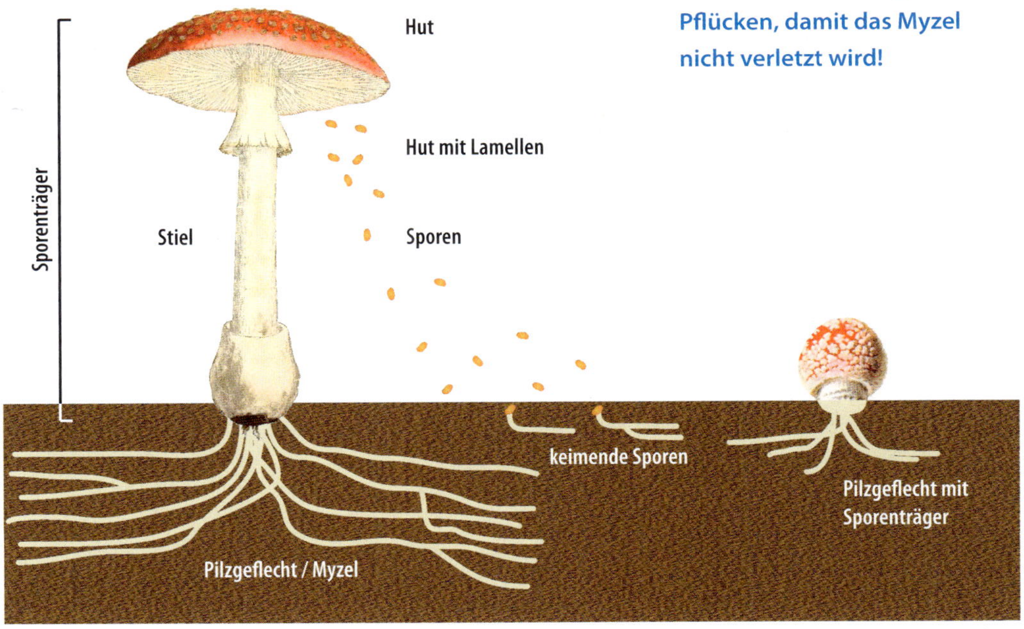

Hutunterseite des Parasols zeigt die Lamellen

Hutpilze sind sehr artenreich

Hutpilze unterscheiden sich untereinander durch ihre Sporen bildende Schicht. Je nachdem, wie die Unterseite des Pilzhutes aussieht, sprechen wir von **Blätterpilzen**, **Röhrenpilzen**, **Stachelpilzen** und **Porlingen**.

Blätterpilze

Der **Parasol** ist ein beliebter Speisepilz. Er hat eine zu Blättern (Lamellen) gefaltete Hutunterseite, welche die Oberfläche vergrößert. Hier werden die Sporen gebildet. Auch der **Champignon** bildet seine Sporen an den Lamellen.

Habichtspilz (Stachelpilz): Seine Sporen werden auf Stacheln gebildet.

Parasol

Wiesen-Champignon

Zu den Blätterpilzen gehören auch der giftige **Fliegenpilz** und der giftige **Grüne Knollenblätterpilz**.

Schmetterlingsporlinge (Porling): Sie bauen das Holz abgestorbener Bäume ab. Die Sporen werden in Poren gebildet.

Fliegenpilz

Grüner Knollenblätterpilz

Röhrenpilze

Bei dieser Gruppe von Pilzen werden die Sporen in kleinen **Röhren** an der Unterseite des Pilzhutes gebildet. Zu den Röhrenpilzen gehören z. B. der **Maronenröhrling** und der **Herrenpilz**. Beide sind sehr beliebte Speisepilze.

Hutunterseite Herrenpilz

Maronenröhrling

Herrenpilz

Pilze können sich nicht selbst ernähren

Birkenpilz

Fast alle Pilze, die du im Wald findest, brauchen zum Wachsen die Wurzeln der Bäume. Diese Pilze leben mit dem jeweiligen Baum in einer **Symbiose**.

Symbionten: Der **Birkenpilz**, der ein schmackhafter Speisepilz ist, ist ein **Symbiont**. Mit den Wurzeln der Birke geht er eine Symbiose ein. Seine Pilzfäden liefern den Baumwurzeln Wasser und Mineralstoffe aus dem Boden. Diese feinen Pilzfäden können in Hohlräume eindringen, die sonst dem Baum nicht zugänglich wären. Dafür liefert der Baum dem Pilz organische Nährstoffe.

Schimmelpilze auf einer Orange

Fäulnisbewohner und Destruenten: Andere Pilze ernähren sich von toten Tieren und abgestorbenen Pflanzen. Manche von ihnen lassen auch Nahrungsmittel verschimmeln. Da einige Schimmelpilze als krebserregend gelten, darfst du auf keinen Fall verschimmelte Nahrungsmittel essen.

Der **Hallimasch** wächst in Büscheln an Baumstümpfen. Sein Myzel durchzieht die Wachstumsschicht von Baumstämmen und holt sich dort die Nahrung. Da er auch lebende Bäume befällt, kann er im Wald großen Schaden anrichten.

Schmarotzer/Parasiten: Diese Pilze wie z. B. Baumschwämme holen sich ihre Nahrung von anderen Lebewesen.

Hallimasch

Erkläre, warum man die meisten Pilze nicht züchten kann!

Diese Pilze werden gerne gesammelt!

Herrenpilz

Eierschwammerl oder Pfifferling

Parasit: erhält seine Nahrung durch einen **Wirt**, der dadurch geschädigt wird

Wirt: anderer Organismus

Pilze sammeln und essen

Wenn du Pilze sammelst, musst du folgende Regeln beachten!

- **Die wichtigste Regel: Sammle nur Pilze, die du wirklich kennst!**
- Lasse deine gesammelten Pilze immer von einem erfahrenen Pilzsammler oder einer Pilzsammlerin kontrollieren, bevor du sie isst! Die Unterschiede sind oft schwer zu erkennen. Auch ist es schwierig, Pilze mit Hilfe eines Pilzbuches zu bestimmen.
- Fraßspuren von Tieren bedeuten nicht, dass auch der Mensch die Pilze verträgt.
- **Pilze gehören in einen Korb!** Transportiere sie nicht in einem Plastiksackerl, da es dort warm und feucht ist. Sie verderben dadurch rasch.
- Pilze müssen am selben oder spätestens am nächsten Tag verarbeitet werden!
- Pilzspeisen dürfen nicht aufgewärmt werden! Sie können giftig werden.
- Wird dir nach einem Pilzgericht schlecht – sofort ins nächste Krankenhaus!

Pilze enthalten außerdem ungesunde **Schwermetalle**, die sie aus dem Boden aufnehmen und speichern. Man sollte sie daher nicht allzu oft essen.

Pilze sammeln

Schwermetalle: eine Gruppe von Metallen wie Cadmium oder Quecksilber; manche davon können giftig sein!

Gefährliche Doppelgänger

Doppelgänger: schaut jemand anderem sehr ähnlich

Wer Pilze sammelt, weiß auch, dass viele Pilze giftige **Doppelgänger** haben. Es aber sichere Unterscheidungsmerkmale, die man unbedingt kennen muss.

Die **Verwechslung** von **Wiesen-Champignon** und **Knollenblätterpilz** hat **tödliche Folgen**. Das Gift des Knollenblätterpilzes wirkt erst 8 bis 10 Stun nachdem der Pilz gegessen wurde. Oft kommt dann jede Hilfe zu spät. Man kann c beiden Pilze aber gut unterscheiden.

Der Champignon ist einer der wenigen Pilze, die man züchten kann.

In einigen Gegenden Österreichs darf man zur Arterhaltung mancher Pilze **nur gewisse Mengen sammeln**. Das Forstgesetz schreibt vor, dass man pro Person und Tag im Wald nicht mehr als 2 kg Pilze sammeln darf.

Wiesen-Champignon: Nicht giftig!

Er hat **rosa** oder **dunkelbraune Lamellen**.
Der Wiesen-Champignon hat **keine Knolle.**

Knollenblätterpilz: Giftig!

Er hat immer **weiße Lamellen.**
Der **Stiel** des Knollenblätterpilzes i am unteren Ende in der Erde zu einer **Knolle** verdickt, die auch noc von einer **Hülle** umgeben ist.

Informiere dich im Internet, welche speziellen Bestimmungen in deinem Bundesland für das Sammeln von Pilzen gelten!

Auch der gut schmeckende **Steinpilz** hat einen giftigen **Doppelgänger**, den **Satan:**

Stein- oder Herrenpilz: Nicht giftig!

Er hat eine **weiße Unterseite**. Ist er älter, wird seine Röhrenschicht gelb bis grün.

Satanspilz: Giftig!

Er hat einen **rötlichen Stiel** und ei **rötliche Hutunterseite**.

Pilze haben eine wichtige Aufgabe im Wald. Sie **zersetzen** Laub und tote Tiere. Manche gehen mit Baumwurzeln eine **Symbiose** ein. Andere wieder sind **Schmarotzer**. Der eigentliche Pilz, das **Myzel**, wächst im Boden. Der **Sporenträger** wächst über der Erde und bildet die **Sporen**. Manche Pilze sind essbar, aber **ACHTUNG:** Manche sind auch **giftig!**

Bist du nicht sicher, ob ein Pilz essbar ist, lass ihn stehen! **Auch giftige Pilze wichtige Glieder im Nahrungsnetz des Waldes**. Sie dürfen daher nicht mutv zerstört werden.

[redacted]

Der Fliegenpilz lebt in Symbiose mit Bäumen. Manche Pilze wie der Parasol bilden einen Kreis. Man sagt dazu Hexenring. Der Hallimasch und der Schmetterlingsporling zersetzen Holz. Der Herrenpilz ist ein Röhrenpilz. Baumschwämme schaden dem Baum.

2) **Nun kannst du auch dieses Bild farbig gestalten.**

4) **Achtung – Doppelgänger!** Welche Pilze sind essbar und gehören tatsächlich in den Korb? **Zeichne einen Pfeil zum Korb, wenn der Pilz genießbar ist! ★★★**

5) **Nun ordne die Namen dieser Pilze richtig zu! ★**

giftige Pilze: ______________________________

____

genießbare Pilze: ______________________________

____

10. SÄUGETIERE DES WALDES

Das Reh – Lebensraum

Rehbock

Rehe halten sich bei Tag im **Unterholz** des Waldes auf. Erst bei Dämmerung kommen sie auf **Waldlichtungen** oder Wiesen und Felder. Sie sind **Kulturfolger** und nutzen die von Menschen angelegten Felder als Nahrungsquelle.

Rehe **äsen** in den frühen Morgenstunden oder in der Abenddämmerung. Sie fressen junge Triebe, Kräuter und Blätter. Rehe begrenzen ihr Revier mit **Duftmarken**.

Geweiharten

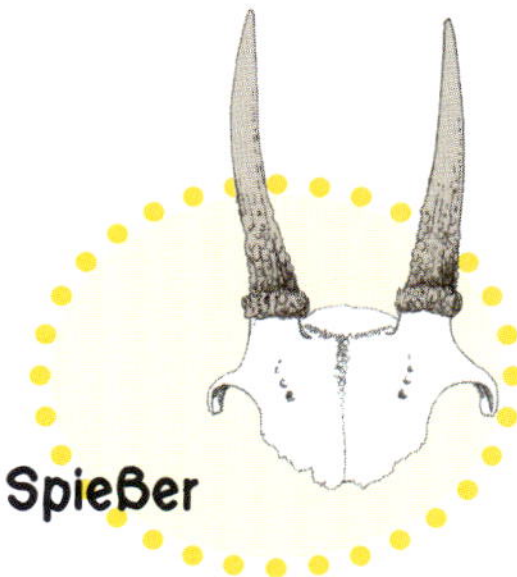

Spießer

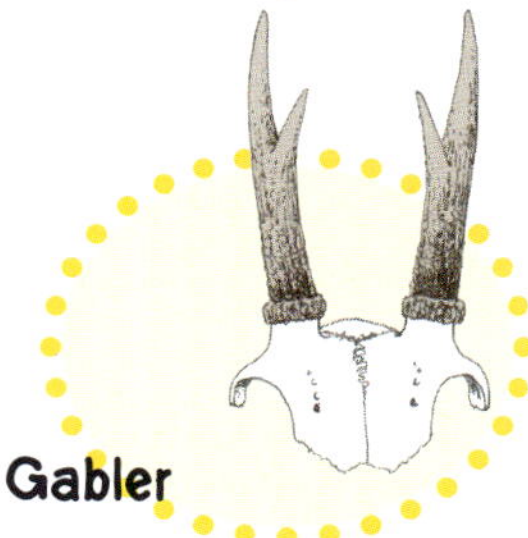

Gabler

Sechserbock

Körperbau

Der Körperbau der Rehe ist sehr gut an ihren Lebensraum angepasst. Sie sind **Schlüpfbuschbewohner**. Das heißt, ihr Körper ist vorne niedriger und schmäler als hinten, deshalb können sie durch dichtes Gebüsch schlüpfen. Die Hinterbeine sind lang und schlank. So können sie bei Gefahr rasch aufspringen und flüchten. Rehe **wittern** ihre Feinde. Sie gehören – so wie die Hirsche – zu den **Paarhufern** und sind **Wiederkäuer**.

Die **Rehböcke** tragen ein **Geweih**, das sie jedes Jahr im Herbst abwerfen. Das Geweih entsteht aus der Lederhaut des Tieres. Es wächst auf einem Knochenzapfen, dem **Rosenstock**. Dort bricht es auch im Herbst ab. Das neue Geweih ist mit Bast überzogen. Ist das Geweih fertig gewachsen, vertrocknet der **Bast**. Der Rehbock **fegt** ihn an Bäumen und Sträuchern ab. Dadurch kann an jungen Bäumen großer Schaden entstehen.

Unterholz: Strauchschicht, Gebüsch

Waldlichtungen: Plätze, wo keine Sträucher und Bäume wachsen

äsen: fressen

Duftmarken: kleine Mengen Urin; hier Stoffe aus speziellen Duftdrüsen am Geweih

wittern: jemanden oder etwas am Geruch wahrnehmen

Fortpflanzung

Die **Geiß** bekommt im Mai 1 bis 2 Junge. Sie säugt ihr Junges, das **Kitz**, und kümmert sich alleine um dieses.

Geiß mit Kitz

Sind die Tiere auf der Flucht, so folgen die Jungen der Mutter. Dabei laufen sie dem weißen Fleck am Hinterteil der Geiß – dem **Spiegel** – nach.

Die Rehfamilie
Männchen: Rehbock
Weibchen: Rehgeiß
Junges: Kitz

Der Rothirsch

Betrachte die Fotos genau! Dann versuche, die Unterschiede zwischen dem Hirsch und der Hirschkuh festzustellen! Vergleiche deine Ergebnisse mit deinem Sitznachbarn/deiner Sitznachbarin!

Hirsch

Hirschkuh mit Hirschkalb

Kulturflüchter: meidet die Nähe von Menschen

Brunftzeit: die Zeit, in der sich die Tiere paaren

röhren: besondere Art zu brüllen

Rivale: Gegenspieler

Der Rothirsch, der im Wald lebt, ist im Gegensatz zum Reh ein **Kulturflüchter**.

Er frisst Gras, Kräuter, Pilze und Laub. Der Hirsch hat einen guten **Geruch-**, **Gehör-** und **Sehsinn**. Der männliche Hirsch wirft im Februar oder März sein Geweih ab.

Die **Hirschkühe** leben mit ihren Kälbern das ganze Jahr über in **Rudeln** zusammen. Zur **Brunftzeit** beginnt der Hirsch zu **röhren**. Er zeigt damit einem möglichen **Rivalen**, dass dieses Rudel ihm gehört.

Manchmal muss ein Hirsch um seine Weibchen kämpfen. Nur selten kommt es dabei zu schweren Verletzungen, denn der Schwächere zieht sich meist rechtzeitig zurück.

Frettchen

Der Waldiltis

Der **Waldiltis** ist in Europa weit verbreitet und bewohnt so **unterschiedliche Lebensräume** wie Auwälder, Siedlungsränder und Dörfer.

Waldiltis

Er ist **nachtaktiv** und kann gut tauchen. Der Waldiltis bewohnt Kaninchenbaue oder selbst gegrabene Röhren. **Bei Gefahr** stößt er aus Drüsen, die neben dem After liegen, eine **stinkende Flüssigkeit** aus. Seine Nahrung sind Frösche, angespülte Fische, Nagetiere, Wasserschnecken, große Insekten, Vogeleier und Jungvögel.

Die Paarungszeit des Iltisses ist von März bis April. Sieben Wochen nach der Paarung bekommt das Weibchen 3 bis 7 Junge. Bei der Geburt haben die Jungen ein Gewicht von nur 10 g. Aber bereits mit 3 Monaten sind sie selbstständig.

Das **Frettchen** ist die domestizierte Form des Iltisses und wird heute noch zur **Kaninchenjagd** verwendet.

Rehe und **Hirsche** sind **Waldbewohner**. Sie gehören zu den **Paarhufern** und sind **Wiederkäuer**. Die Männchen tragen ein Geweih, das sie jedes Jahr verlieren. Der **Waldiltis** ist nachtaktiv und besiedelt unterschiedliche Lebensräume.

Nun geht's los – Aufgaben für schlaue Köpfe!

1) **Fährten und Spuren – Die Jägersprache!** Der Jäger bezeichnet Fußabdrücke von Paarhufern als Fährten und von anderen Säugern als Spuren. **Zu welchen Tieren passen diese Fährten und Spuren? Schreibe zuerst den richtigen Tiernamen in das Kästchen, dann kreuze den passenden Fachausdruck für die Fußabdrücke an!** ★★★ Tipp: Einige Buchstaben sind schon vorgegeben und helfen dir dabei!

NAME:

. . C . . . . R . . . . . .

☐ Fährte ☐ Spur

NAME:

R . .

☐ Fährte ☐ Spur

NAME:

. I . . . . .

☐ Fährte ☐ Spur

NAME:

W . . . . C . . . . .

☐ Fährte ☐ Spur

2) **Kennst du die Jägersprache?** – **Schreibe zu jedem Begriff aus der Jägersprache auch die Erklärung dazu!** ★★★ ACHTUNG: Einen Begriff kennst du noch aus der 1. Klasse!

äsen ____________________

wittern ____________________

fegen ____________________

Unterholz ____________________

Rotte ____________________

Nun geht's los – Aufgaben für schlaue Köpfe!

3) **Wald-Tierpuzzle** - Hier sind immer zwei Fotos zusammengeklebt. Schreibe die Tiernamen auf! ★★★★
ACHTUNG: Ein Tier ist dir nicht bekannt – seinen Namen erfährst du aber, wenn du das abgeschnittene Wort entzifferst!

1 ______	1 ______	1 ______
2 ______	2 ______	2 ______

4) Was sind die Unterschiede zwischen einem Geweih und einem Horn? Ordne die Sprechblasen zu, indem du entweder G (Geweih) oder H (Horn) zu den Sprechblasen schreibst! ★★

... wird abgeworfen und wächst jedes Jahr neu. ◯

◯ ... wächst beim Jungtier und wird nie abgeworfen.

... wird von der Lederhaut gebildet. ◯

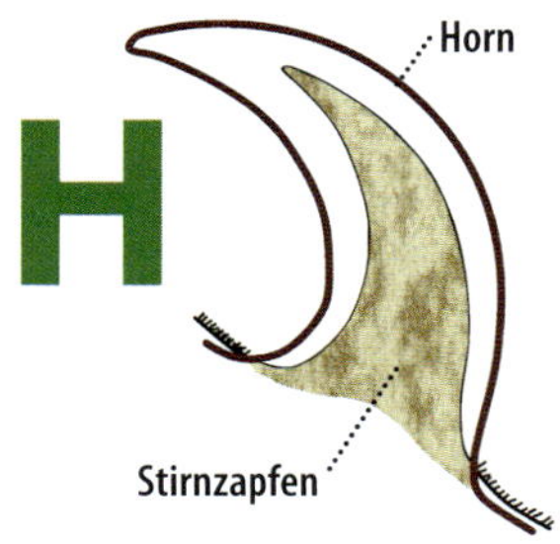

... wird vom Rind getragen. ◯

◯ ... wird vom Hirsch/Rehbock getragen.

◯ ... ist ein Stirnzapfen, der mit einer Hornschicht überzogen ist.

5) Hirsch oder Reh? – Kreuze an! Tipp: Die richtigen Buchstaben ergeben ein Lösungswort. ★★

	Hirsch	Reh
Die Böcke werfen ihr Geweih jedes Jahr im Herbst ab.	H	K
Er lebt im Wald und ist ein Kulturflüchter.	I	U
Die Geiß kümmert sich alleine um ihr Kitz.	N	T
Sie leben gemeinsam mit ihren Kälbern das ganze Jahr im Rudel.	Z	T

LÖSUNGSWORT: . . . .

Wald REPORT

Wald in Europa

In Europa sind 30% der Fläche mit Wald bedeckt. Der Wald sieht in den einzelnen Gebieten unterschiedlich aus. Welcher Waldtyp in welchem Gebiet wächst, hängt vom Klima, der Bodenbeschaffenheit und vom Einfluss der Menschen ab.
Im Norden Europas wachsen vor allem Nadelbäume wie Kiefern, Tannen, Fichten und Lärchen sowie einige Laubbäume wie Birken, Weiden, Erlen und Pappeln. In Mitteleuropa gibt es besonders viele Laubwälder.
Im Mittelmeerraum wachsen Hartlaubwälder. In ihnen stehen Steineichen, Korkeichen (aus ihrer Rinde wird Kork gewonnen), Kiefern und Eukalyptusbäume.

Wer hätte das gedacht?

Harz von bereits ausgestorbenen Föhrenarten hat sich im Laufe von Jahrtausenden verhärtet. Es wurde zu Stein. Man nennt dieses Harz Bernstein. Manchmal sind in diesen Steinen auch Insekten oder Teile von Pflanzen eingeschlossen, die vor vielen Millionen Jahren gelebt haben. Sie sind auf diese Weise bis heute gut erhalten geblieben.
Bernstein ist auch ein beliebter Schmuckstein.

Seit wann gibt es in Österreich Weihnachtsbäume?

1814 wurde der erste Weihnachtsbaum in Wien aufgestellt. Im Verlauf des 19. Jh. wurde der Brauch, zu Weihnachten einen Weihnachtsbaum aufzustellen, immer beliebter. Heute werden alleine in Österreich jedes Jahr mehr als 2 Millionen Bäume geschmückt.

Kurzmeldung: Ein ganzes Zimmer aus Bernstein

1716 schenkte der preußische König Friedrich Wilhelm I. dem russischen Zaren Peter dem Großen ein Zimmer ganz aus Bernstein gefertigt. 200 Jahre befand es sich im Katharinenpalast bei St. Petersburg. Als die Deutschen im Zweiten Weltkrieg bis nach St. Peterburg vordrangen, demontierten sie dieses wertvolle Zimmer und überstellten es nach Königsberg. Seit 1945 ist das Bernsteinzimmer verschollen.

Gefahr – Waldbrände!

Jedes Jahr zerstören Waldbrände tausende Hektar Wald. Trockenheit und Wind begünstigen vor allem im Mittelmeerraum Brände. Ein Waldbrand verursacht große Schäden. Bäume, Sträucher und auch Tiere sind in Gefahr.

Warum haben Birken weiße Stämme?

Birken sind sehr genügsam und anpassungsfähig, deshalb wachsen sie auch in Gebirgslagen und im hohen Norden. Birken erkennst du an ihrer weißen Rinde. Diese ist weiß, da in ihr ein Stoff (Betulin) eingelagert ist, der das Licht reflektiert. Dadurch ist der Baum gegen Überhitzung geschützt. Außerdem haben Birken weniger Blätter, daher wird nicht so viel Wasser verdunstet.

Wald REPORT

Sie sind die Ersten!

Der Winterhelmling wächst bereits im Februar auf Holzstümpfen von Laubbäumen.

Der Samtfußrübling wächst ebenso zu dieser Zeit an kranken oder toten Weidenstämmen.

Der Wurzelporling wächst den ganzen Winter hindurch. Sein Myzel wächst auch bei starkem Frost an den Stämmen von Bäumen hinauf und zersetzt das Holz von innen. Der Fruchtkörper sitzt an den Baumwurzeln über dem Erdboden.

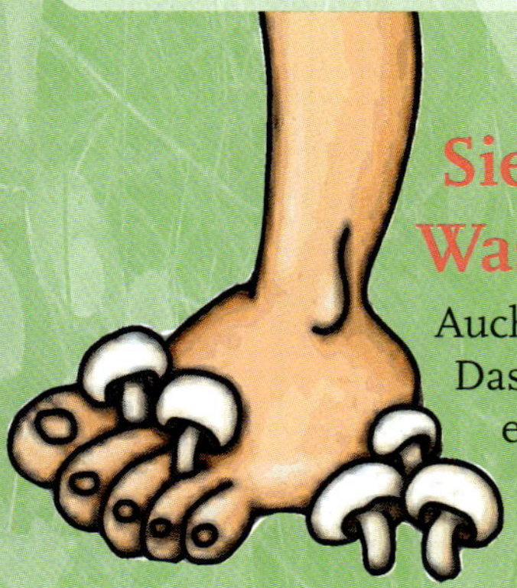

Sie sind die Unangenehmsten! Was ist wohl damit gemeint?

Auch Hautpilze vermehren sich durch Sporen. Besonders leicht bekommt man einen Fußpilz. Das Tragen von Turnschuhen im Sportunterricht und das Desinfizieren der Füße am Ende eines Besuches im Schwimmbad können sein Entstehen und Wachsen verhindern. Fußpilze sind schwer zu behandeln. Oft dauert es Monate, bis man sie durch konsequentes Anwenden von Pilzsalben wieder los wird.

Förster/Försterin gesucht!

Ihre Hauptaufgabe wird darin bestehen, sich um den Wald und die darin lebenden Tiere zu kümmern. Dafür müssen Sie viele Begabungen und vielseitige Interessen haben, denn ein/e Förster/Försterin muss fast alles können: Mathematik, Zoologie, Botanik, Vermessungswesen, Forstrecht und EDV. BEWERBUNGEN an das Forstamt!

Unglaublich, aber wahr!

- **Eine ausgewachsene Eiche wirft im Jahr ungefähr 70 000 Eicheln ab.**
- **Früher fing man mit dem „Fliegenpilz“ tatsächlich Fliegen. Dazu schnitt man diesen giftigen Pilz in kleine Stücke und legte diese in Milch. Fliegen, die davon tranken, starben nach kurzer Zeit.**
- **Der Biber ist eines der größten Nagetiere der Welt. Er kann bis zu 32 kg schwer und über 1 m lang werden.**

Wetterprophet: Bauen Sie Ihre eigene Wetterstation!

Stellen Sie einen Kiefernzapfen auf ein Holzbrett! Kleben Sie anschließend einen Zahnstocher an einer Schuppe des Zapfens fest! Dann markieren Sie die Stelle, auf die der Zahnstocher zeigt! Bei hoher Luftfeuchtigkeit wird Ihr Zahnstocher nach oben zeigen, bei Sonne und Trockenheit nach unten.

Die älteste Eiche Europas

In der Nähe von Bad Blumau (Oststeiermark) steht eine Eiche, die bereits im Jahr 990 urkundlich erwähnt wurde. Ihr Alter wird auf etwa 1 200 Jahre geschätzt, damit ist sie die älteste Eiche Europas. Um ihren Stammumfang von 8,75 m zu umfassen, bedarf es sechs erwachsener Personen.

Buchtipps

Anette Adams: Tiere im Wald – Tiere, Spiele, Pflanzen, Ausrüstung. Arena Verlag, Würzburg, 2002.

Holger, Haag: Bäume erkennen und bestimmen. Kosmos Verlag, Stuttgart, 2010.

Magica: Unsere wunderbare Welt: Wald. Fleurus Verlag, Köln, 2003.

Christian Teubner: Pilzposter. Gräfe & Unzer, München, 2008.

Hannelore Gilsenbach, Christiane Gottschlich: WAS IST WAS? Band 31: Bäume. Tessloff Verlag, Nürberg, 2010.

Heike Hermann: WAS IST WAS? Band 33: Pilze. Tessloff Verlag, Nürnberg, 2006.

11. STAATENBILDENDE INSEKTEN

Insekten sind die artenreichste Tierklasse. Du wirst in den folgenden Kapiteln verschiedene Insekten kennenlernen und in jedem Kapitel etwas über ihre gemeinsamen Merkmale erfahren. Insekten, die in einer Gemeinschaft leben, in der jedes Tier ganz bestimmte Aufgaben zu erfüllen hat, nennt man **Staatenbildende Insekten**.

Die Honigbiene

Biene beim Nektarsammeln

Schon in der Steinzeit aß der Mensch den Honig der wild lebenden Bienenvölker. Diesen setzte man auch als Köder bei der Bärenjagd ein. Im Alten Ägypten begann der Mensch dann bereits vor 6 000 Jahren, auch Bienen zu züchten. Honig war lange Zeit das einzig bekannte Süßungsmittel.

Der ursprüngliche Lebensraum der Bienen ist der Wald. Dort bauen sie ihre **Waben** in Baumhöhlen. Die Honigbiene hat als natürlicher Bestandteil der heimischen Tierwelt eine wichtige **ökologische Bedeutung**. So bestäuben Honigbienen etwa 80 % der Blütenpflanzen in unseren Breiten und garantieren dadurch den Fortbestand dieser Pflanzen.

Der Bienenstaat

Bienen bilden einen **Dauerstaat**. Dieser umfasst im Sommer 40 000 bis 80 000 Bienen. In diesem Bienenstaat gibt es **Arbeiterinnen**, **Drohnen** (männliche Biene) und **eine einzige Königin**.

BIENENKÖNIGIN: Sie ist die größte Biene und kann **als einziges Weibchen** die Waben mit Eiern bestiften. Dazu legt sie ihre Eier in die Waben. Eine Königin wird ca. 5 Jahre alt. Zwei Mal in ihrem Leben verlässt sie mit einem Teil des Volkes den Bienenstock. Als **junge Königin** fliegt sie auf **Hochzeitsflug**. Dabei paart sie sich mit den Drohnen und legt für den Rest ihres Lebens täglich bis zu 3 000 Eier. Gegen Ende ihres Lebens legt sie immer mehr unbefruchtete Eier, aus denen sich ausschließlich Drohnen entwickeln. Schlüpft eine junge Königin, verlässt die ältere Königin ungefähr eine Woche vorher mit einem Teil des Bienenvolkes den Stock, um einen neuen Staat zu gründen. Da die Königin keine gute Fliegerin ist, lässt sie sich bald irgendwo nieder. Die Bienen bilden eine **Schwarmtraube** um sie. Der **Imker** oder die **Imkerin** (Bienenzüchter/in) fängt den Schwarm wieder ein und gibt ihn in einen neuen Stock.

ARBEITERINNEN: Diese unfruchtbaren Weibchen sind die meisten Bienen im Bienenstock. Sie verrichten alle Arbeiten. Eine Arbeiterin lebt im Sommer etwa 6 Wochen. In dieser Zeit übernimmt sie unterschiedliche Aufgaben: Zunächst **putzt** sie die Waben, dann **pflegt** sie als **Amme** die **Brut**. Haben sich ihre **Wachs**drüsen entwickelt, scheidet sie Wachs aus, aus dem sie die Waben baut. Später wird sie zur **Wächterin** vor dem Bienenstock. Die **zweite Hälfte ihres Lebens** verbringt die Arbeiterin als **Trachtbiene**, die Nektar sammelt. Der Nektar wird zu Honig umgewandelt und ist die Nahrung der Bienen.

DROHNEN: Das Leben der Männchen ist kurz. Sie paaren sich beim Hochzeitsflug mit der Königin. Danach, bei der **Drohnenschlacht**, werden sie von Arbeiterinnen aus dem Stock geworfen und sterben.

Nektar: zuckerreiche Flüssigkeit in Blüten

Waben: kleine Gebilde aus Wachs mit sechseckigem Querschnitt, in denen Bienen ihren Honig aufbewahren

Dauerstaat: Die Tiere überleben den Winter im Bienenstock.

Schwarmtraube

Bienenstöcke

Amme: hier: Arbeiterin bei den Bienen, die Eier und Larven betreut

Wachs: weiche, **knetbare** Masse; wird als Brennmaterial in Kerzen verwendet

kneten: durcharbeiten, formen

Bienen bei der Arbeit

Netz- oder Fassettenaugen

Körbchen gefüllt mit Pollen

Körperbau der Biene

Der Körper der Biene ist – wie bei allen Insekten – in einzelne Abschnitte gegliedert. Diese sind der Kopf, die Brust und der Hinterleib.

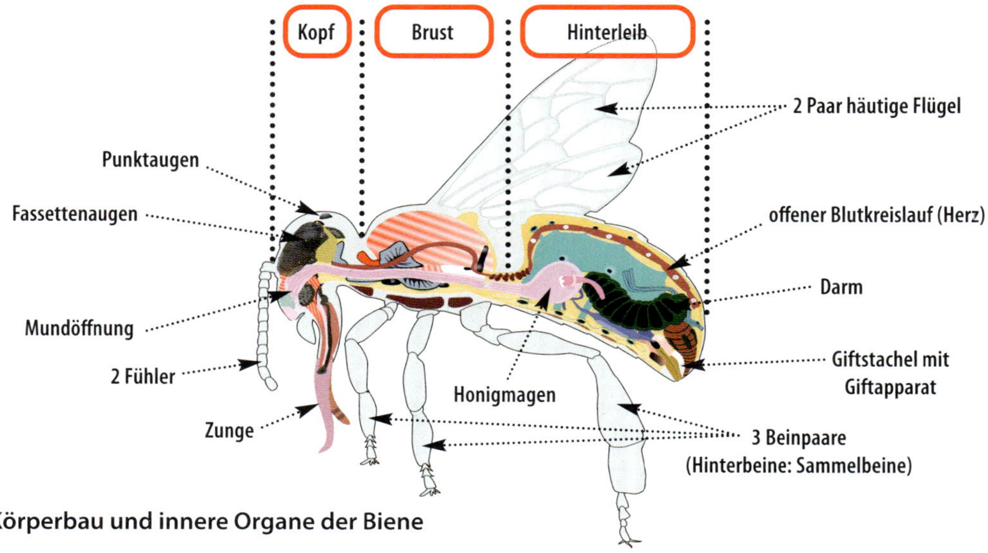

Körperbau und innere Organe der Biene

Am **Kopf** befinden sich **3 Punktaugen**, mit denen die Biene Hell und Dunkel unterscheidet. Die **Netz-** oder **Fassettenaugen** bestehen aus 5 000 Einzelaugen. Bienen sehen Farben, können aber Rot und Schwarz nicht unterscheiden. Die beiden Fühler sind die Organe für den Tast- und Geruchssinn. Die Biene leckt oder saugt mit ihren Mundwerkzeugen – vor allem mit der Zunge – den Nektar auf. Sie **knetet** damit auch das Wachs.

Am **Brustabschnitt** befinden sich zwei Paar häutige Flügel und drei Beinpaare, von denen die Hinterbeine kleine **Körbchen** haben, in denen der Blütenstaub transportiert wird. Im **Hinterleib** befindet sich der Giftapparat mit dem **Stachel**.

Bienen haben – wie alle Insekten – einen **offenen Kreislauf**. Das Herz hat Öffnungen, durch die es die Körperflüssigkeit ansaugt. Diese wird dann aus dem Herzen herausgepresst und fließt frei durch den Körper.

Verwandte der Bienen

Hummel

Wespe

Entwicklung der Biene

Ei Larve (Made) Puppe

Die von der Königin gelegten Eier sind nur 1,5 mm lang. Nach 3 Tagen schlüpft aus dem Ei eine beinlose Larve, die **Made**. Diese wächst, häutet sich mehrmals und spinnt sich schließlich in ihrer Wabe ein. Sie wird zur **Puppe**. Innerhalb von 12 Tagen verwandelt sich die Puppe, die in dieser Zeit ohne Nahrung auskommt, in eine Biene. Diese Entwicklung – **EI → LARVE → PUPPE → VOLLINSEKT** – nennt man eine **vollkommene Verwandlung**. Königinnen wachsen in besonderen Waben – den **Weiselwiegen** – heran und werden mit einem besonderen Saft, dem **Gelée Royale**, gefüttert.

Haben Bienen eine Sprache?
Um den anderen mitzuteilen, wo die Nahrung zu finden ist, tanzen die Bienen. Jede Bewegung hat eine Bedeutung. Auch die Geschwindigkeit, in der sie tanzen, sagt etwas aus.

Waldameisen und ihre ökologische Bedeutung

Auf der Suche nach Nahrung kommen Ameisen in alle Schichten des Waldes. Sie **fressen** große Mengen an tierischer Nahrung, darunter sind sehr viele **Schadinsekten**. Ameisen sind wichtige Helfer bei der **biologischen Schädlingsbekämpfung**. Sie selbst sind aber auch eine wichtige **Nahrungsquelle** für einige heimische Spechtarten.

Die **Samen** vieler Pflanzen der Krautschicht werden durch Ameisen verbreitet, da die Samen nährstoffreiche Anhängsel haben. Die Ameisen tragen diese fort, um die Anhängsel abzubeißen und als Nahrung zu verwenden. Die Samen bleiben zurück. Sie keimen und aus ihnen wachsen neue Pflanzen. Ameisen arbeiten zusammen und schleppen oft Beute in den Bau, die wesentlich schwerer ist, als sie selbst. Sie benützen eigene Wege, sogenannte **Ameisenstraßen**, die sie für ihre Artgenossen mit einem **Duftstoff** kennzeichnen.

biologische Schädlingsbekämpfung: Schädlinge werden ohne Einsatz von Gift durch ihre Fressfeinde vernichtet.

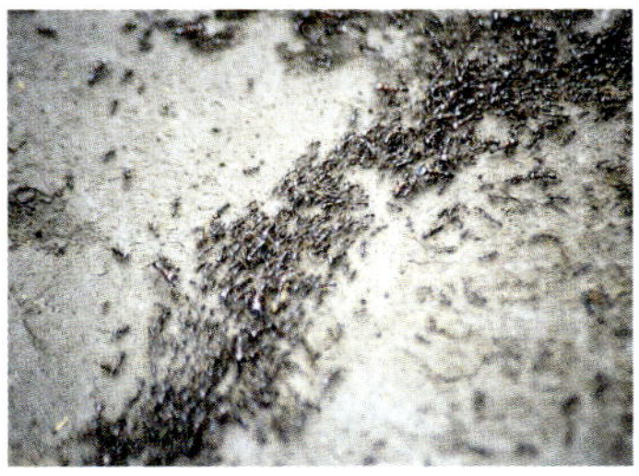

Ameisenstraße

Die Große Rote Waldameise – der Ameisenhaufen

Ameisenhaufen

Alle Waldameisen brauchen die Wärme des Sonnenlichtes. So kannst du auf Waldlichtungen, vor allem im Nadelwald, den Bau der **Roten Waldameisen** finden. Aus Ästchen, Blättern, Nadeln und Steinchen bauen sie Haufen, die über der Erde bis zu 2 m hoch sind und genau so tief in den Boden reichen. Im **Ameisenbau** leben bis zu 300 000 Ameisen. Im Sommer spielt sich das Leben im gesamten Ameisenbau ab. Im Winter aber ziehen sich die Tiere in den unterirdischen Teil zurück.

Erkläre den Begriff Ameisenwanderer! Du kennst ihn bereits aus der ersten Klasse.

Rote Waldameise: Sie steht unter Naturschutz.

Ameisenhaufen dürfen nicht zerstört werden! Warum?

Arbeitsteilung im Ameisenstaat

Der Ameisenstaat ist ein **Dauerstaat**. In ihm leben **Königinnen**, **Arbeiterinnen** und **Männchen**. Es gibt mehrere Königinnen und hunderttausende unfruchtbare Arbeiterinnen. Jede Ameise hat eine bestimmte Aufgabe.

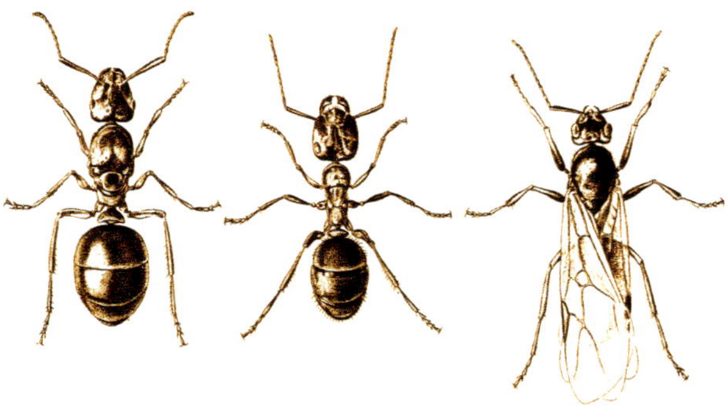

Königin nach Abwurf der Flügel — Arbeiterin — geflügeltes Männchen

KÖNIGINNEN: Ihre Aufgabe ist es, den Staat zu erhalten und **Eier** zu legen. Sie fliegen einmal in ihrem Leben auf **Hochzeitsflug**.

ARBEITERINNEN: Diese sammeln Nahrung, pflegen die Eier, füttern die Larven und die jungen Ameisen. Sie erweitern aber auch den Bau, reparieren und säubern ihn. Wächterinnen schützen den Bau vor **Eindringlingen**.

MÄNNCHEN: Im Mai oder Juni begeben sich die geflügelten Männchen mit den Königinnen auf den Hochzeitsflug. Dabei **paaren** sie sich mit den Königinnen. Damit ist ihre Aufgabe erfüllt und sie sterben bald nach dem Hochzeitsflug.

Ameisen melken Blattläuse: Dabei klopfen sie den Läusen auf den Hinterleib. Diese geben einen süßen Saft – den Honigtau – ab.

Eindringling: hier: fremde Ameise

Puppen

häuten: aus der alten Haut schlüpfen

Hast du den Text genau gelesen? Dann weißt du, warum die Eier immer im Bau bleiben!

Womit riechen Ameisen?
Ameisen haben hoch empfindliche Fühler, mit denen sie Gerüche wahrnehmen. Der Geruchsinn zeigt ihnen, wo Nahrung zu finden ist und ob eine Ameise zum eigenen Staat gehört.

dezimieren: verringern

Kolonie: Gruppe von gleichartigen Tieren oder Pflanzen

Ameisenlöwe: Larve der Ameisenjungfrau, eines Insekts

Bienen und **Ameisen** sind **Insekten**. **Königinnen**, **Arbeiterinnen** und **Männchen** leben in einem **Dauerstaat**. Zwischen den Tieren gibt es eine klare Aufgabenteilung. Aus Eiern werden Larven, die sich verpuppen. Schließlich schlüpft das Vollinsekt. Das nennt man eine **vollkommene Verwandlung**.

Die Entwicklung der Ameisen

Ende März beginnen die Königinnen mit der Eiablage. Arbeiterinnen halten die **Eier** sauber und lecken sie immer wieder ab, damit sie nicht austrocknen. Nach 13 Tagen schlüpfen kleine **Maden** aus den Eiern. Sie werden von den Arbeiterinnen versorgt, **häuten** sich einige Male und verpuppen sich. Ihre Puppen tragen die Ameisen bei Sonnenschein aus dem Bau. Oft werden diese fälschlicherweise als Ameiseneier bezeichnet, doch die Eier bleiben immer im Bau. Aus den Puppen schlüpfen schließlich junge Ameisen. Auch Ameisen machen eine **vollkommene Verwandlung** durch.

Der Körperbau der Ameisen

Der Körperbau der Ameisen entspricht dem aller Insekten. Der Körper gliedert sich in die Körperabschnitte **Kopf**, **Brust** und **Hinterleib**.

Körperbau

Nur zur Zeit des Hochzeitsfluges besitzen Ameisen häutige Flügel. Der Kopf trägt Augen und Fühler. Ameisen haben so wie alle Insekten ein **Außenskelett**.

Im Gegensatz zu den dir bereits bekannten Wirbeltieren haben Ameisen (und alle anderen Insekten) keine Knochen. Ihr Körper ist umhüllt von einem Panzer aus **Chitin**. Ihre Beine sind gegliedert und bestehen ebenfalls aus Chitin. Jedes **Glied** ist mit dem nächsten **beweglich verbunden**.

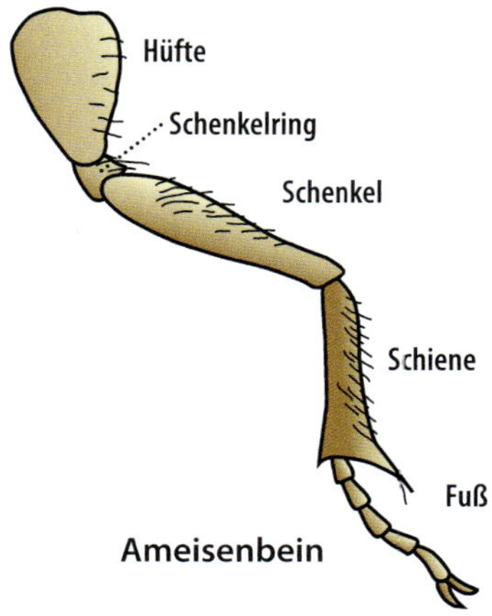

Ameisenbein

Feinde der Ameisen

Ameisen werden durch Vögel, Kröten, kleine Schlangen und sogar Wildschweine, die ihre Haufen zerwühlen, **dezimiert**. Viele Ameisen gehen auch im Kampf gegen benachbarte **Kolonien** (Ameisenvölker) zu Grunde. Auch einige Spinnenarten oder der **Ameisenlöwe** und Spechte jagen Ameisen.

Bau eines Ameisenlöwen

Ameisenlöwe

Die eigentliche Gefahr geht aber vom Menschen aus, welcher die Umweltbedingungen verändert und ihren Lebensraum zerstört.

Nun geht's los – Aufgaben für schlaue Köpfe!

1) **Wabenrätsel** – In dieser Wabe haben sich Silben versteckt, die du zur Beantwortung dieser Fragen brauchst! Setze sie richtig zusammen, dann kannst du das Rätsel lösen! ★★

AM-	-AU-	-BEN	-DE	DROH-	FAS-	GE-	-GEN	-GEN	
HUM-	IM-	-KER	-LEE	MA-	-ME	-MEL	NEK-	-NEN	RO-
-SEL-	-SET-	-TAR	-TEN-	WA-	WEI-	-WIE-	-YALE		

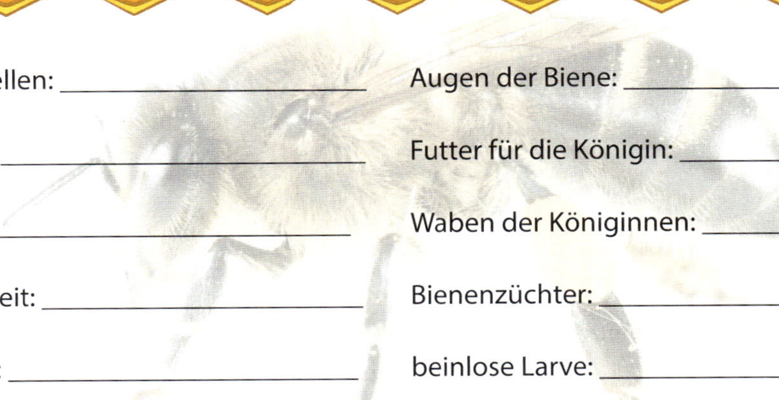

kleine sechseckige Zellen: ______________________

männlichen Bienen: ______________________

pflegt die Brut: ______________________

zuckerreiche Flüssigkeit: ______________________

Verwandte der Biene: ______________________

Augen der Biene: ______________________

Futter für die Königin: ______________________

Waben der Königinnen: ______________________

Bienenzüchter: ______________________

beinlose Larve: ______________________

2) **Insektenquiz** – Wie heißen diese Insekten? Wer wohnt in welchem Staat? Benenne zuerst die Tiere und ihre Wohnungen! Dann schreibe den passenden Buchstaben zu der jeweiligen Wohnung dazu! ★ Tipp: Die in Spiegelschrift geschriebenen Namen helfen dir beim Lösen dieses Quiz!

A

B

C

______________________ ______________________ ______________________

HonigbieneAmeisenhaufenWaldameisen
WespeWespennestBienenstock

______________________ ______________________ ______________________

Nun geht's los – Aufgaben für schlaue Köpfe!

3) **Hier fehlt ja einiges!** Bei diesen beiden Abbildungen der Biene und der Ameise sind Teile der Beschriftung verloren gegangen. Versuche, die fehlenden Teile richtig zu beschriften! ★★★

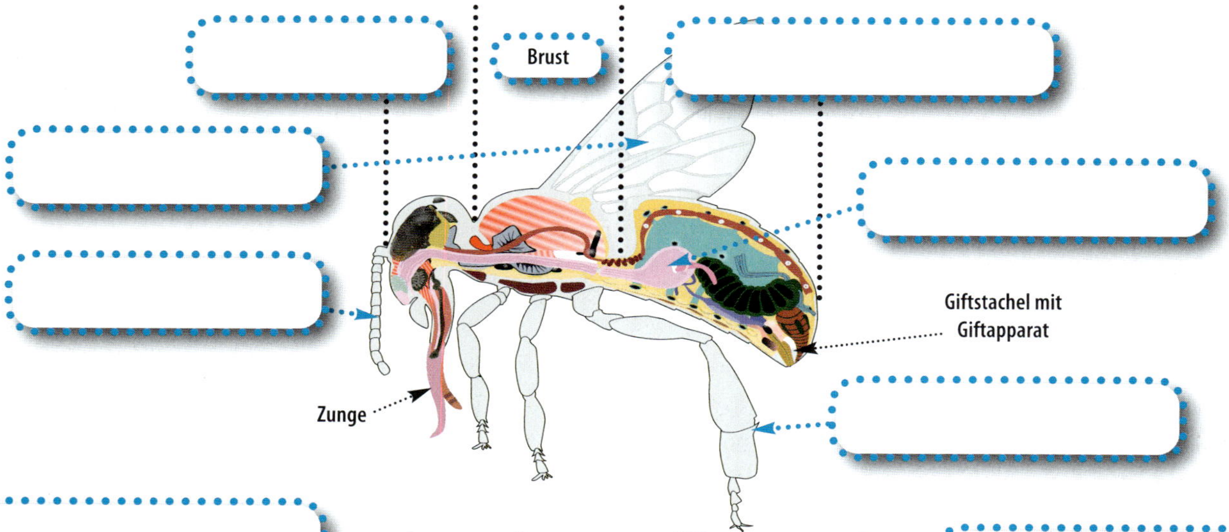

Was fehlt dieser Ameise im Vergleich zur Biene? ★

____

4) **Wer ist wer?** Der Text im Kästchen hilft dir, dieses Rätsel zu lösen! ★★

Sie sind die Arbeiterinnen im Ameisenbau und eher klein. Sie haben Flügel, da sie mit der Königin auf Hochzeitsflug gehen und sie dabei besamen. Sie hat einen großen Hinterleib und ist die Einzige, die Eier legen kann.

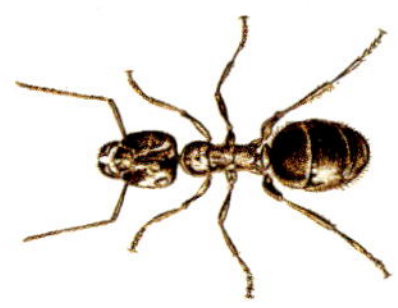

Name: ________________ **Aufgaben:** ________________

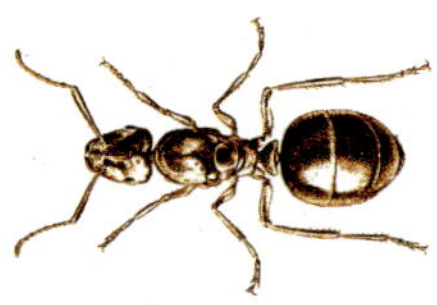

Name: ________________ **Aufgaben:** ________________

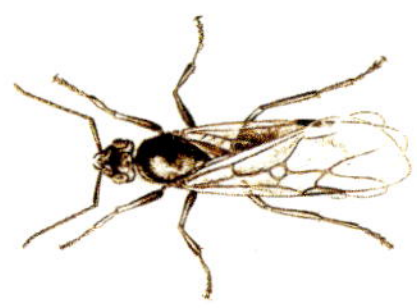

Name: ________________ **Aufgaben:** ________________

12. SCHMETTERLINGE

In allen Schichten des Mischwaldes finden Schmetterlinge und ihre Raupen ausreichend Nahrung und Lebensraum. Sie sind wichtige **Blütenbestäuber**, die auch andere Lebensräume besiedeln.

Blutströpfchen bei der Paarung

Das Tagpfauenauge

Das Tagpfauenauge gehört zu den **Tagfaltern**. Wie die meisten Tagfalter haben sie bunt gefärbte Flügel. Auf diesen befinden sich Zeichnungen, die wie Tieraugen aussehen. Diese falschen Augen verwirren die Feinde und lassen diese an der falschen Stelle zuschnappen. Sitzen Tagfalter längere Zeit still, dann klappen sie ihre Flügel nach oben. Da ihre Flügelunterseite unauffällig ist, werden sie von Feinden nicht so schnell entdeckt.

Entwicklung

Das Tagpfauenauge überwintert als Falter an geschützten Stellen. Im Frühjahr legt das besamte Weibchen **Eier** an die Unterseite von Brennnesselblättern. Diese Blätter dienen den **Raupen** als Nahrung. Die Raupen häuten sich mehrmals und wachsen, bis sie groß genug sind, um sich zu verpuppen. Aus der **Puppe** schlüpft der **Falter**. Man spricht von einer **vollkommenen Verwandlung**.

Puppe

Körperbau des Falters und der Raupe

Tagpfauenaugen gehören zu den Insekten und haben daher die typische **Gliederung** in die 3 Körperabschnitte **Kopf**, **Brust** und **Hinterleib**.

Körperbau des Tagpfauenauges

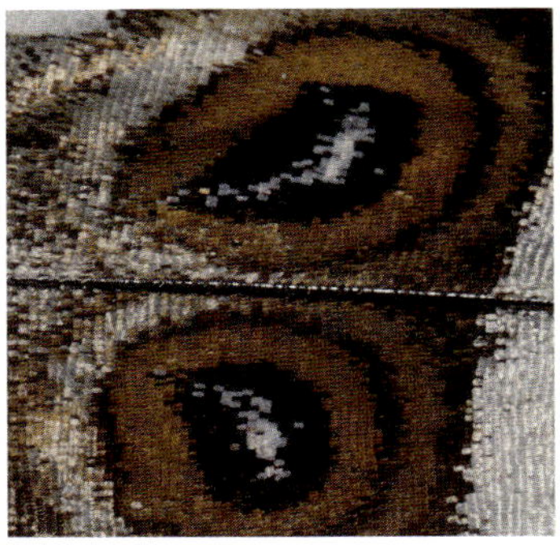
Schuppen auf einem Schmetterlingsflügel

KOPF: Hier befinden sich zwei **Fassettenaugen** und zwei **Fühler**. Mit den Fühlern riecht der Falter. Die **Mundwerkzeuge** sind zu einem langen **Rüssel** geformt. Damit saugen Falter Nektar, der sich tief in der Blüte befindet. Wird der Rüssel nicht benützt, ist er eingerollt.

BRUST: Auf dem Brustabschnitt befinden sich zwei Paar **Flügel**. Sie sind mit bunten Schuppen bedeckt. Jede Schmetterlingsart hat ihre typische Farbe und Zeichnung. Die **6 Beine** haben an den Fußgliedern empfindliche **Geschmacksorgane** und kleine **Dornen aus Chitin**. Mit ihnen reinigt der Falter seinen behaarten Körper.

Eingerollter Rüssel

Die **Raupe** hat einen anderen Körperbau. Du erkennst den Kopf, 3 Brustbeinpaare, 4 Bauchbeinpaare und einen Nachschieber. Seitlich siehst du die Atemlöcher, die sogenannten Stigmen.

Schwalbenschwanzraupe

Falter: Zitronenfalter

Ligusterschwärmer

Spinner: Nonne

Eule: Rotes Ordensband

Spanner: Kiefernspanner

Schmetterlinge gehören zu den **Insekten**. Sie sind wichtige Blütenbestäuber.

Die Atmung

Das Tagpfauenauge atmet – wie alle Insekten – durch ein **Tracheensystem**. Es besteht aus Röhren, die durch Chitinspiralen verstärkt sind. Diese Röhren sind im ganzen Körper verzweigt und versorgen ihn mit Sauerstoff. Durch Atemlöcher am Hinterleib (Stigmen) strömt die Luft in die Röhren.

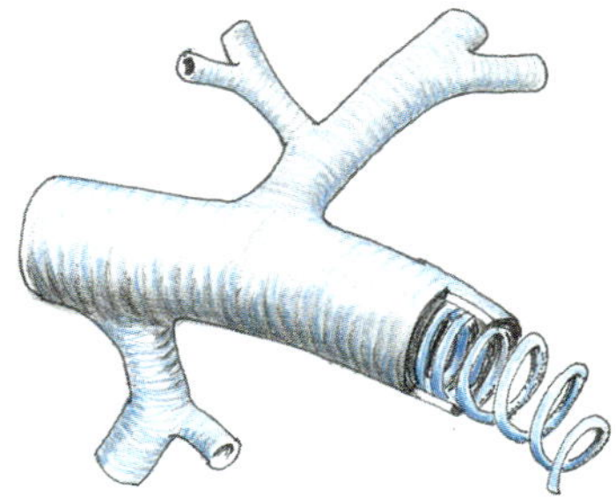

Tracheensystem

Übersicht über die Großschmetterlinge

Art	Flügelhaltung im Sitzen	Raupe	Puppe
 Tagfalter		 nackt oder mit Borsten	
 Schwärmer		 nackt mit Horn	
 Spinner		 meist behaart	
 Eulen		 nackt, oft mit behaarten Warzen	
 Spanner		 1 Paar Bauchfüße	

Die **Puppen** der **Schwärmer**, **Eulen** und **Spanner** liegen meist geschützt unter der Erde.

Viele Schmetterlinge sind in Gefahr

Auf der Erde gibt es über 150 000 verschiedene Schmetterlingsarten. Viele zählen zu den **gefährdeten Tierarten**. Um die Falter vor dem Aussterben zu bewahren, ist es wichtig, ihre Lebensräume und Nahrungsquellen zu erhalten. ACHTUNG: Der Einsatz von Insektengiften gefährdet auch Schmetterlinge.

Nun geht's los – Aufgaben für schlaue Köpfe!

1) Hier ist etwas falsch! **Finde die Fehler und zeichne die Ameise und den Falter danach richtig!** ★★

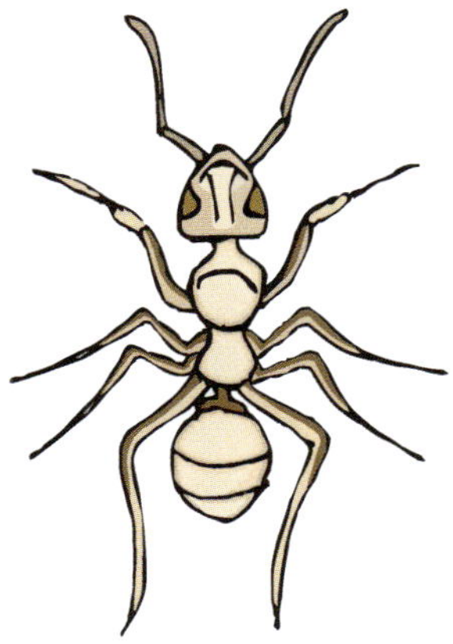

Hilfe!
Was wird einmal aus mir?

☐ Falter ☐ Ameise

2) **Fotoquiz** - Wie heißen diese Schmetterlinge? **Schreibe den richtigen Namen zum Bild!** ★★

3) **Achtung Fehlertext!** Lisa hat beim Abschreiben aus dem Buch Fehler gemacht. **Markiere ihre 4 Fehler und schreibe den Text richtig in dein Heft! Zum Schluss überlege dir noch eine passende Überschrift!** ★

Auf der Erde gibt es über 150 verschiedene Schmetterlingsarten. Viele von ihnen zählen zu den gefährlichen Tierarten. Ihre Lebensräume werden vom Menschen geschützt. Das Verschwinden von Kräutern und der Einsatz von Insektengiften nützen den Schmetterlingen ganz besonders.

Nun geht's los – Aufgaben für schlaue Köpfe!

4) **Für Schmetterlingsexperten und Schmetterlingsexpertinnen** – Auf dieser alten Schautafel sind die Bezeichnungen der Schmetterlingsgruppen schwer bis gar nicht zu lesen! **Beschrifte sie neu! Dann ziehe mit Hilfe eines Lineals Pfeile von der Raupe zum passenden Schmetterling! ★★★★**

5) Die Raupen verpuppen sich! Welche Raupe wird zu welcher Puppe? **Schreibe die passende Nummer der Abbildungen aus Aufgabe 4 zu der jeweiligen Puppe! ★★★★**

6) **Schmetterlingsrätsel** – In diesen beiden Schmetterlingen sind Teile von 4 Schmetterlingsnamen versteckt. **Suche sie und setze sie wieder zusammen! ★★★**

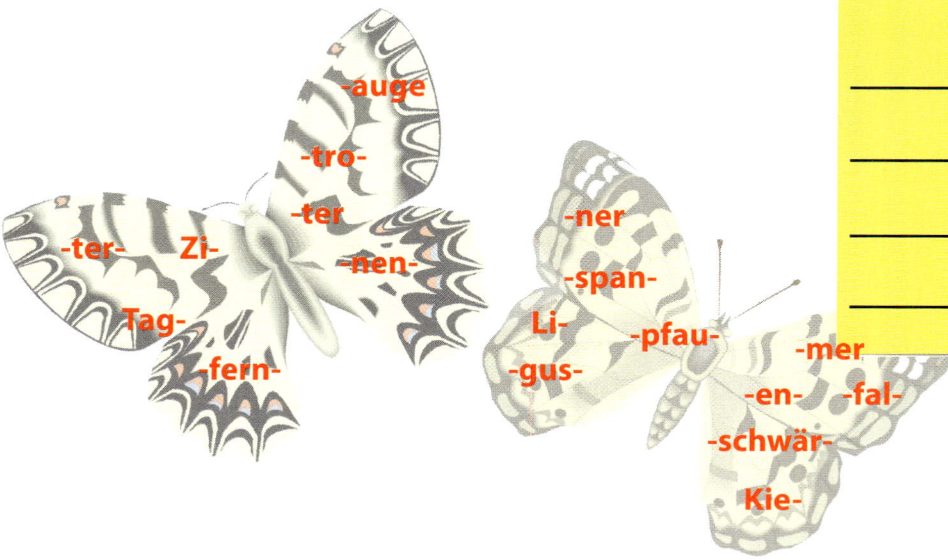

13. KÄFER

Käfer haben einen **Chitinpanzer**. Auch die **Vorderflügel**, die Deckflügel sind, bestehen aus Chitin. Die häutigen **Hinterflügel** braucht der Käfer, um zu fliegen. Sie werden im Ruhezustand von den harten **Deckflügeln** geschützt.

Hirschkäfer (Männchen)

Marienkäfer frisst Blattläuse

Käferarten

Der **Marienkäfer** und seine Larven sind wichtige **Schädlingsbekämpfer**, da sie Blattläuse fressen. Bei Gefahr stellt sich der Marienkäfer tot. Er zieht seine Beine unter den Körper und bildet so eine kleine Halbkugel. Zusätzlich fließt eine gelbe, übel riechende Flüssigkeit aus den Gelenken seiner Beine. Sie hält Feinde davon ab, ihn zu fressen. Es gibt über 500 verschiedene Marienkäferarten. Sie unterscheiden sich in der Farbe und in der Punktezahl. Der häufigste ist der **Siebenpunkt**.

Gemeiner Totengräber

Der **Gemeine Totengräber** kann besonders gut riechen. Er stöbert tote Tiere auf und gräbt sie in die Erde ein. Das Weibchen legt dann seine Eier auf das Aas. Die geschlüpften **Larven** werden zuerst vom Weibchen mit vorverdauter Nahrung gefüttert. Später **fressen** die Larven selbstständig vom **Aas**.

Mistkäfer

Der **Mistkäfer** gräbt Gänge unter die Kothaufen von Säugetieren. In Seitengängen legt das Weibchen seine Eier ab. Der Mistkäfer und der Totengräber **betreiben Brutpflege**. Ihre Larven fressen Aas und Tierkot. Sie sind wichtige Destruenten im Kreislauf der Natur.

Brutpflege: alle angeborenen Verhaltensweisen zur Aufzucht, zur Pflege und zum Schutz der Nachkommen

Borkenkäfer legen ihre Eier unter die **Borke**. Dies ist die äußerste Schicht der meisten Bäume. Dort schlüpfen die Larven und fressen Gänge in die Rinde. Später verpuppen sie sich. Der fertige Käfer schlüpft durch ein Loch in der Rinde ans Tageslicht. In **Fichtenmonokulturen richten** die Käfer **großen Schaden an**. So gilt auch der **Buchdrucker**, ein Borkenkäfer, als bedeutender Forstschädling.

Der Goldglänzende Rosenkäfer frisst Rosen- und Holunderpollen.

Buchdrucker

Gänge der Buchdruckerlarven

Feldmaikäfer

Der **Maikäfer** war früher ein von Waldbesitzern gefürchteter **Schädling**. Der Käfer frisst Blätter, Knospen und Triebe der Bäume. Seine Larve, die **Engerling** genannt wird, lebt von vermoderten Pflanzenteilen, frisst aber auch die Wurzeln von Pflanzen. Mittlerweile gibt es nicht mehr so viele Maikäfer, da sie früher mit Gift bekämpft wurden.

Merkmale der Insekten

Libellen, Schrecken, Käfer, Zweiflügler, Schmetterlinge, Hautflügler, Wanzen und Läuse sind Insekten. Auf den Fotos in der Seitenspalte siehst du verschiedene Insekten, die aber vieles gemeinsam haben.

KÖRPERBAU: Ihr Körper besteht aus den Körperabschnitten **Kopf**, **Brust** und **Hinterleib**. Die Brust gliedert sich in 3 Segmente. Auf jedem Segment sitzt ein Beinpaar. Insekten haben somit **6 Beine**. Die meisten Insekten haben **2 Paar Flügel**.

MUNDWERKZEUGE: Die Mundwerkzeuge der Insekten sind je nach Nahrungsquelle verschieden gebaut.

Käfer: Diese haben beißende Mundwerkzeuge.

Schmetterlinge: Ihre Mundwerkzeuge sind zu einem Rüssel ausgebildet.

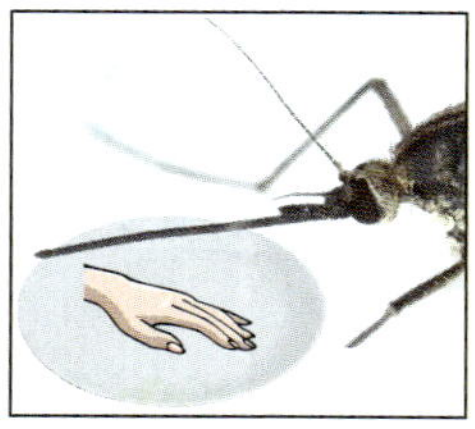

Stechmücken: Sie haben stechend saugende Mundwerkzeuge.

Fliegen/Bienen: Ihre Mundwerkzeuge sind leckend saugend.

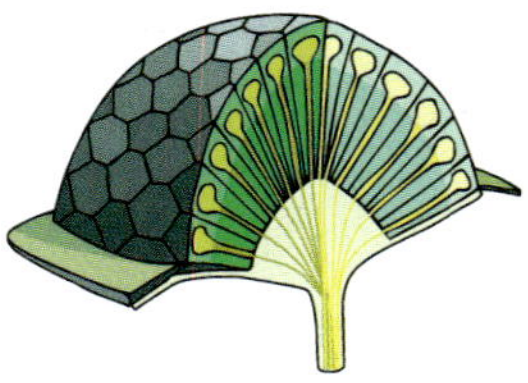

Fassettenauge

AUGEN: Jedes Insekt besitzt **Fassettenaugen**, die aus vielen Einzelaugen bestehen. Jedes Einzelauge liefert einen Bildpunkt, alle zusammen ermöglichen dem Tier das Sehen.

SKELETT: Insekten haben ein Außenskelett aus Chitin.

ATMUNG: Insekten atmen durch **Tracheen**. Das sind kleine Röhren aus Chitin, die den gesamten Körper durchziehen, ihn mit Sauerstoff versorgen und Kohlenstoffdioxid abtransportieren. Am Hinterleib befinden sich seitlich die **Stigmen** (Atemöffnungen).

KREISLAUF: Insekten haben einen **offenen Kreislauf**.

Tracheensystem

Die Entwicklung

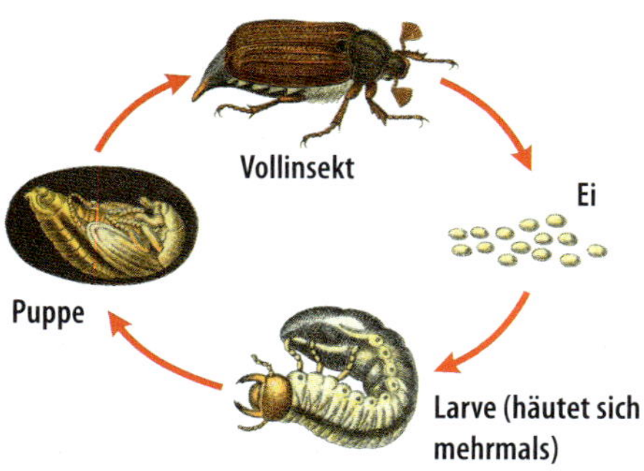

Vollkommene Verwandlung

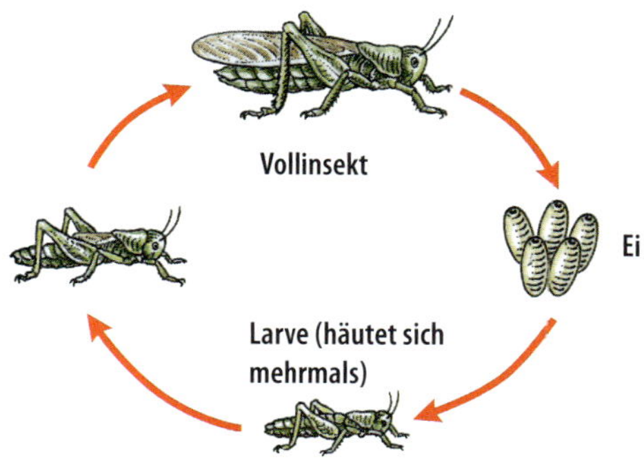

Unvollkommene Verwandlung

Verschiedene Insekten

Honigbiene

Schmeißfliege

Königslibelle

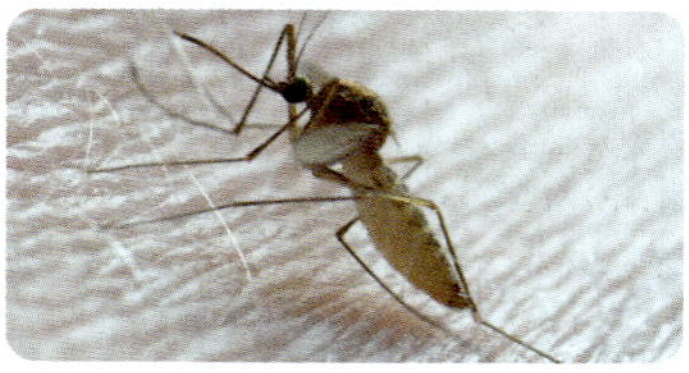

Stechmücke

Feldheuschrecke

Käfer sind Insekten. Die Tiere oder ihre Larven können **Fleischfresser** (Marienkäfer), **Aasfresser** (Totengräber) oder **Pflanzenfresser** (Maikäfer) sein. Ihre Deckflügel bestehen aus **Chitin** und schützen die häutigen Flügel.

Nun geht's los – Aufgaben für schlaue Köpfe!

1) Moritz erzählt über das Leben der Käfer. Aber Achtung! Manchmal erfindet er einfach etwas! **Benenne zuerst einmal die Käfer! Dann streiche in den Sprechblasen die falschen Sätze durch! Anschließend schreibe nur die richtigen Sätze zum passenden Käfer! ★★**

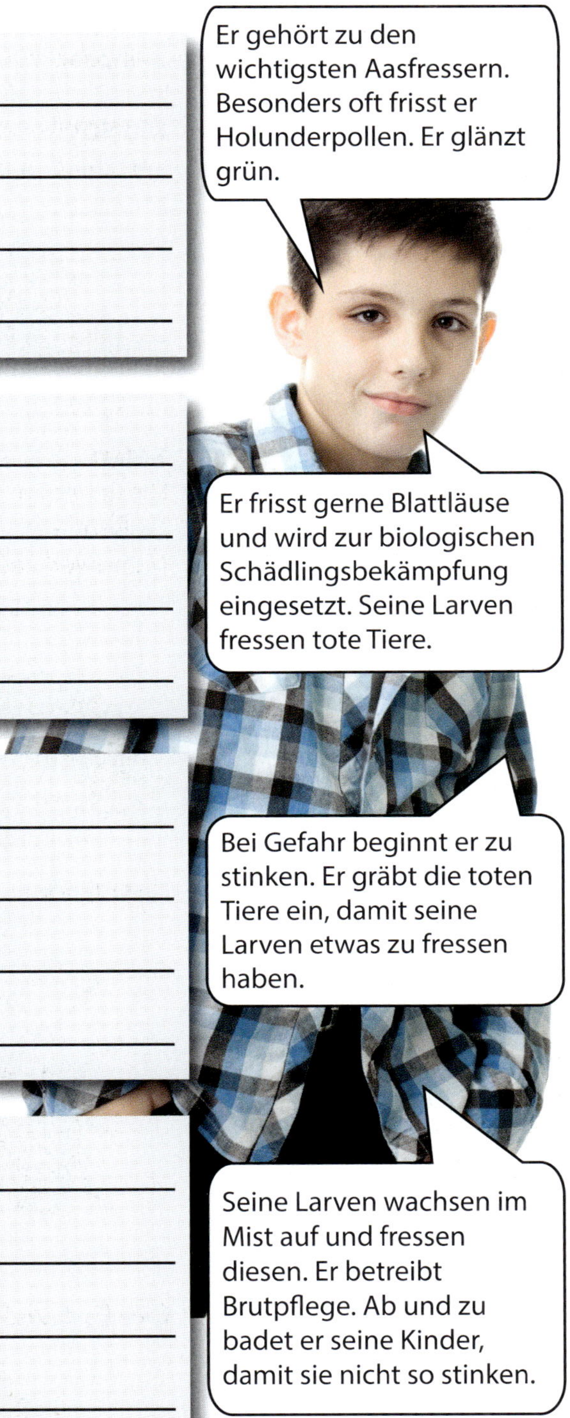

2) **Nun ordne die Käfer richtig zu! ★★**

Aasfresser: ____________________

Schädlingsbekämpfer: ____________________

Wer lässt sich nicht zuordnen? ____________________

Nun geht's los – Aufgaben für schlaue Köpfe!

3) **Welches Insekt ist das und was frisst es?** **Schreibe zuerst jeweils den Namen der Insektengruppe unter jedes Bild! Dann notiere die Art des Mundwerkzeuges! ★★★**

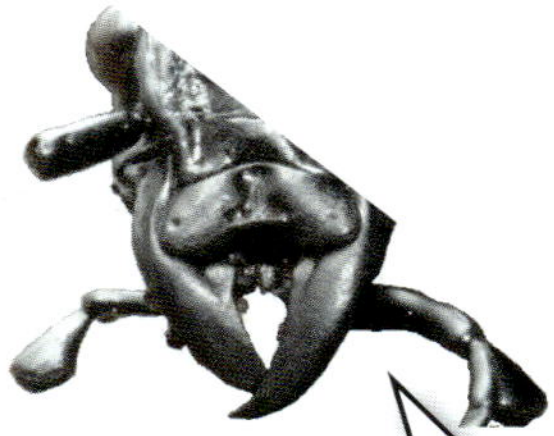

Name: ____________________

Art des Mundwerkzeuges: ____________________

Name: ____________________

Art des Mundwerkzeuges: ____________________

Name: ____________________

Art des Mundwerkzeuges: ____________________

____

4) Welche Larve gehört zu welchem Insekt? **Verbinde die Fotos mit Hilfe des Lineals mit Pfeilen! Wie heißen die Insekten und ihre Larven? ★★★**

Insekt: ____________________

Larve: ____________________

Insekt: ____________________

Larve: ____________________

Insekt: ____________________

Larve: ____________________

5) Welche Abbildung ist richtig? **Kreuze an! ★**

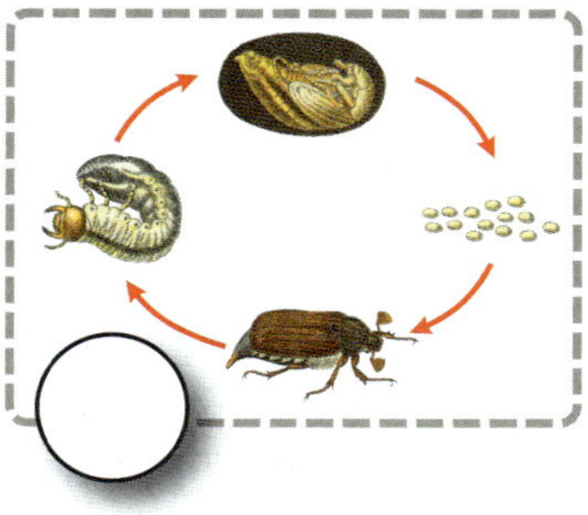

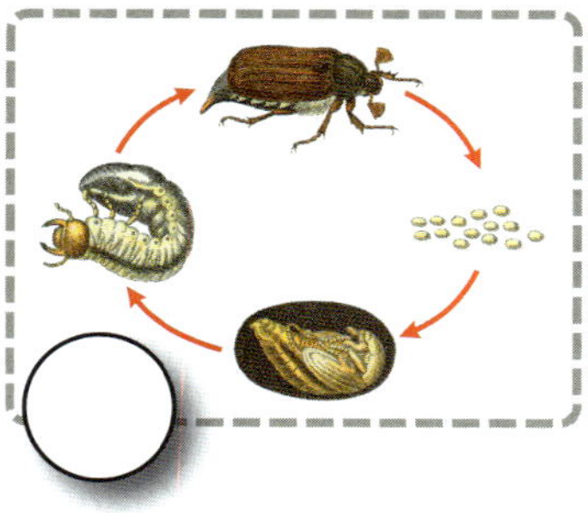

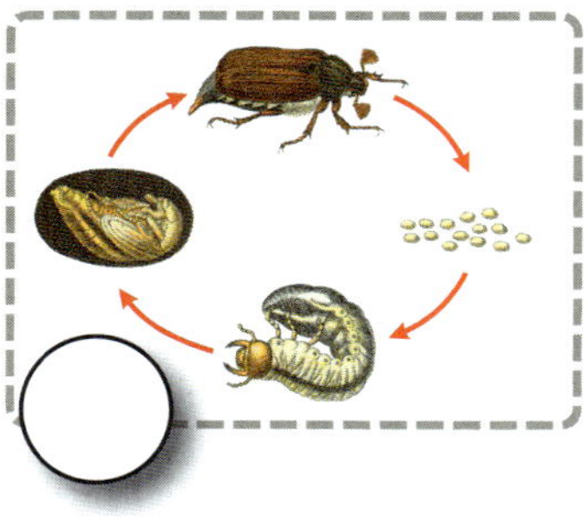

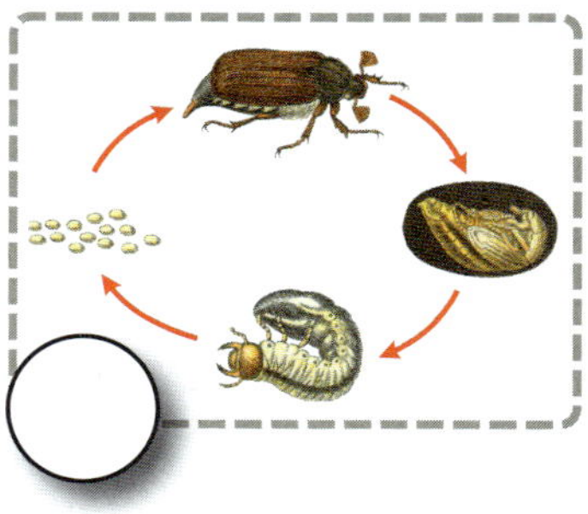

Es handelt sich hier um eine ____________________ Verwandlung.

14. SPINNEN – WEBERKNECHTE – MILBEN

Spinnen gehören – so wie Weberknechte, Skorpione und Milben – zu den **Spinnentieren**. Spinnentiere haben **Punktaugen** und ein **Außenskelett** aus **Chitin**. Ihr Körper ist in **2 Abschnitte**, das Kopfbruststück und den Hinterleib, gegliedert. In Österreich gibt es ca. 1 000 verschiedene Spinnenarten.

Bioindikator: ein Lebewesen, das auf bestimmte Umwelteinflüsse besonders empfindlich reagiert

Ökologische Bedeutung der Spinnen

Gartenkreuzspinne

Spinnen werden aufgrund ihrer Artenvielfalt und ihres Vorkommens in vielen Lebensräumen als **Bioindikatoren** gesehen.

Spinnen leben in einer eng begrenzten Umwelt. Sie stellen auch eng begrenzte Nahrungsansprüche. Für das Vorkommen und die Verteilung von Spinnen in Waldökosystemen spielen das Totholz und die Laubstreu eine wichtige Rolle, da sie Lebensraum vieler Beutetiere der Spinnen sind.

Spinnen sind als **Beutegreifer** die Endglieder in der Nahrungskette der Kleintiere. Sie haben eine wichtige **regulierende Funktion** im Nahrungsnetz. So wird in den Wäldern unserer Breiten beinahe die Hälfte aller Insekten von Spinnen gefressen.

Warum sind Spinnen Bioindikatoren?
Spinnen benötigen Beutetiere. Nur wenn diese geeignete Lebensbedingungen vorfinden, können auch die Beute greifenden Spinnen überleben. Das Vorkommen verschiedener Spinnenarten zeigt daher einen funktionierenden Lebensraum an.

Eine Kreuzspinne braucht ungefähr 45 min, bis sie ihr Radnetz gebaut hat. Die Spinnfäden sind aus einem eiweißähnlichen Stoff, der ähnlich dem Eiklar beim Hühnerei ist. Dieser trocknet an der Luft sehr schnell.

Webspinnen am Beispiel der Kreuzspinne

Alle Spinnentiere, die Seidenfäden für ihre Eibehälter (Kokons) herstellen können, gehören zu den **Webspinnen**. Die **Kreuzspinne** hat ihren Namen von dem Kreuz auf ihrem Rücken. Sie baut ein **radförmiges Netz**. In einem nahen Versteck oder in der Mitte des Netzes lauert sie auf ihre Beute.

Speichen und Rahmen entstehen

Hilfsspirale wird gesponnen

Fangspirale entsteht

Zappelt ein Insekt im Netz, spürt die Kreuzspinne die Bewegung und läuft zu dem Tier. Sie spinnt ihr Opfer mit einem **Spinnfaden** ein. Dann erst tötet sie das Insekt mit ihren **Giftklauen**. Frisst sie ihre Beute, so fließt mit dem Biss ein **Verdauungssaft** aus ihrem Mund. Die inneren Organe des Insektes werden flüssig und die Spinne saugt ihr Opfer aus. Man nennt das eine **äußere Verdauung**. Wird das Insekt nicht gleich gefressen, wird es vollständig umwickelt und als Paket aufgehängt.

Spinnennetze

Spinnen haben Punktaugen.

Giftklauen

Spinndrüsen

Kokon einer Kreuzspinne

Junge Kreuzspinnen nach dem Schlüpfen

Körperbau der Kreuzspinne

Der Körper besteht aus dem **Kopfbruststück** und dem **Hinterleib**. Am Kopf sind 8 Punktaugen. Spinnen haben – wie die Insekten – ein Außenskelett aus Chitin.

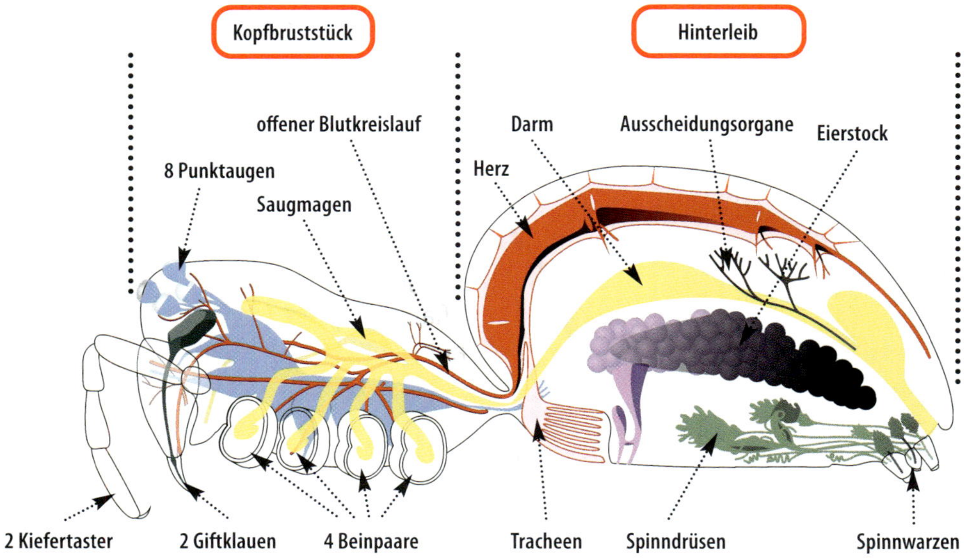

Körperbau und Orgene der Kreuzspinne

KOPFBRUSTSTÜCK: Hier befinden sich **4 Paar gegliederte Beine**. Das letzte Beinpaar besitzt **Webklauen**, mit denen die feinen Fäden aus dem Saft der Spinndrüsen zu einem Spinnfaden verwoben werden.

HINTERLEIB: Hier liegen die Verdauungsorgane, das Herz, die Atmungsorgane, die Geschlechtsorgane und die Spinndrüsen.

Vermehrung der Kreuzspinne

Kreuzspinnenmännchen und Weibchen

Männchen und Weibchen bauen ihre eigenen Netze.

Im Sommer besucht das kleinere Männchen das Weibchen. Es muss dabei ganz bestimmte Signale abgeben, damit es nicht für ein Beutetier gehalten und gefressen wird. Daher spinnt das Männchen einen sogenannten **Werbefaden**.

Nach der **Paarung** legt das Weibchen **einige 100 Eier**. Es umspinnt sie mit einem Eisäckchen, dem **Kokon**. Diesen Kokon hängt das Weibchen an eine geschützte Stelle. Aus dem Kokon schlüpfen **fertige kleine Spinnen**. Diese wachsen und müssen sich bis zu 10-mal **häuten**, bis sie ihre eigentliche Größe erreicht haben.

Viele Spinnen sterben im Winter. Der Kokon überdauert aber den Winter und die jungen Spinnen schlüpfen im Frühling. So bleibt die Art erhalten.

Die Krabbenspinne

Nicht alle Spinnen bauen ein Netz. Manche sind Jäger, die auf ihre Beute lauern und sie blitzschnell mit ihren Beinen packen.

Krabbenspinne

Der Name der **Krabbenspinne** leitet sich davon ab, dass sie seitlich laufen kann.

Sie ist nur schwer zu entdecken, da sie innerhalb einiger Tage ihre Farbe ändern kann. So passt sie sich an ihre Umgebung wie z. B. Blüten oder andere Pflanzenteile an und lauert gut getarnt auf Insekten.

Im Herbst sieht man häufig Spinnweben, die durch die Luft fliegen. Junge Krabbenspinnen lassen sich dann auf ihren Fäden vom Wind vertragen.

Die Wolfspinne

Wolfspinne mit Jungen

Die **Wolfspinne** ist eine **Jägerin**. Sie besiedelt den Waldboden. Die Weibchen tragen den **Eikokon** an der Unterseite ihres Hinterleibes so lange, bis die Jungen ausschlüpfen. Die kleinen Spinnen bleiben noch einige Zeit auf dem Rücken der Mutter und sind so geschützt.

Verliert ein Weibchen den Kokon, läuft es in einer immer größer werdenden Spirale, bis es den Kokon gefunden hat.

Andere heimische Spinnentiere

Zu den Spinnentieren gehören neben den Webspinnen auch die Weberknechte, die Skorpione und die Milben.

Weberknechte

Weltweit gibt es 4 000 verschiedene Arten von Weberknechten. Manche sehen ähnlich aus wie Milben. Die bekanntesten Weberknechte sind die langbeinigen Arten.

Weberknecht

Der **Weberknecht** baut **kein Netz**. Er hat keine Spinndrüsen und keine Giftdrüsen.

Er sucht in der Dämmerung nach toten Insekten und frisst auch vermoderte Pflanzenteile. Der Weberknecht kann bei Gefahr ein Bein abwerfen. Da sich sein Bein weiter bewegt, lenkt es so den Feind ab und der Weberknecht läuft auf sieben Beinen davon.

Baldachinspinne mit Netz

Baldachin: Dach aus einem großen Stück Stoff

Netz der Baldachinspinne

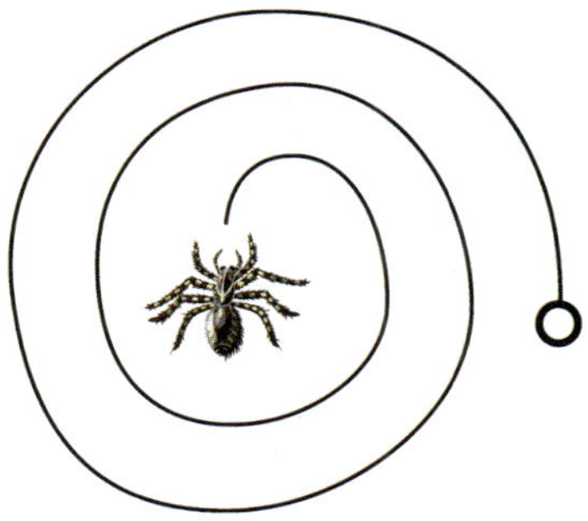

Wolfspinne sucht Kokon

Gibt es in Österreich Skorpione?
Es ist zwar wenig bekannt, aber Skorpione besiedeln das südliche, gebirgige Kärnten nahezu flächendeckend. Es sind dies der Deutsche Skorpion, der Gamma-Skorpion und der Karpaten Skorpion. Aufgrund ihrer verborgenen nachtaktiven Lebensweise sieht man sie nur selten.

Baumstrunk: unterer Teil eines Baumstammes, der in der Erde bleibt, nachdem der Baum gefällt wurde

Algen: einfach gebaute Lebewesen; betreiben Fotosynthese, werden jedoch nicht zu den Pflanzen gezählt

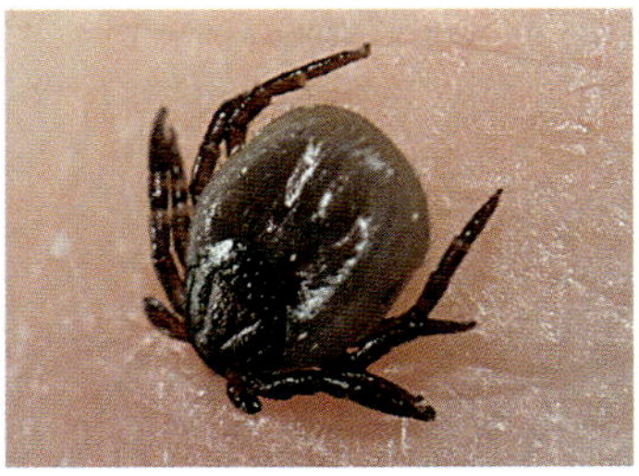

Zecke beißt sich in die Haut

Zecke vollgesogen mit Blut

Borreliose: Infektionskrankheit, die das Nervensystem, Gelenke und jedes Organ befallen kann

Der Körper der meisten **Spinnentiere** besteht aus einem **Kopfbrustteil**, einem **Hinterleib** und **4 Paar Beinen**. Aus den Eiern schlüpfen fertige Tiere, die sich einige Male häuten. **Weberknechte** sind **Allesfresser**. Sie haben ein **Regenerationsvermögen**. Viele **Milbenarten** besiedeln die oberste Bodenschicht. Manche sind Parasiten. **Zecken** können gefährliche Krankheiten übertragen.

Milben

Auch **Milben** gehören zu den Spinnentieren. Sie haben **vier Beinpaare**, mit denen sie sich gut festhalten können. Das **Kopfbruststück** und der **Hinterleib** sind zu einem sackförmigen Körper zusammengewachsen. Sie sind sehr klein und kommen in großer Zahl vor. So sind 50 000 Milbenarten bekannt.

Milben haben sich an viele Lebensräume angepasst. Die **Hornmilben** besiedeln die oberste Bodenschicht, Moospolster und **Baumstrünke**. Milben fressen **Algen**, Pilze, Sporen, vermoderte Pflanzen und Laubstreu. Sie tragen zur Humusbildung bei. Einige sind auch Parasiten.

Die Waldzecke oder der Gemeine Holzbock

Die **weibliche Waldzecke** wird durch die Körperwärme und den Schweißgeruch eines Säugetieres oder des Menschen angelockt.

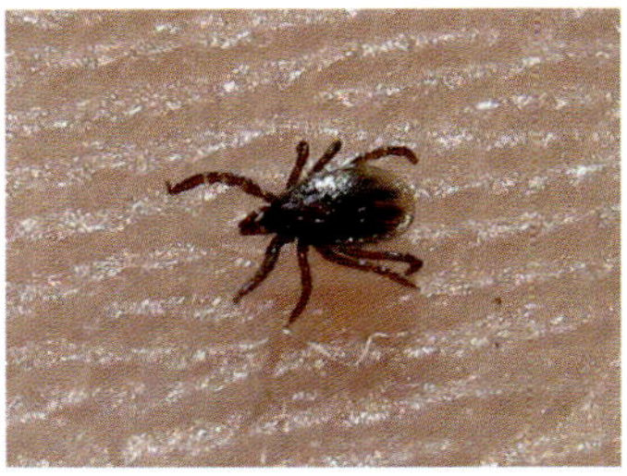

Zecke auf der Haut

Sie **saugt Blut** von Tieren des Waldes aber auch vom Menschen. Der Hinterleib einer vollgesogenen Zecke kann beinahe die Größe einer Erbse erreichen. Hat sie genug Blut gesaugt, fällt sie ab und beginnt, bis zu 3 000 Eier abzulegen. Diese große Anzahl ist notwendig, damit die Art erhalten bleibt. Die kleinen Larven saugen vor allem Blut von kleinen Säugetieren wie Waldmäusen oder Igeln. Viele Larven finden aber kein Opfer und verhungern.

Die Waldzecke, ein gefährlicher Krankheitsüberträger

Ein **Zeckenbiss** kann für den Menschen **gefährlich** werden. Zecken können mit ihrem Biss die Erreger der **FSME** (Frühsommer-Gehirnhaut- und Gehirnentzündung) auf den Menschen übertragen. Kopfschmerzen, hohes Fieber, Lähmungen und der Tod können die Folgen dieser schweren Krankheit sein. Zum Glück kann man sich vorbeugend gegen diese Krankheit impfen lassen. Die folgende Österreichkarte zeigt dir, wo es besonders viele Erkrankungen gegeben hat.

Studiere diese Landkarte! In welchen Bundesländern gibt es besonders viele Erkrankungen?

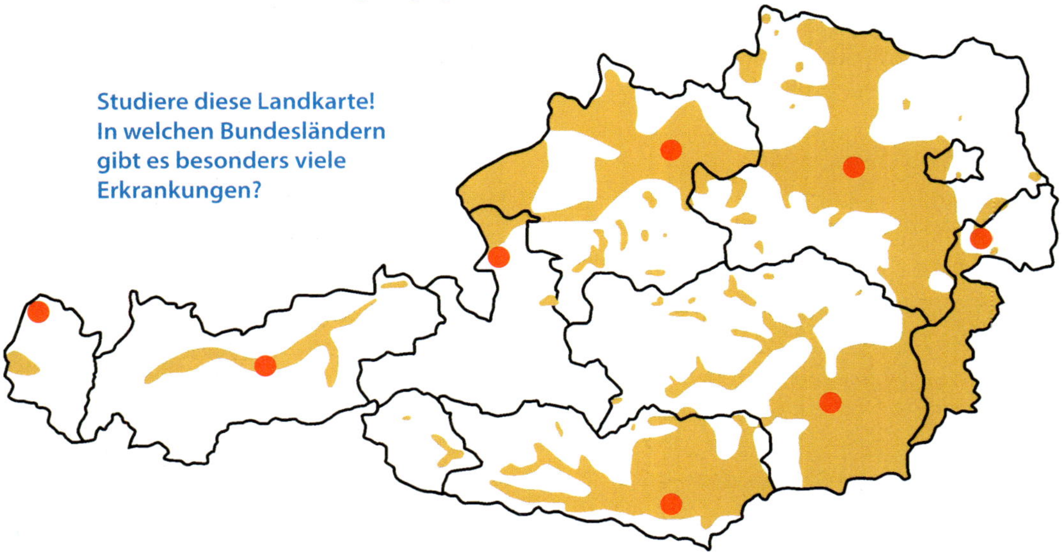

Zeckenkarte (2009)

Auch die Krankheitserreger der **Borreliose** können durch einen Zeckenbiss übertragen werden. Um die Bissstelle bildet sich bald ein roter Ring. Auch bei Borreliose kann es zu Fieberanfällen kommen. Gegen diese Krankheit gibt es aber wirksame Medikamente.

Nun geht's los – Aufgaben für schlaue Köpfe!

1) Bei diesen beiden Abbildungen sind Teile der Beschriftung verloren gegangen. **Versuche, die fehlenden Teile richtig zu beschriften! Welche Tiere haben diesen Körperbau? ★★**

KÖRPERGLIEDERUNG: ______________________ ______________________ ______________________

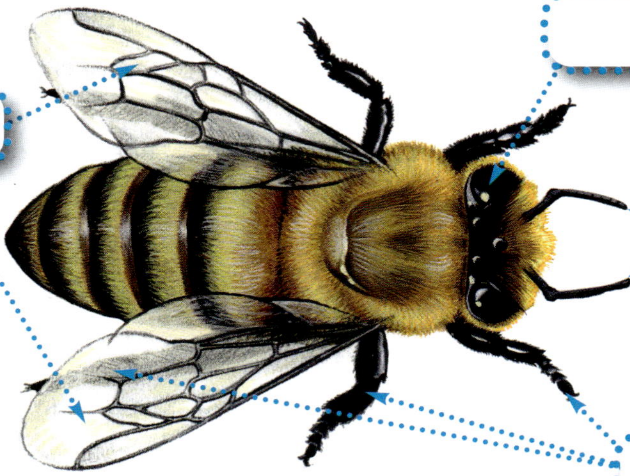

Tier: ______________________

Es hat die Körpergliederung der

____

KÖRPERGLIEDERUNG: ______________________ ______________________

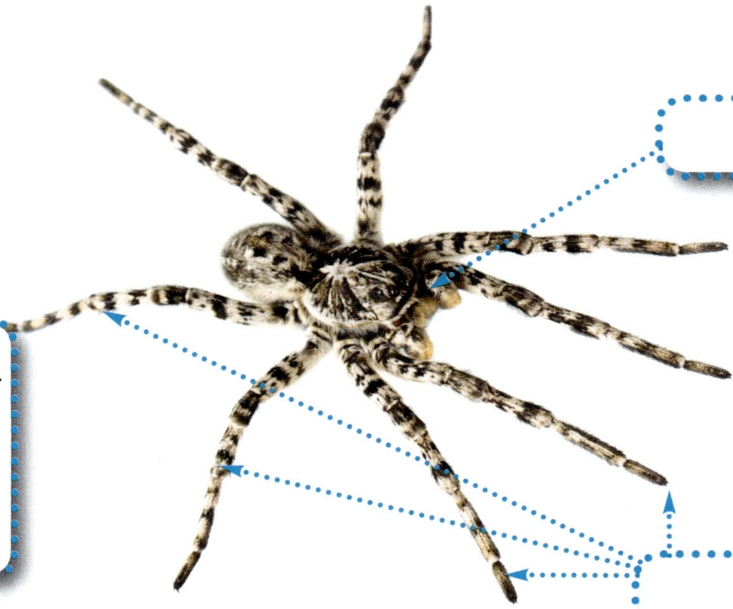

Tier: ______________________

Es hat die Körpergliederung der:

____

2) **Welche Unterschiede zwischen diesen beiden Tieren fallen dir auf? ★★★**

Unterschiede: ____

____

Nun geht's los – Aufgaben für schlaue Köpfe!

3) Hilf dieser Spinne beim Netzbau! Welche Arbeit wird zuerst gemacht? **Nummeriere die Bilder in der richtigen Reihenfolge! Dann schreibe zu jedem Bild einen passenden Text! ★★★**

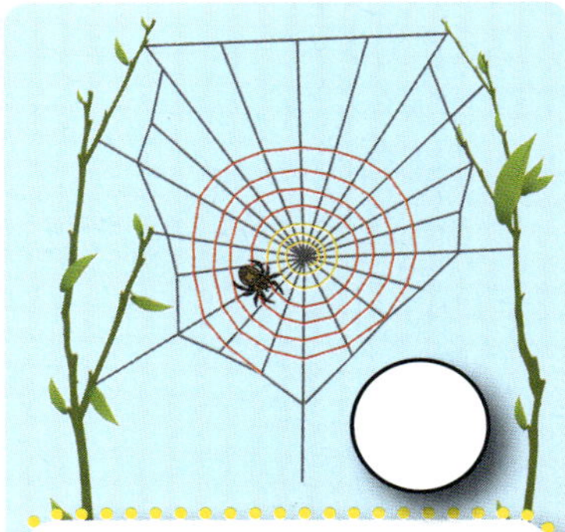

4) In diesem Spinnennetz haben sich einzelne Silben verfangen. **Setze sie zusammen, um die Fragen beantworten zu können! ★★**

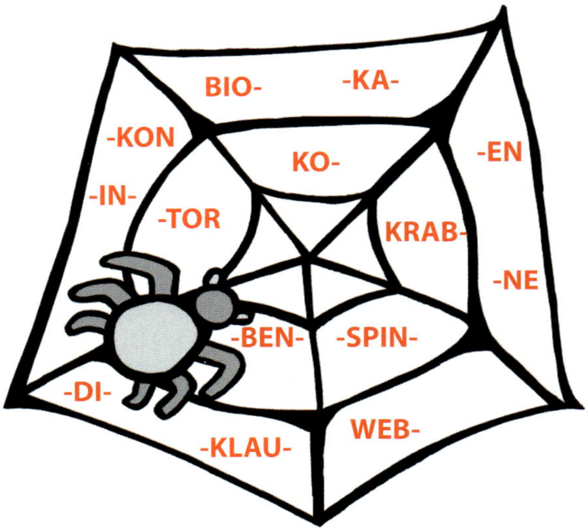

____

Lebewesen, das auf bestimmte Umwelteinflüsse besonders empfindlich reagiert

____

Spinne, die seitlich laufen kann

____

Werkzeug, um die Fäden zu einem Spinnfaden zu verweben

____

Name für Eisäckchen der Spinne

5) **Ausschnittsquiz** – Nur für genaue Beobachter/Beobachterinnen! Erkennst du diese Spinnentiere auch, wenn du nur einen Ausschnitt siehst? **Ordne die Namen zu, indem du die Nummern einsetzt! ★★**

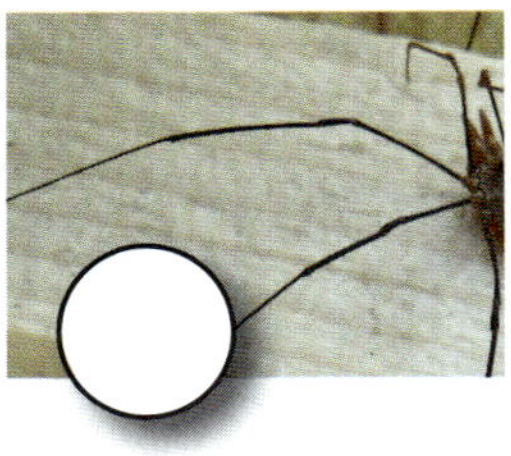

1. Baldachinspinne ★ 2. Wolfspinne ★ 3. Weberknecht ★ 4. Gartenkreuzspinne ★ 5. Waldzecke

6) Im Kapitel über die Spinnentiere werden auch Skorpione erwähnt! **Beschaffe dir Informationen aus Sachbüchern/dem Internet über einen dieser beiden Skorpione:** **Bücherskorpion oder Sand-Skorpion!** **Folgende Bereiche sollst du anführen: Name, Nahrung, Vorkommen und Besonderheiten. Du kannst auch ein Plakat gestalten. ★★★★**

Insekten-Spinnen REPORT

So sprechen Bienen

Kehrt eine Biene vom Nektarsammeln heim, so zeigt sie den anderen Bienen, wo sich die Futterquelle befindet. Während sie auf der Wabe tanzt, wird sie von den anderen Arbeiterinnen betastet. So nehmen sie den Duft der Blüten auf, die sie dann besuchen werden.
Wenn die Futterquelle nahe ist, also bis zu 100 m entfernt ist, tanzt die Biene den Rundtanz (1). Ist die Futterquelle aber weiter entfernt, tanzt sie den Schwänzeltanz (2). Dabei gibt die Biene auch die Richtung in Bezug auf den Sonnenstand an, in der sich die Futterquelle befindet.

Vollkommen sind sie nicht

Die Verwandlung der Grünen Laubheuschrecke wird unvollkommen genannt, denn das Puppenstadium fehlt. Im Herbst legt das Weibchen 5 mm lange Eier in den Boden. Daraus schlüpfen im Frühjahr grüne Larven. Diese sehen zwar dem erwachsenen Tier ähnlich, haben aber noch keine Flügel. Erst nach der dritten Häutung erkennt man kleine Flügel. Die Tiere häuten sich 5- bis 7-mal, bis sie erwachsen sind. Erst dann sind auch die Flügel voll ausgebildet.

Täuschen rettet Leben

Die Schwebfliege sieht einer Wespe täuschend ähnlich. Dies nennt der Biologe oder die Biologin Mimikry. So täuscht die Schwebfliege mit ihrem Aussehen ihre Feinde. Da die meisten Vögel die Erfahrung gemacht haben, dass Wespen sich wehren, indem sie stechen, fangen sie die ähnlich aussehenden Schwebfliegen auch nicht. Die harmlose Fliege ist gerettet!

Ameisenrekorde

- Die größte jemals gefundene Ameisenkolonie befindet sich in Südeuropa. Sie erstreckt sich von der italienischen Rivera bis in den Nordwesten Spaniens und hat eine Länge von 5 760 km.
- Eine Ameisenkolonie kann innerhalb von 6 Jahren 1 900 Kammern anlegen. Dafür transportieren die Tiere ca. 40 Tonnen Erde und 6 Tonnen Blattstücke in die Kammern.
- Weberameisen können sich auf glatten Oberflächen extrem gut festhalten. So ist fast das 200-fache ihres Körpergewichtes nötig, um sie zu lösen.

Das nützliche Päckchen

Sie kommen in einem Päckchen per Post. Gemeint sind Nützlinge wie z. B. Marienkäfer oder Florfliegen. In Zuchtanstalten werden diese Tiere eigens gezüchtet und dann an die Interessenten verschickt. So kann man in Gärten und Gewächshäusern die für Nutzpflanzen schädlichen Insekten mit ihren natürlichen Fressfeinden bekämpfen.

Die Vogelspinne

Vogelspinnen fressen alles, was sie überwältigen können. Sie jagen größere Insekten wie Grillen, Schaben und Heuschrecken, aber auch Tausendfüßer und Skorpione. Große Vogelspinnenarten machen sogar Jagd auf kleine Echsen und kleine Nagetiere. Während gesunde oder ausgewachsene Vögel nur selten zur Beute der Vogelspinne gehören, werden kranke Vögel oder Nestjunge mitunter ebenfalls überwältigt.
Der Biss der meisten Vogelspinnen aus Südamerika ist für den Menschen harmlos. Er tut zwar weh und kann zu allergischen Reaktionen wie Hautausschlag führen, ist aber mit einem Bienen- oder Wespenstich vergleichbar. Es gibt nur wenige Spinnenarten, die für Menschen gefährlich sind. Bei uns in Europa ist keine davon heimisch.

Die größte Vogelspinne mit einer Körperlänge von 9 cm ist die Goliath Vogelspinne. Sie lebt in den Regenwäldern Südamerikas und Südostasiens.

Achtung Giftstachel

Auch Skorpione gehören zu den Spinnentieren. In Westafrika leben die größten Skorpione. Diese werden bis zu 18 cm lang. Alle Skorpione haben in ihrem Stachel Gift, je nach Art wirkt es unterschiedlich. Nur das Gift einiger weniger Skorpionarten ist für Menschen gefährlich. Skorpione sind nachtaktiv, am Tag verkriechen sie sich. Sie sind eher scheue Tiere und greifen erst dann an, wenn sie sich in die Enge getrieben fühlen. Skorpione sind Einzelgänger. So kann auch die Paarung für ein Skorpionmännchen gefährlich werden, denn nicht selten frisst das Weibchen nach der Paarung das Männchen auf.

Unglaublich, aber wahr!

- **Männliche Heuschrecken und Grillen „singen". Dabei reiben Grillen ihre Flügel aneinander, während Feldheuschrecken die Beine an den Flügeln reiben. So werden die Weibchen angelockt.**
- **Eine Biene muss 1 500 Kleeblüten anfliegen, um ihren Honigmagen zu füllen. 60 volle Mägen ergeben drei Fingerhüte voll mit Nektar, davon wird schließlich ein Fingerhut voll Honig. Damit kannst du gerade einmal ein halbes Brot bestreichen. Für ein halbes Kilo Honig müssen Bienen 120 000 Flugkilometer zurücklegen.**
- **Im Alten Ägypten nannte man den Honig auch „Speise der Götter", denn er galt als Quelle der Unsterblichkeit. Ein Topf Honig hatte sogar den Wert eines Esels.**

Die Bananenspinne

Die Bananenspinne kommt in Australien sowohl im Stadtgebiet als auch in der Umgebung von Sydney vor. Sie gehört zu den wenigen Spinnen, deren Biss für den Menschen tödlich sein kann. Ihre trichter- oder röhrenförmigen Netze legt sie an feuchten, kühlen Stellen auch in Häusern an. Seit 1980 ein Gegengift gefunden wurde, sind keine weiteren Todesfälle aufgetreten.

Buchtipps

Lupenbuch: Insekten. Dorling Kindersley, München, 2010.

Matthew Robertson: Tessloffs Welt des Wissens, Insekten und Spinnen. Tessloff, Nürnberg, 2001.

Sabine Steghaus-Kovac: WAS IST WAS? Band 19: Bienen, Wespen und Ameisen. Tessloff, Nürnberg, 2010.

Sabine Steghaus-Kovac: WAS IST WAS? Band 30: Insekten. Tessloff, Nürnberg, 2010.

Wissen mit Links: Insekten. Dorling Kindersley, München, 2008.

Heiko Bellmann: Der neue Kosmos-Insektenführer. Franckh-Kosmos Verlag, Stuttgart, 2009.

15. DAS LEBEN IM WASSERTROPFEN

Wenn du dir einen Wassertropfen aus einem See ansiehst, wird dir daran nichts Besonderes auffallen. Wenn du aber eine Lupe verwendest, kannst du ihn größer sehen. Mit einem **Mikroskop** kannst du sogar das Leben im Tropfen beobachten.

Wasser in einem See

Wassertropfen

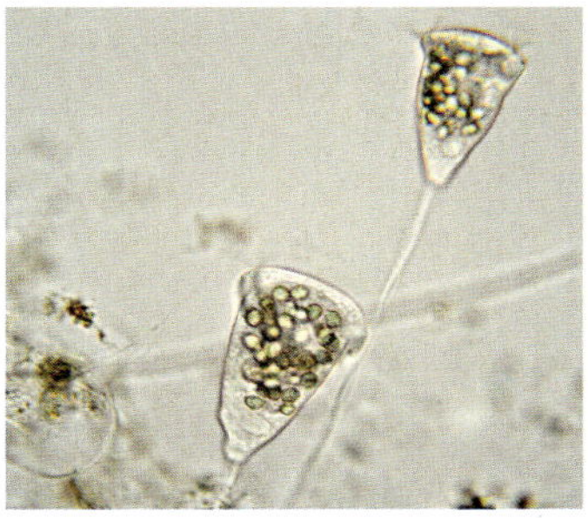

Leben im Wassertropfen

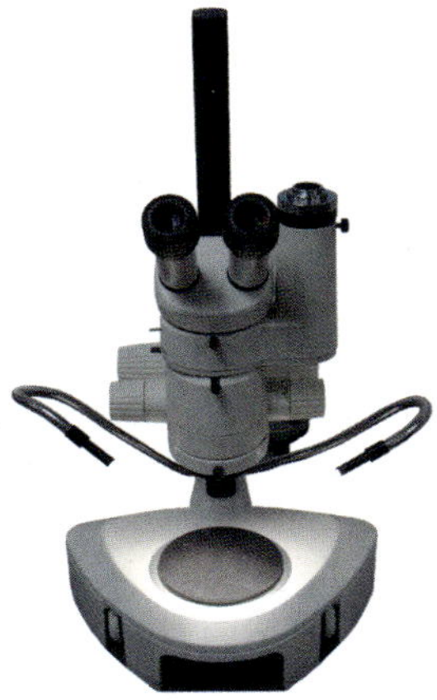

Stereolupe: Sie hat 2 Okulare und ermöglicht zusätzlich eine räumliche Wahrnehmung.

Lupe

Eine gewöhnliche Lupe hilft dir, etwas in 10- bis 15-facher Vergrößerung zu betrachten.

Wenn du kleinere Pflanzenteile betrachten willst, reicht eine Lupe meist aus. Für eine noch stärkere Vergrößerung brauchst du ein Mikroskop.

Berechne: Das Okular eines Mikroskops vergrößert 10 x, das Objektiv ebenso. Um wie viel größer siehst du dein Objekt? Tipp: Multipliziere!

Mikroskop

Mit einem Mikroskop erreicht man eine bis zu 1 000-fache Vergrößerung.

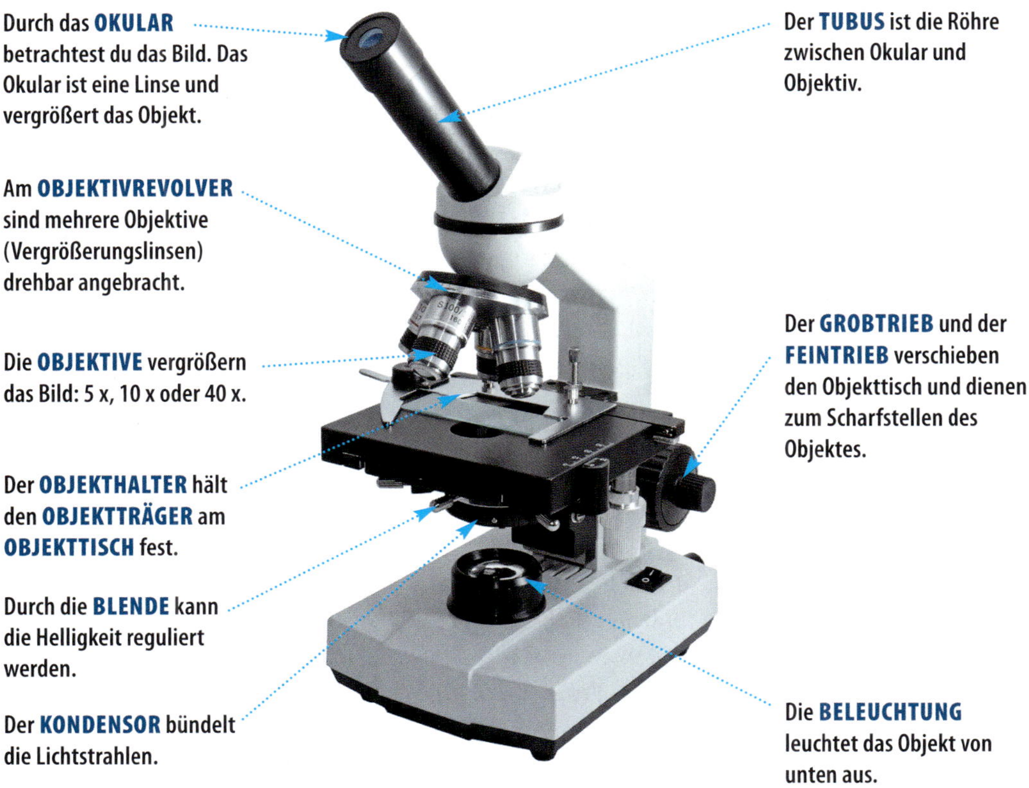

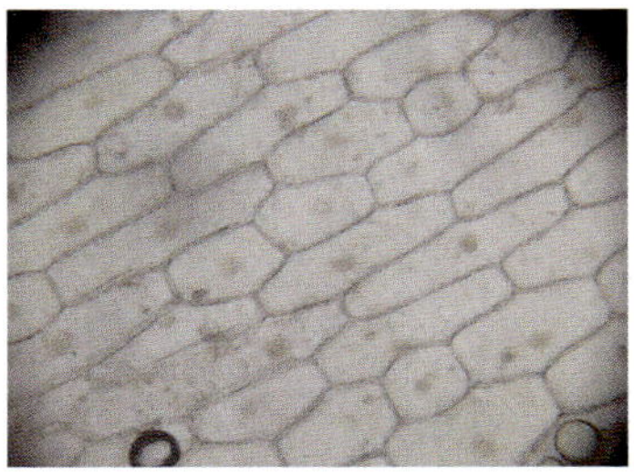

Zwiebelhäutchen: 100-fach vergrößert

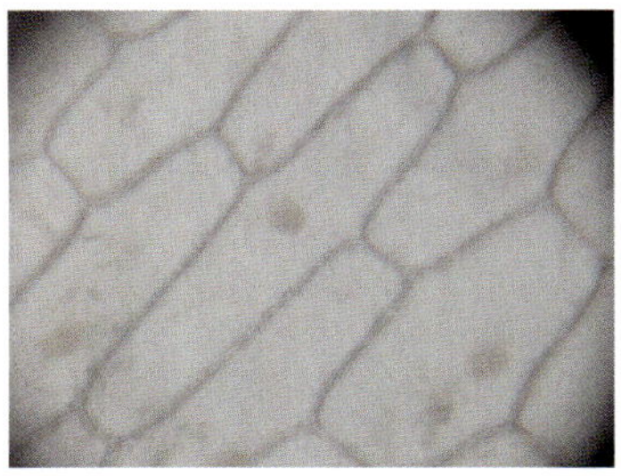

Zwiebelhäutchen: 280-fach vergrößert

Für den Menschen kann es sehr wichtig sein, genau zu sehen und zu wissen, welche Lebewesen sich im Wasser befinden.
Überlege: Wann, wo und in welchen Situationen ist das so?

Elektronenmikroskope werden in der Forschung verwendet und vergrößern ein Objekt millionenfach.

Durchlichtmikroskop: Das Objekt wird von unten durchleuchtet.

präparieren: herrichten, vorbereiten, kann aber auch haltbar machen bedeuten

Was du zum Mikroskopieren brauchst:

Skalpell

Pipette

Pinzette

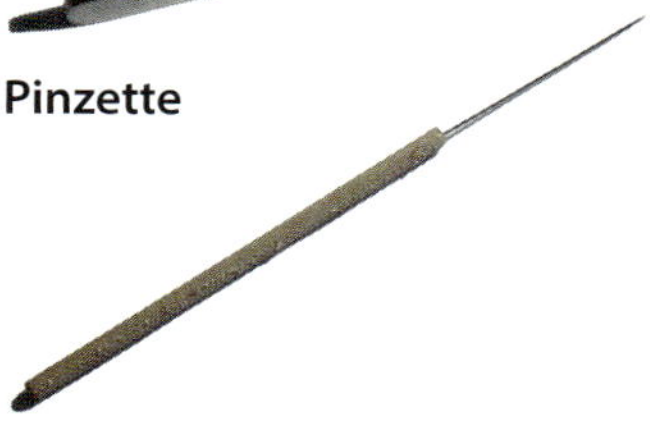

Präpariernadel

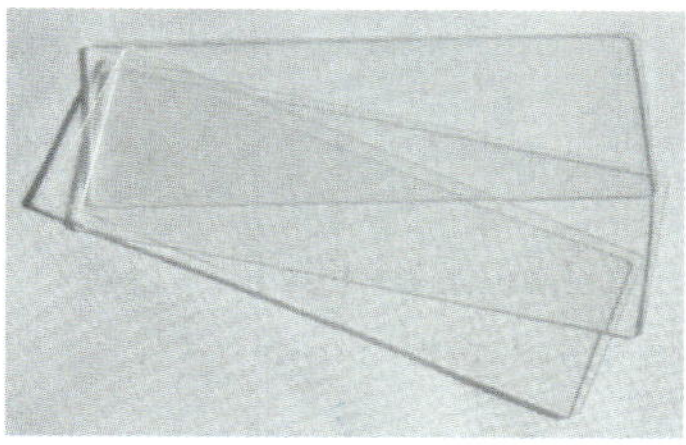

Objektträger

Deckgläschen

Mit der **Lupe** kannst du dir Objekte genau anschauen. Mit einem **Mikroskop** kannst du sie tausendfach vergrößern.

Mit einem **Durchlichtmikroskop** kannst du nur dünne, lichtdurchlässige Objekte betrachten. Diese müssen vorher speziell dafür **präpariert** werden. Mit einer Zwiebel ist das aber sehr einfach:

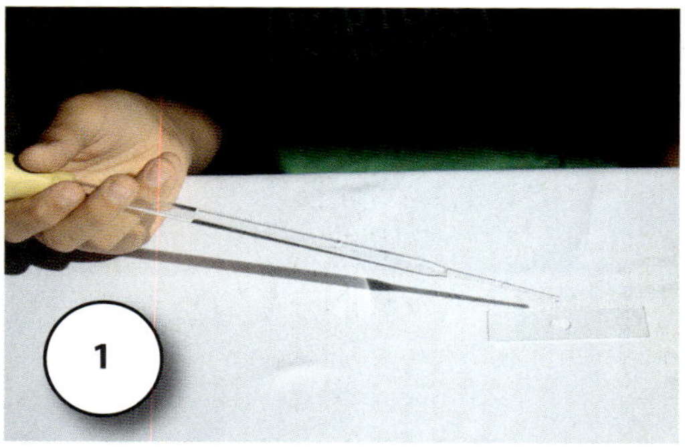

Bringe zuerst einen Tropfen Wasser mit dem Finger oder einer Pipette auf die Mitte des Objektträgers!

Ritze mit dem Skalpell in das dünne Häutchen auf der Innenseite einer Zwiebelschuppe ein 0,5 cm großes Quadrat! Dann ziehe das innere dünne Häutchen mit einer Pinzette ab und lege es auf den Objektträger!

Lege nun vorsichtig ein Deckglas auf! Achte dabei darauf, dass keine Luftbläschen eingeschlossen werden!

Zum Schluss tupfe das Präparat trocken! Dann kannst du es auf den Objekttisch legen.

Wie mikroskopiere ich richtig?

Wähle das Objektiv mit der geringsten Vergrößerung, indem du den **Objektivrevolver** drehst! Lege nun dein Präparat auf den Objekttisch!

Anschließend schalte die **Beleuchtung** ein und schaue durch das Okular!

Bedienen des Gerätes

Mit dem **Grobtrieb** bringst du den **Objekttisch** mit dem **Objekt** langsam nach oben zum Objektiv heran. Achte darauf, dass sich das Objekt und das Objektiv nicht berühren! Stoppe, wenn du das Objekt scharf sehen kannst! Nun kannst du mit dem **Feintrieb** noch schärfer stellen. Eine stärkere Vergrößerung erreichst du, indem du den **Revolver** weiter drehst und mit dem Feintrieb wieder scharf stellst.

Wenn du durch das Okular schaust, pass auf! Drehe den Objekttisch nicht nach oben, ohne den Abstand zwischen Objekt und Objektiv zu kontrollieren! Überlege: Was könnte passieren?

16. Die Zelle

Alle Lebewesen sind aus winzigen Bausteinen – den **Zellen** – aufgebaut. Wenn du ein Mikroskop verwendest, kannst du diese **kleinsten Bausteine des Lebens** sehen.

Baum

Blatt

Blattgewebe

Zellen eines Blattquerschnittes
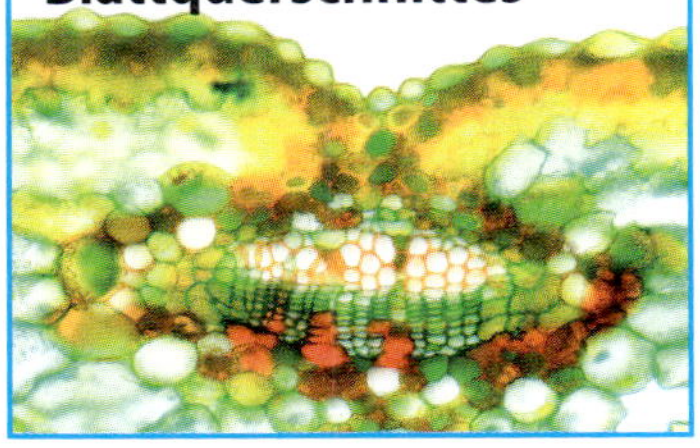

ORGANISMUS

ORGAN

GEWEBE

ZELLE

Mensch und Tier

Mund

Mundschleimhaut

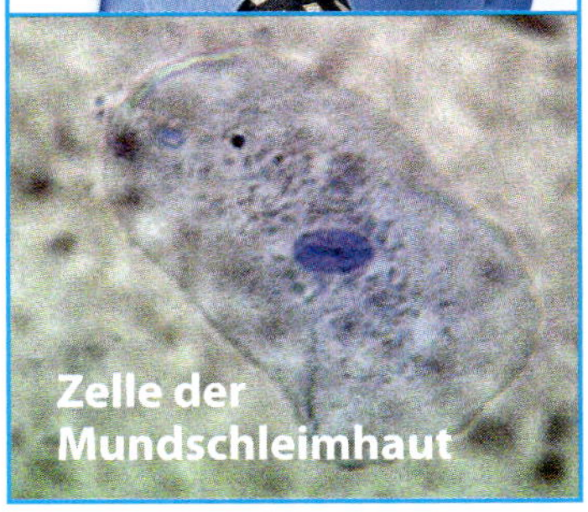
Zelle der Mundschleimhaut

Wie wurden die Zellen entdeckt?
1665 entdeckte der englische Forscher Robert Hooke beim Mikroskopieren von „Korkstückchen", dass sie aus sehr kleinen wabenförmigen Kammern zusammengesetzt sind. Diesen Kammern gab er den Namen Zellen.

Viele gleichartige und miteinander verbundene **Zellen** erfüllen bestimmte Aufgaben. Diese Zellverbände nennt man **Gewebe**.

Pflanzliche Gewebe	Menschliche oder tierische Gewebe
Leitungsgewebe	Muskelgewebe
Festigungsgewebe	Hautgewebe
	Nervengewebe

Zellen in Zahlen:
- Der menschliche Körper besteht aus ca. 220 verschiedenen Zell- und Gewebetypen.
- Man schätzt, dass der menschliche Körper eines Erwachsenen zwischen 10 und 100 Billionen Zellen hat.

Mehrere Gewebe bilden in vielzelligen Lebewesen ein Organ.

Pflanzliche Organe	Menschliche oder tierische Organe	
Sprossachsen	Herz	Gehirn
Blätter	Magen	Augen
Wurzel	Haut	Ohren

Welche Organe kannst du außerdem noch nennen?

Aufbau von Zellen

Jedes Lebewesen besteht aus einer oder vielen Zellen. Das heißt, dass z. B. alle Pflanzen, Tiere und auch Menschen aus Zellen bestehen. Die Bestandteile der Zellen nennt man **Organellen**.

Pflanzliche Zellen und **tierische Zellen** haben einen ähnlichen Bauplan:

- → Zellen werden nach außen durch die **Zellmembran** abgegrenzt.
- → Das **Zellplasma** besteht vorwiegend aus Wasser, aber auch Eiweißen, Kohlenhydraten, Fetten und Salzen.
- → Jede Zelle hat einen **Zellkern**. In ihm ist die **Erbinformation** gespeichert. Er ist die Steuerung der Zelle. Eine **Kernhülle** umgibt den Zellkern.

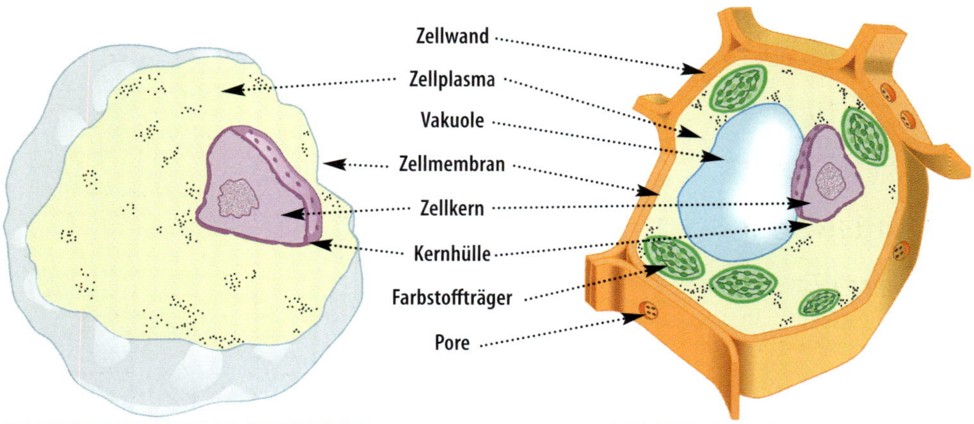

Tierische Zelle

Pflanzlich Zelle

Pflanzliche Zellen und **tierische Zellen** unterscheiden sich aber durch folgende Merkmale:

- → Pflanzenzellen haben zusätzlich eine feste Zellwand, die für die Festigkeit der ganzen Pflanze sorgt.
- → Pflanzliche Zellen besitzen Vakuolen. Dies sind mit dünnflüssigem Zellsaft gefüllte Räume in der Zelle.
- → Pflanzenzellen haben außerdem noch Farbstoffträger, die für die Farbe zuständig sind. Wenn sie das für die Pflanzen sehr wichtige Chlorophyll enthalten, heißen sie Chloroplasten. Diese ermöglichen die Fotosynthese.
- → Durch Poren in der Zellwand kann die pflanzliche Zelle Stoffe austauschen.

Kennzeichen des Lebens

Jede Zelle und somit jeder Organismus hat bestimmte Merkmale, die beweisen, dass es sich um etwas Lebendiges handelt.

WACHSTUM und **ENTWICKLUNG:** Organismen wie der Mensch werden größer und entwickeln sich.

FORTPFLANZUNG und **VERMEHRUNG:** Durch die Weitergabe von Erbgut entstehen Nachkommen. Leben geht aus Leben hervor.

STOFFWECHSEL: Stoffe werden aufgenommen, umgebaut und die Reste werden wieder ausgeschieden (z. B. Atmung, Verdauung, Fotosynthese).

BEWEGLICHKEIT: Lebewesen bewegen sich (z. B. sich der Sonne zuwenden oder gehen).

REIZBARKEIT: Lebewesen können Informationen aus ihrer Umwelt wahrnehmen und darauf reagieren (z. B. auf Licht oder Geräusche).

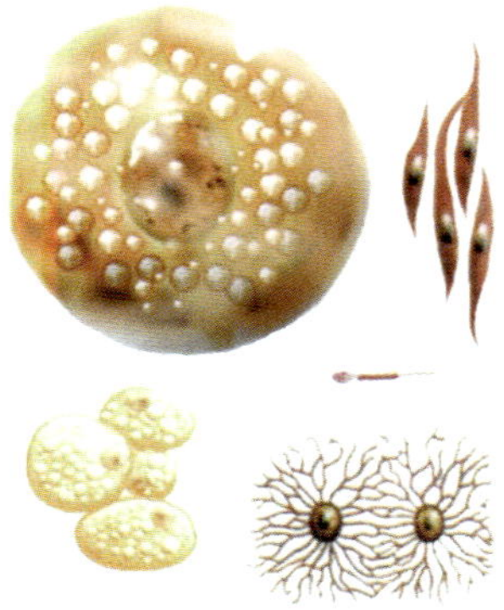

Größenvergleich: Fett- und Muskel-Zelle, Samenzelle, Eizelle, Knochenzelle

Zellmembran: ist eine Abgrenzung zwischen den Zellen durch die ein Stoffaustausch stattfinden kann

Überlege! Welche Abbildung stellt welche Zelle dar? Schreibe dies in die Kästchen!

Erbinformation: Information über alle Merkmale, die ein Lebewesen ausmachen und die an die Nachkommen weitergegeben werden

Plane und begründe: Mit welchen Materialien könntest du Zellen in ihren unterschiedlichen Formen und Größen nachbauen? Wie wäre es möglich, auch deren Zellbestandteile darzustellen oder sogar einen Verband von gleichen Zellen?

Jeder **Organismus** besteht aus **Organen**. Organe bestehen aus **Geweben**, die aus **Zellen** bestehen. Es gibt **pflanzliche** und **tierische** Zellen. Wachstum, Stoffwechsel, Vermehrung, Reizbarkeit und Beweglichkeit sind die **Kennzeichen des Lebens**.

Nun geht's los – Aufgaben für schlaue Köpfe!

1) **So ein Durcheinander!** Die Buchstaben sind durcheinander gekommen. **Schreibe die Wörter richtig in die 2. Spalte! Anschließend trage den passenden Buchstaben in die 3. Spalte ein!** ★★★★

	Begriff	Buchstabe
Bdeeln	Blenden	G
ebtOjkevielrorvv	Objektivrevolver	O
bTuus	Tubus	A
Beegchlntuu	Beleuchtung	N
aklOru	Okular	R
abeehjklOrtt		
kejtsiOtchb		
bereFiint		
soendnoKr		
beeijkOtv		

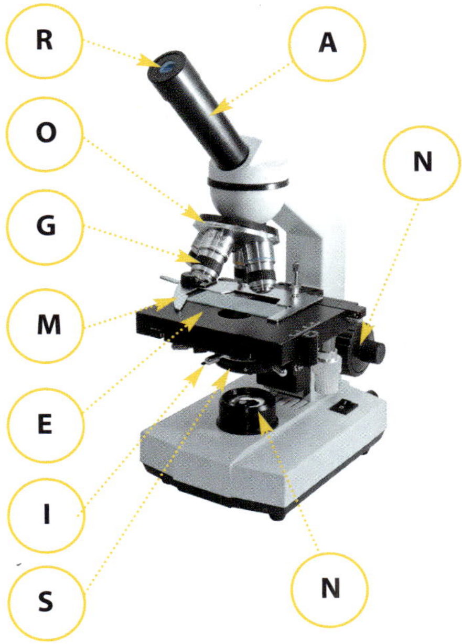

2) **Trage nun die Wörter mit den Buchstaben aus Aufgabe 1 in den Lückentext ein! Wenn du alles richtig machst, ergeben diese ein Lösungswort!** ★★★

Am ________ ◯ *sind die Objektive befestigt.*
Das ________ ◯ *ist die Linse, die dem Auge zugewandt ist.*
Die ________ ◯ *sind die Vergrößerungslinsen:* 5 x/10 x *oder* 40 x.
Der ________ ◯ *ist die Röhre zwischen Okular und Objektiv.*
Der Grobtrieb und der ________ ◯ *dienen zum Scharfstellen des Objektes. Durch die* ________ ◯ *kann die Helligkeit reguliert werden.*
Der ________ ◯ *bündelt die Lichtstrahlen.*
Der ________ ◯ *hält den Objektträger am* ________ ◯ *fest.*
Die ________ ◯ *leuchtet das Objekt aus.*

LÖSUNGSWORT: . . . .

Nun geht's los – Aufgaben für schlaue Köpfe!

3) Suche dir ein Lebewesen aus und gib jeweils ein Beispiel an! ★★

ORGANISMUS	ORGAN	GEWEBE	ZELLE

4) **Hier fehlt einiges!** Finde Beispiele für die Kennzeichen des Lebens! Schreibe sie in die freien Felder! ★★★

	Tiere und Menschen	Pflanzen
Bewegung		Ausrichten nach der Sonne
Wachstum und Entwicklung	Pubertät	
Fortpflanzung und Vermehrung		Bilden von Samen
Stoffwechsel	Verdauung von Nahrung	
Reizbarkeit		Blüten schließen sich in der Nacht.

17. LEBEWESEN AUS EINER ZELLE

Du hast nun gelernt, dass ein menschlicher, tierischer oder pflanzlicher Organismus aus unzählbar vielen Zellen besteht. Im Unterschied dazu gibt es aber auch **einzellige Lebewesen**, die jeweils aus nur einer Zelle bestehen. Sie weisen trotzdem alle Merkmale des Lebens auf.

Mehrere Augentierchen

µm: Mikrometer, tausendstel mm

Das Augentierchen

Diesen **Einzeller** findet man in stehenden Gewässern. Er ist dafür verantwortlich, dass sich ein Gewässer, wenn es warm ist, tief grün verfärbt. Das Augentierchen hat seinen Namen aufgrund des roten **Augenflecks**. Dieser ist Teil einer Lichtsinnesorganelle.

Augentierchen unter dem Mikroskop

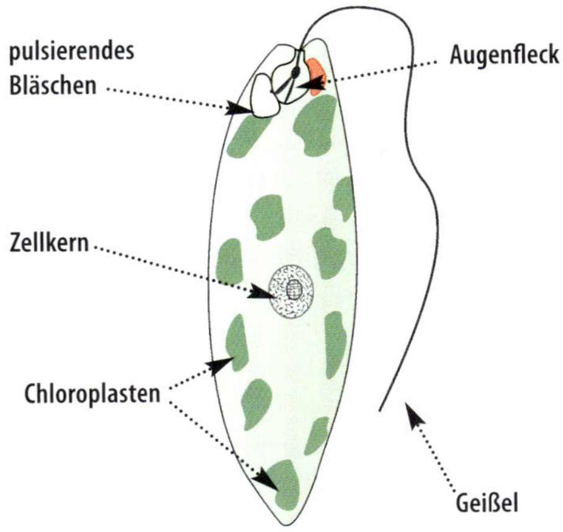

Organellen des Augentierchens

Wie kann sich Wasser grün verfärben?
Augentierchen kommen nicht einzeln in Gewässern vor, sondern es gibt unzählig viele, weil sie sich sehr schnell teilen können. Sie sind nur 5/100 mm groß, also mit freiem Auge nicht sichtbar. Doch ihre große Anzahl verfärbt das Wasser.

Stoffwechsel

Mit den grünen Farbstoffträgern, den **Chloroplasten**, betreibt das Augentierchen Fotosynthese. Ist es zu dunkel dafür, kann es organische Nahrung aufnehmen. So wechselt der **pflanzliche** zum **tierischen Einzeller**. Das **pulsierende Bläschen** sorgt für einen ausgeglichenen Wasserhaushalt. Das Augentierchen reagiert auf Sonnenlicht oder auch auf Berührungen. Es bewegt sich mit seiner **Geißel** fort, indem es diese kräftig hin und her bewegt

pulsierendes Bläschen: ist eine besondere Form der Vakuole und ermöglicht die Ausscheidung von Abfallstoffen und Wasser; es kann sich zusammenziehen.

Vermehrung

Diese erfolgt durch **Zellteilung** und manchmal auch durch **geschlechtliche Vermehrung**.

Zellteilung	geschlechtliche Vermehrung
Die Geißel wird abgebaut und der Kern teilt sich in zwei gleich große Tochterkerne. Dann schnürt sich die Zelle der Länge nach ab, sodass zwei neue selbstständige Augentierchen entstehen. Dabei geht der Mutterorganismus vollständig in den Tochterorganismus über. Nach der Zellteilung wachsen beide Augentierchen, bis sie die ursprüngliche Größe haben.	Zunächst verschmelzen zwei Augentierchen miteinander. Dann wird die Erbinformation durchmischt. Anschließend entstehen durch Zellteilungen mindestens vier Augentierchen.

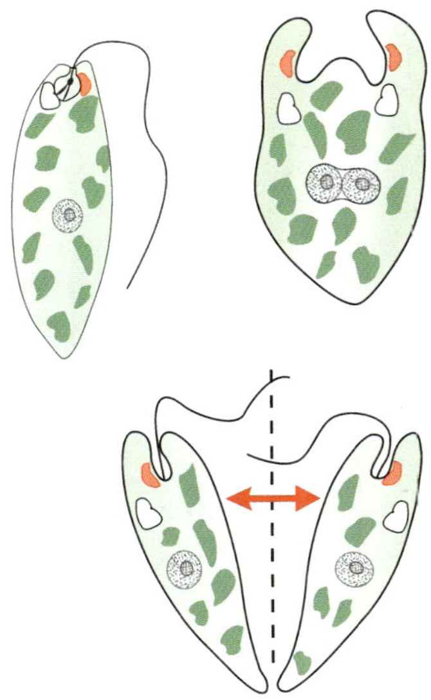

Zellteilung des Augentierchens

Erkläre das typische pflanzliche und das typische tierische Merkmal des Augentierchens!

Das Pantoffeltierchen

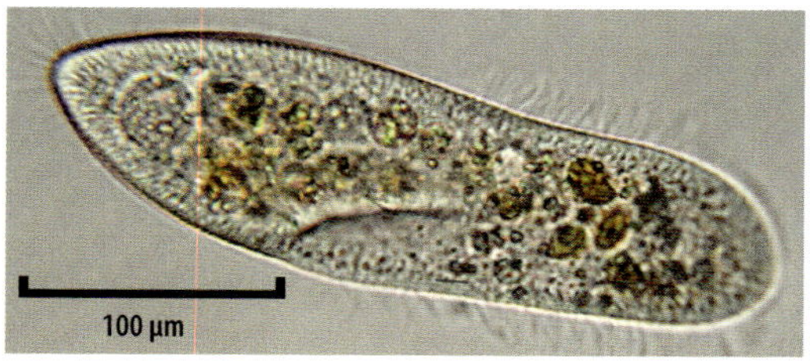

Pantoffeltierchen unter dem Mikroskop

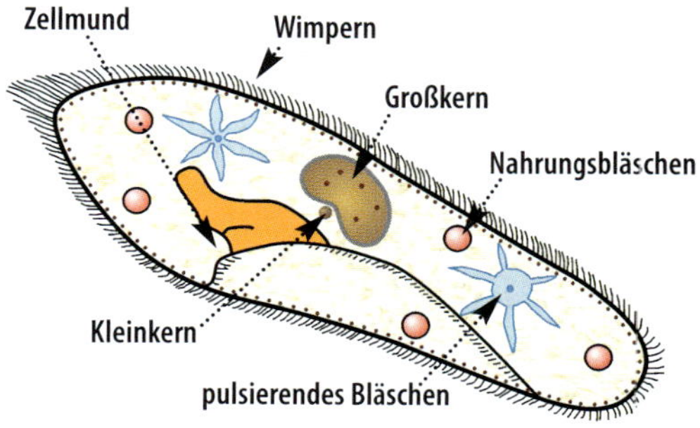

Organellen des Pantoffeltierchens

Das Pantoffeltierchen ist ein sehr hoch entwickelter **Einzeller**. Sein Zellkörper ist mit **Wimpern** bedeckt. Es bewegt sich durch gleichmäßiges Schlagen der Wimpern fort oder befördert damit Nahrungsteilchen zum Zellmund.

Das Pantoffeltierchen reagiert sehr empfindlich auf Sonnenlicht oder auch auf Berührungen.

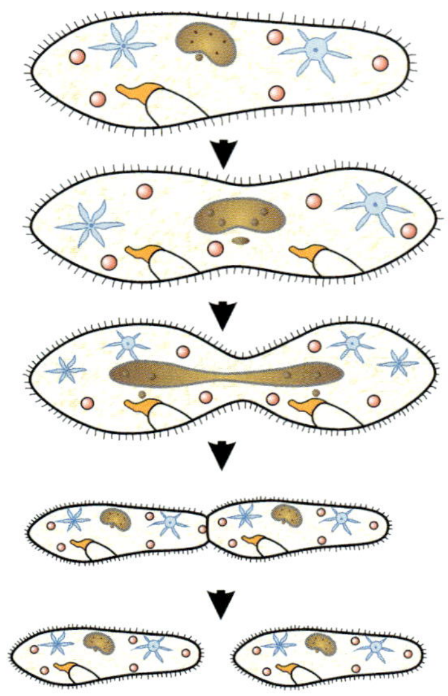

Zellteilung des Pantoffeltierchens

Stoffwechsel

Kleine Nahrungsteilchen wie **Algen** oder Bakterien gelangen durch den Wimpernschlag zum Zellmund und werden von Nahrungsbläschen am Zellmund aufgenommen. In den **Nahrungsbläschen** wandern die Nahrungsteilchen durch die Zelle und werden verdaut. Unverdauliche Reste werden ausgeschieden.

Vermehrung

Diese erfolgt durch Zellteilung, wenn der Einzeller eine bestimmte Größe erreicht hat. Ähnlich wie beim Augentierchen verdoppeln sich die Organellen, die Zelle aber schnürt sich quer durch. Nach der Zellteilung wachsen beide Pantoffeltierchen wieder zur vollen Größe an. Auch Pantoffeltierchen können sich geschlechtlich vermehren. Dabei entstehen zwei Pantoffeltierchen.

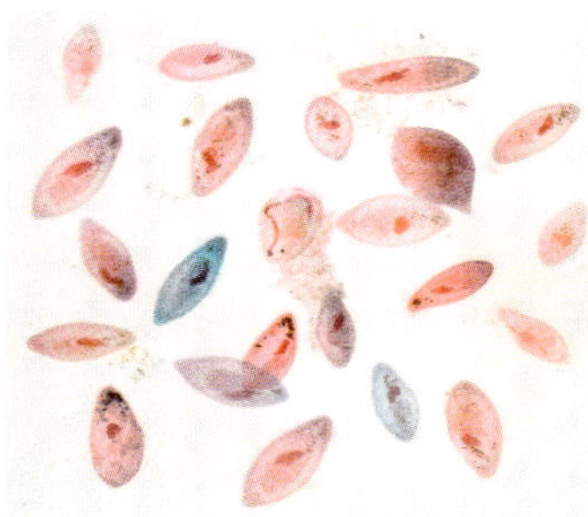

Mehrere Pantoffeltierchen (gefärbt)

Das Wechseltierchen

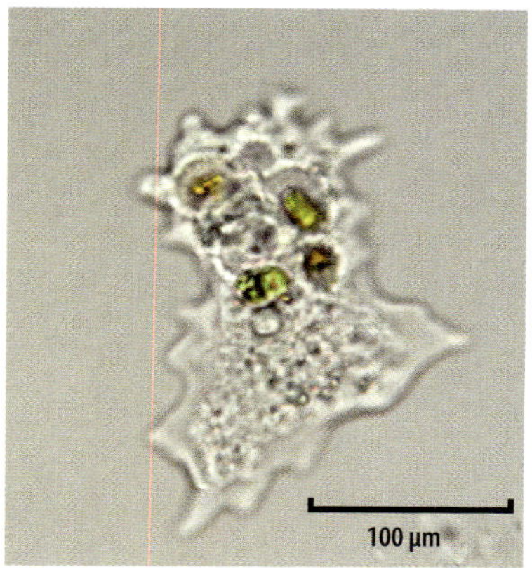

Wechseltierchen unter dem Mikroskop

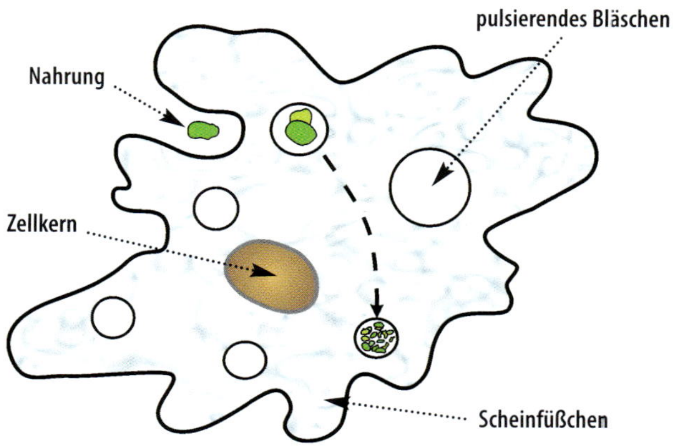

Das Wechseltierchen kann immer wieder seine **Gestalt** ändern. Es bildet **Scheinfüßchen**, mit denen es sich fortbewegt. Das Wechseltierchen kann damit aber auch Nahrung umschließen und sie so aufnehmen. Auch hier durchwandern Nahrungsteilchen in Nahrungsbläschen die Zelle.

Da man diese einzelligen Lebewesen nur mit dem Mikroskop sehen kann, nennt man sie **Mikroorganismen**.

Weitere Einzeller:

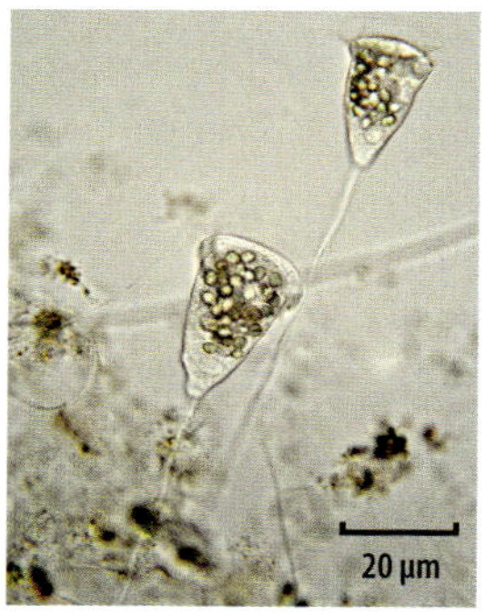

Glockentierchen

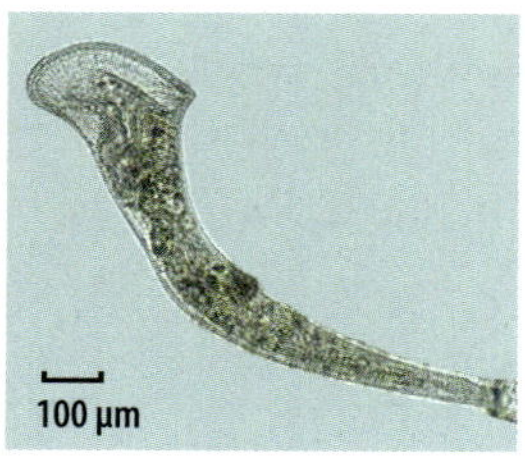

Trompetentierchen

Bakterien

Bakterien kommen überall vor. Es gibt sie in der Luft, im Wasser und im Boden, aber auch in Pflanzen, Tieren und Menschen. Bakterien gehören zu den **ältesten Lebensformen auf der Erde**. Sie alle sind mikroskopisch klein und **sehr einfach gebaut**. Es gibt etwa 6 000 bekannte Bakterienarten.

> **Neuigkeiten**
> Die Größe der Bakterien misst man in Mikrometer (= µm). In 1 g Gartenerde finden sich mehr als 100 **Mio.** Bakterien, in einem cm^3 **Abwasser** ca. eine Mio. Bakterien. Man kann sie auch in der Tiefsee und in 75 °C heißem Wasser finden.

Mio.: Millionen

Abwasser: durch Gebrauch verunreinigtes Wasser

Bau der Bakterie

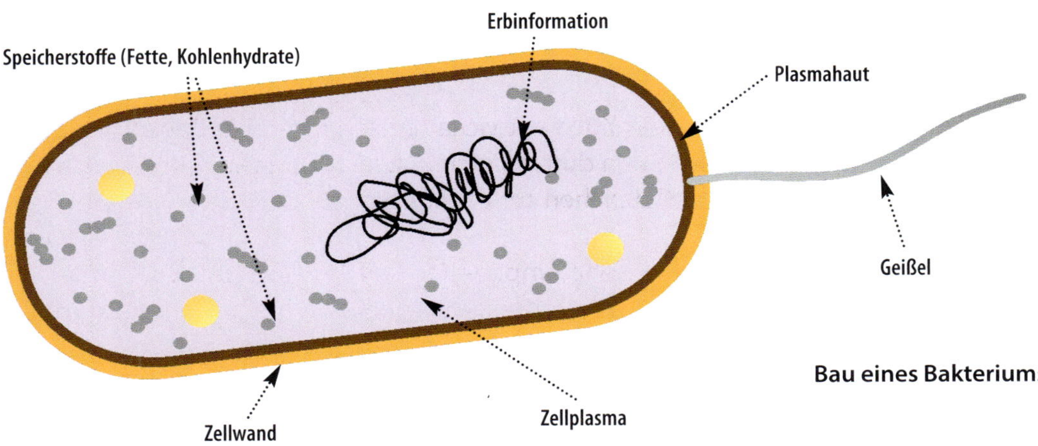

Bau eines Bakteriums

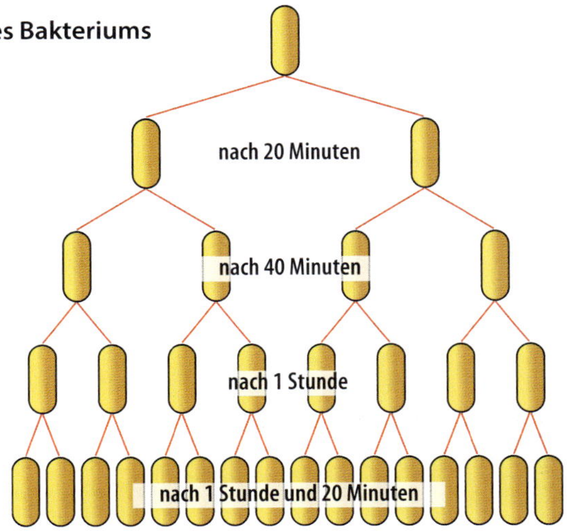

Schnelle Vermehrung

Bakterien sind Zellen, haben aber keinen abgegrenzten Zellkern. Die **Erbinformation** schwimmt im **Zellplasma**. Viele Arten bewegen sich mit Hilfe von **Geißeln**.

Meist vermehren sich Bakterien durch Zellteilung. Weil sie sich unter günstigen Lebensbedingungen etwa alle 20 min teilen, treten sie in ungeheuren Mengen auf. Bakterien können sehr unterschiedliche Formen haben.

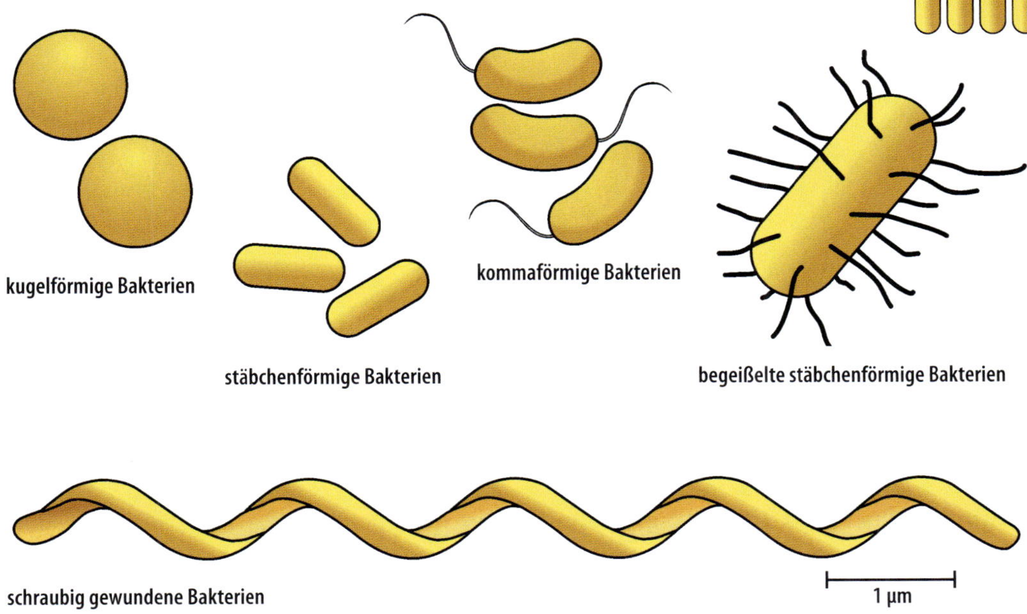

Verschiedenartigkeit der Bakterien

> **Wie wurden Bakterien entdeckt?**
> Mit einem einfachen Mikroskop untersuchte Anton van Leeuwenhoek im 17. Jh. den Zahnbelag. Dabei entdeckte er winzige Lebewesen, die ständig in Bewegung waren – die Bakterien. Bereits mit dem Mikroskop konnte er verschiedene Formen wie Kugeln, Stäbchen und Schrauben erkennen.

Viele Bakterien können bei Nahrungsmangel, Trockenheit, Hitze oder Kälte **widerstandsfähige Dauerformen** bilden und so lange Zeit ohne Nahrung überleben. Dauerformen können eine Schleimschicht um die Zelle, also eine **Kapsel**, haben oder **Sporen** sein.

Was kannst du gegen Bakterien auf deinen Zähnen machen?

Nützliche und schädliche Bakterien

Die meisten Menschen denken im Zusammenhang mit Bakterien an Krankheitserreger, wie etwa an Salmonellen oder andere Infektionen. Sie übersehen dabei, dass die meisten Bakterienstämme harmlos sind oder uns sogar nützen. Ohne Bakterien könnten wir kaum überleben.

Nützliche Bakterien

Bakterien sind für die **Herstellung mancher Lebensmittel** wichtig: Jogurt, Sauerkraut, **Sauerteig** oder Essig. Aber auch für die Herstellung von **Arzneimitteln** können Bakterien von Bedeutung sein.

Bakterien im **Darm** helfen, unverdauliche Nahrungsbestandteile zu zerlegen. In diesem Fall gehen wir mit ihnen eine **Symbiose** ein. Auch auf der **Haut** oder in den weiblichen Geschlechtsorganen wirken Bakterien unterstützend bei der Abwehr von Krankheitserregern.

Sehr wichtig sind Bakterien als **Destruenten**. Sie besorgen den **biologischen Abbau** der abgestorbenen tierischen und pflanzlichen Substanzen.

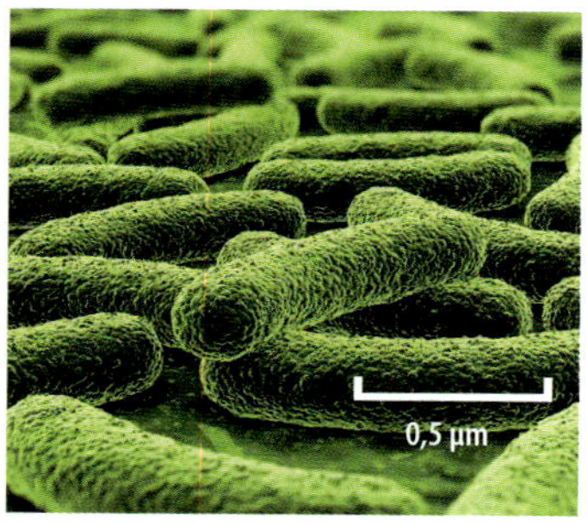

Bakterien im Darm

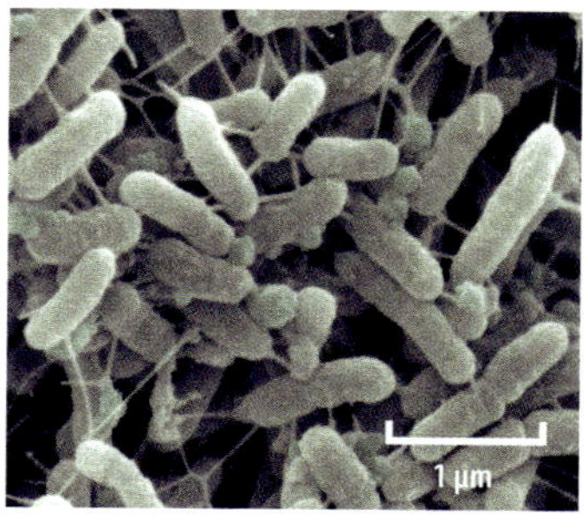

Im Boden lebende Bakterien

Schädliche Bakterien

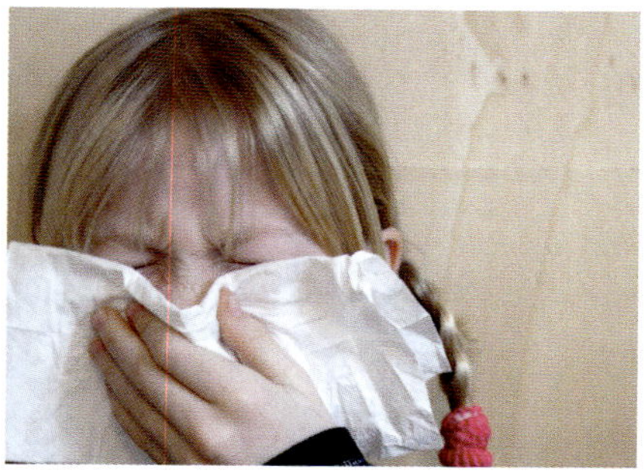

Bakterien können aber auch die Ursache für ansteckende **Krankheiten** sein. Man spricht dann von einer **bakteriellen Infektion**, wenn Bakterien in den Körper eindringen, die dort nicht hingehören. Diese vermehren sich und lassen dein **Immunsystem** zum Beispiel mit Entzündungen oder Husten reagieren.

Solche Infektionen erfolgen oft durch Verletzungen. Typische bakteriell verursachte Krankheiten beim Menschen sind: Tetanus, Harnwegsinfektionen, Lungenentzündung oder Magen-Darmentzündungen. Bei schweren bakteriellen Entzündungen werden gegen die Bakterien **Antibiotika** eingesetzt. Auch **Karies** wird durch Bakterien ausgelöst.

Außerdem lassen schädliche Bakterien Lebensmittel **verfaulen**. Der Genuss von Verfaultem kann zu einer Lebensmittelvergiftung führen.

Tipps:

- Wasche immer nach Berührung von Kranken oder Tieren deine Hände!
- Wasche deine verschwitzte Kleidung und zieh frische an!
- Achte auf regelmäßige Körperhygiene und Sauberkeit!
- Wasche immer Fleisch, Fisch und Geflügel vor der Zubereitung sowie Gemüse und Obst vor dem Essen!
- Iss keine faulig riechenden Nahrungsmittel!

Welche Möglichkeiten gibt es, um die Vermehrung von Fäulnisbakterien zu verlangsamen?

- Wasserentzug (Dörren von Obst)
- Erhitzen und dann keimfreies Verpacken (Milch)
- Tiefkühlung
- Bestrahlung (in Österreich verboten)
- Einlagerung in Zucker, Alkohol oder Salz

Sauerteig: Dieser wird zur Herstellung von Backwaren verwendet. Milchsäurebakterien und Hefe lassen den Teig gären.

Immunsystem: organisiert und steuert die körpereigene Abwehr gegenüber Krankheitserregern oder artfremden Substanzen

Antibiotika: hemmen das Wachstum von Bakterien bzw. töten diese ab

Karies: Zahnfäule

Das **Augentierchen** ist ein pflanzlicher und tierischer Einzeller, der sich durch **Zellteilung** vermehrt. Die Wimpern des **Pantoffeltierchens** dienen der Fortbewegung und zur Beförderung von Nahrungsteilchen. **Wechseltierchen** können ihre Form verändern. **Bakterien** sind die einfachsten Einzeller. Es gibt viele verschiedene Formen. Unter optimalen Bedingungen können sie sich **sehr rasch vermehren**.

Nun geht's los – Aufgaben für schlaue Köpfe!

1) Wie heißen die Organellen dieses Einzellers? **Beantworte zuerst die Fragen, die Antworten helfen dir beim Beschriften des Augentierchens! ★★★**

Womit kann das Augentierchen Fotosynthese betreiben? ______________________

Welche Organelle gibt dem Tierchen seinen Namen? ______________________

Womit kann sich das Augentierchen fortbewegen? ______________________

Wo ist die Erbinformation gespeichert? ______________________

Was pumpt überschüssiges Wasser aus der Zelle? ______________________

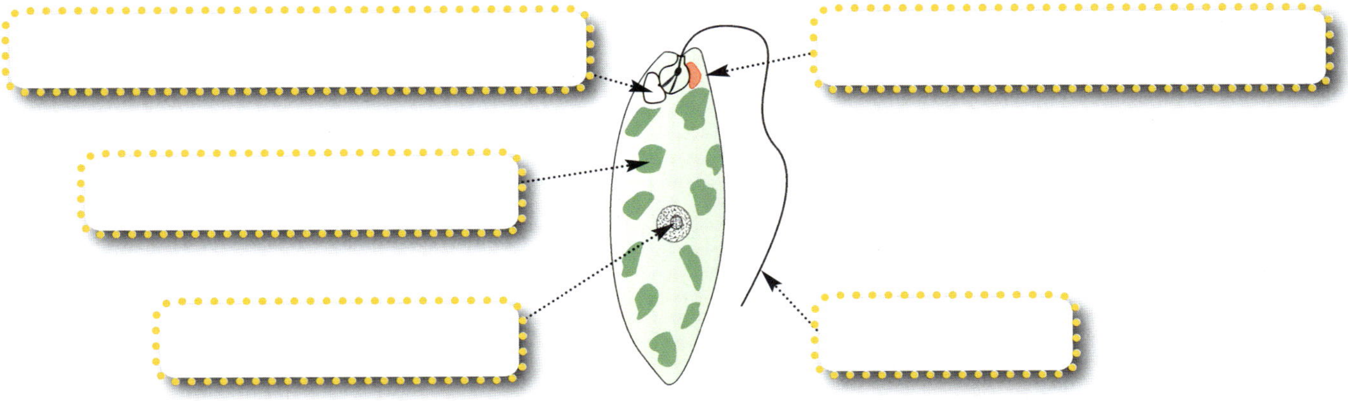

2) **Beschreibe mit eigenen Worten, wie hier versucht wird, das Wachstum der Bakterien einzuschränken! ★★**

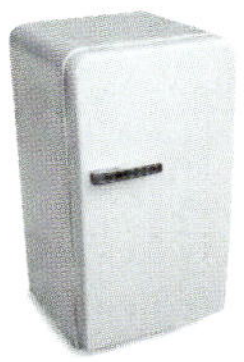

____

____

____

____

____

____

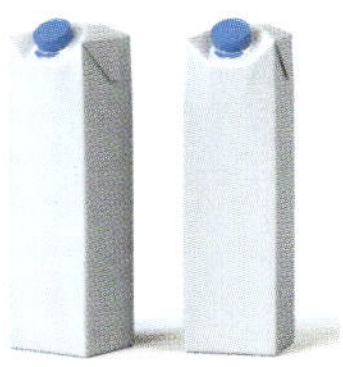

____

____

Nun geht's los – Aufgaben für schlaue Köpfe!

3) **Pantoffel-Wechseltierchenspiel!** (Ein Spiel für 2 – 4 Spieler/innen)
Du brauchst einen Spielstein und einen Würfel. **Wenn du auf ein Ereignisfeld kommst, musst du die dir gestellte Aufgabe erfüllen!** ★★ ACHTUNG: Das Ziel muss genau erreicht werden!

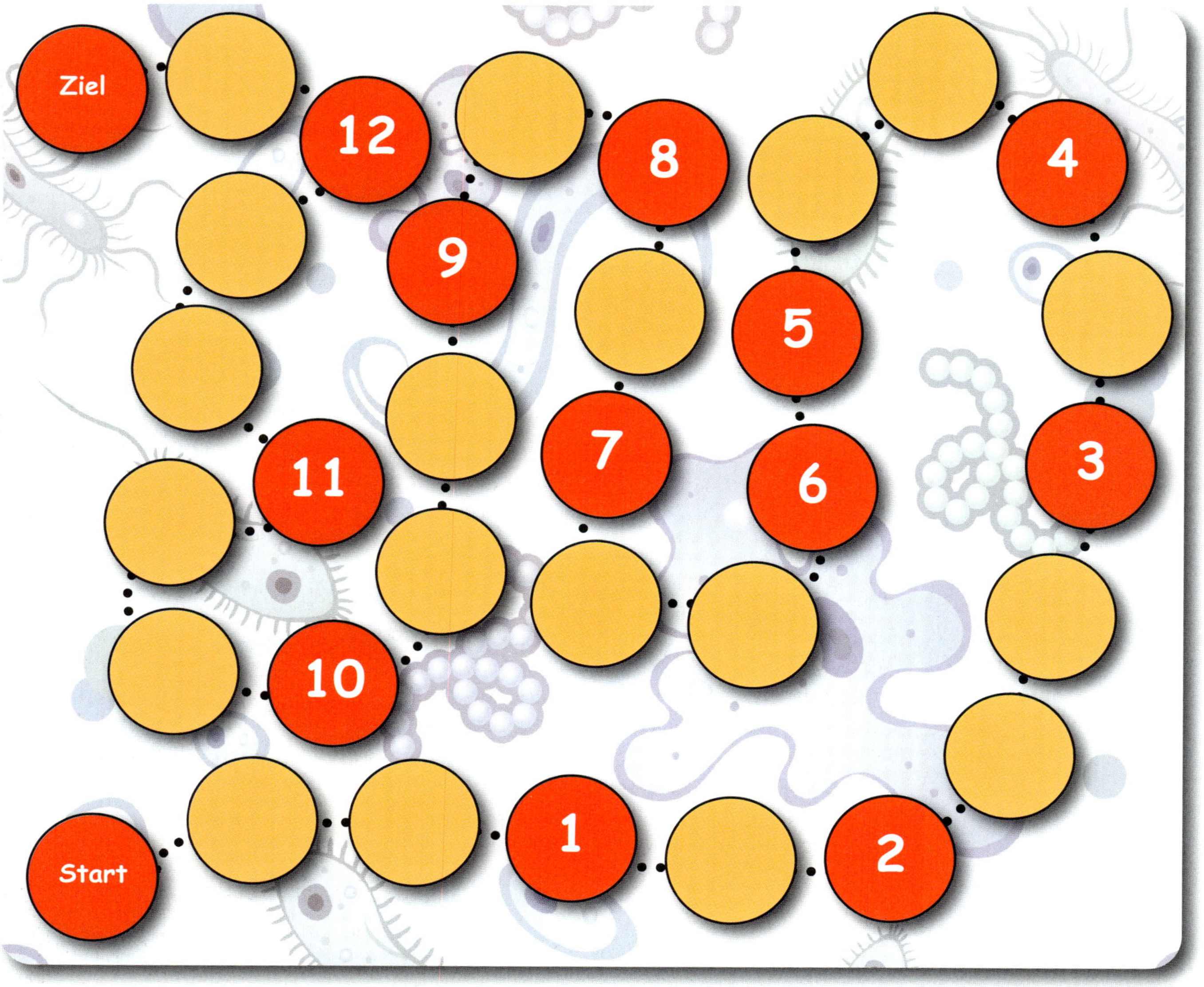

Ereignisfelder

1 Wenn du 5 Organellen des Pantoffeltierchens nennen kannst, darfst du 3 Felder weiter!
2 Wodurch vermehrt sich das Pantoffeltierchen? Bei richtiger Antwort 2 Felder vorwärts!
3 Das Pantoffeltierchen findet nicht genügend Nahrung, um sich zu teilen → 3 Felder zurück!
4 Wie bewegt sich das Pantoffeltierchen weiter?
5 Womit ist ein Pantoffeltierchen reizbar?
6 Das Pantoffeltierchen reagiert empfindlich auf Sonnenlicht → 3 Felder zurück!
7 Was ist das Besondere am Wechseltierchen?
8 Was hilft dem Wechseltierchen, Nahrung aufzunehmen?
9 Nenne die 2 Funktionen der Wimpern des Pantoffeltierchens!
10 Du hast dein Mikroskop beschädigt und musst dir erst ein neues besorgen → 2 Felder zurück!
11 Pantoffeltierchen, Wechseltierchen, Glockentierchen, Algen usw. kann man nur mit einem Mikroskop sehen. Wie nennt man sie daher?
12 Fertige eine Skizze eines Wechseltierchens auf einem Blatt Papier an! Stimmt es mit der Skizze im Buch überein, darfst du 2 Felder weiter!

Mikro REPORT

Das erste Mikroskop

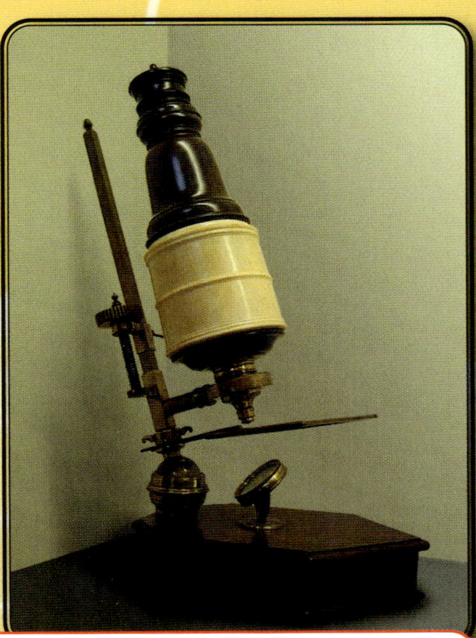

... lieferte ein unscharfes Bild und fügte zum betrachteten Objekt einen Regenbogen hinzu.

Ein italienischer Arzt hatte im Jahre 1538 erstmals die Idee, mehrere Glaslinsen hintereinander zu verwenden, um so die Vergrößerung einzelner Linsen zu erhöhen. 1590 setzte der holländische Brillenschleifer Hans Janssen gemeinsam mit seinem Sohn Zacharias diese Idee praktisch um und baute ein Vergrößerungsgerät. Dieses Gerät lieferte zwar noch kein wirklich scharfes Bild und fügte dem betrachteten Objekt einen Regenbogen hinzu, aber das Gerät wurde berühmt.

Auch der Mathematiker, Physiker und Astronom Galileo Galilei hörte von diesem berühmten Gerät und baute es nach. Er nannte sein Werk „Microscopium“ (Altgriechisch micros = klein; scopein = beobachten). Im 17. und 18. Jh. war das Mikroskop meist noch ein Spielzeug, denn man betrachtete beispielsweise Flöhe damit. Erst Naturforscher wie Robert Hooke und Leonhard Euler erkannten die Möglichkeiten des Mikroskops und machten mit ihm später bahnbrechende Entdeckungen.

„Was möchte es nur für eine Wirkung haben, wollte man den Leuten erzählen, dass mehr lebendige Tierchen in dem Belag auf den Zähnen eines Menschen leben als Leute im gesamten Königreich?“

(Antonie van Leeuwenhoek – niederländischer Mikroskopbauer, 1684)

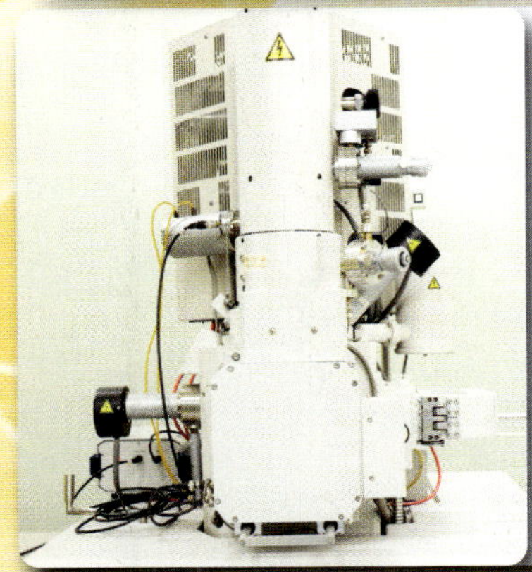

Die Geburtsstunde des Elektronenmikroskops

Der französische Physiker Louis de Broglie erkannte im Jahre 1924, dass man Elektronen bündeln kann und dass sie sich ähnlich verhalten wie Licht. Sie können genutzt werden, um äußerst dünne Präparate zu durchleuchten. So wurde das Elektronenmikroskop „geboren“.

Gebaut wurde es aber erst 1931 und zwar von einem Deutschen – Ernst Ruska. Mit diesem Gerät konnte eine 2-millionenfache Vergrößerung von Objekten erreicht werden. Die Auflösung ist also 2 000-mal höher als die eines Lichtmikroskops. Der Aufbau feinster Strukturen von Lebewesen und von Viren konnte erstmals erkannt werden.

Tiere unter dem Elektronen-Mikroskop

Einblicke in die geheime Welt der Insekten sind heute mit Elektronen-Mikroskopen möglich. Eine Milbe wirkt auf den Menschen ziemlich harmlos. Aber auf einer 12 500-fach vergrößerten Aufnahme wirkt sie wie ein Monster, wie ein riesiges Ungeheuer.

Unglaublich, aber wahr!

- **Bakterien sind seit mehr als 3 Milliarden Jahren auf der Erde und gehören somit zu den ältesten Lebewesen.**
- **Bakterien sind überall, auch in unserem Körper. Dort schützen sie beispielsweise Haut und Schleimhäute, und verdauen unsere Nahrung.**
- **Unser Körper hat 10 Billionen Zellen.**
- **Gut 100 Billionen Bakterien besiedeln insgesamt unseren Körper. Davon leben 10 Milliarden Bakterien im Mundraum, 1 Billion Bakterien bedecken unsere Haut und 100 Billionen Bakterien wohnen im Darm, vor allem im Dickdarm.**
- **Die schnellsten Bakterien teilen sich alle 10 Minuten, die langsamsten alle 1 000 Jahre.**

Mikro REPORT

Was riecht denn da?

Da in der Achselhöhle Schweißdrüsen Schweiß absondern, ist es dort feucht. Dies bietet optimale Lebensbedingungen für Bakterien. Millionen von ihnen tummeln sich dort und ernähren sich von den im Schweiß enthaltenen Stoffen wie Fettsäure oder Eiweißen. Da sie allerdings diese Stoffe nicht vollständig abbauen, setzen sie Ameisensäure oder Buttersäure frei. Diese sind es dann, die einen unangenehmen Geruch verursachen.

Witz des Tages

Sarah sieht ihre kleine Schwester aus eine Pfütze trinken! Sarah ruft: „Nein, das darfst du nicht trinken, da sind Bakterien drin, die dich krank machen!" Darauf die kleine Schwester: „Ach, die sind alle tot, ich bin doch gerade mit dem Roller durch die Pfütze gefahren!"

Das große Fressen

Geschätzte 95 Prozent aller auf unserem Planeten existierenden Bakterienarten sind noch gar nicht bekannt. So entdeckte man während der Erdölkatastrophe im Golf von Mexiko (2010) Bakterien, die einen ungeheuren Appetit auf ausgelaufenes Erdöl haben. Die Bakterien ruhen und warten, bis irgendwo Öl austritt. Dann vermehren sie sich aber sehr rasch und fressen das Öl förmlich auf. So soll das Verschwinden einer Riesenöllacke mit einer Länge von 35 km auf die Unterstützung der ölfressenden Bakterien zurückzuführen sein. Diese sehr gefräßigen Bakterien haben aber noch nicht einmal einen Namen.

Wie kommen die Löcher in den Käse?

Wenn Säuerungsmittel und spezielle Bakterien in die Milch gegeben werden, bewirkt das, dass sich in der bereits festeren Milchmasse Stoffwechselprodukte wie Milchsäure oder Kohlenstoffdioxid bilden. Die gasförmigen Stoffwechselprodukte können nicht entweichen, weil der Käse dafür eine zu feste Rinde entwickelt hat. So entstehen Hohlräume – die Löcher im Käse.
Die Stoffwechselprodukte beeinflussen außerdem auch den Geschmack des Käses. Je nachdem, welche und wie viele Bakterien man in die Milch gibt, entstehen viele oder wenige, kleine oder große Löcher.
Während der Reifung verändern sich die Löcher weiter, je nach Temperatur und Luftfeuchtigkeit. Die Löcher im Käse entstehen also am Anfang und während der Lagerung des Käses am Ende der Herstellung.
Je nach Art der Bakterien erhält man verschiedene Käsesorten.

Bakterien lieben Frauenhände

US-Forscher/innen haben herausgefunden, dass sich auf den Händen von Frauen viel mehr unterschiedliche Bakterientypen befinden als auf Männerhänden. Jene Bakterientypen, die sowohl bei Frauen als auch bei Männern gefunden wurden, traten 4-mal häufiger auf den Händen der weiblichen Versuchspersonen auf. Es wird vermutet, dass Schweiß, Kosmetika, Hautdicke oder die Talgproduktion eine Rolle spielen.

Geld kann auch unglücklich machen

Eine für manche sicher total unverständliche Angst dürfte die Chrematophobie sein. Hierbei fürchten sich die Betroffenen vor Münz- und Papiergeld. Diese Angst tritt gar nicht so selten auf. Die Betroffenen verspüren Ekel, wenn sie Geldscheine oder Münzen anfassen müssen, da sie die Bakterien fürchten, die sich darauf befinden.

Buchtipps

Rainer Köthe: WAS IST WAS? Das Mikroskop. Tessloff Verlag, Nürnberg, 2010.

Nicola Davies: Was juckt mich da? Von Läusen, Würmern und anderen ungebetenen Gästen. Sauerländer, Düsseldorf, 2008.

Gerhard Staguhn: Die Suche nach dem Bauplan des Lebens: Evolutionstheorien, Gentechnik, Gehirnforschung. dtv, München, 2005.

Gerhard Staguhn: Die Jagd nach dem kleinsten Baustein der Welt. dtv, München, 2003.

18. HEIMISCHE STEHENDE GEWÄSSER

Wasser bietet vielen unterschiedlichen Pflanzen und Tieren Lebensraum. Der Großteil der Erde, etwa 2/3, ist mit Wasser bedeckt. Davon sind lediglich 3 Prozent Süßwasser, der Rest ist Salzwasser. Der Lebensraum Süßwasser lässt sich in zwei Bereiche unterteilen: stehende und fließende Gewässer.

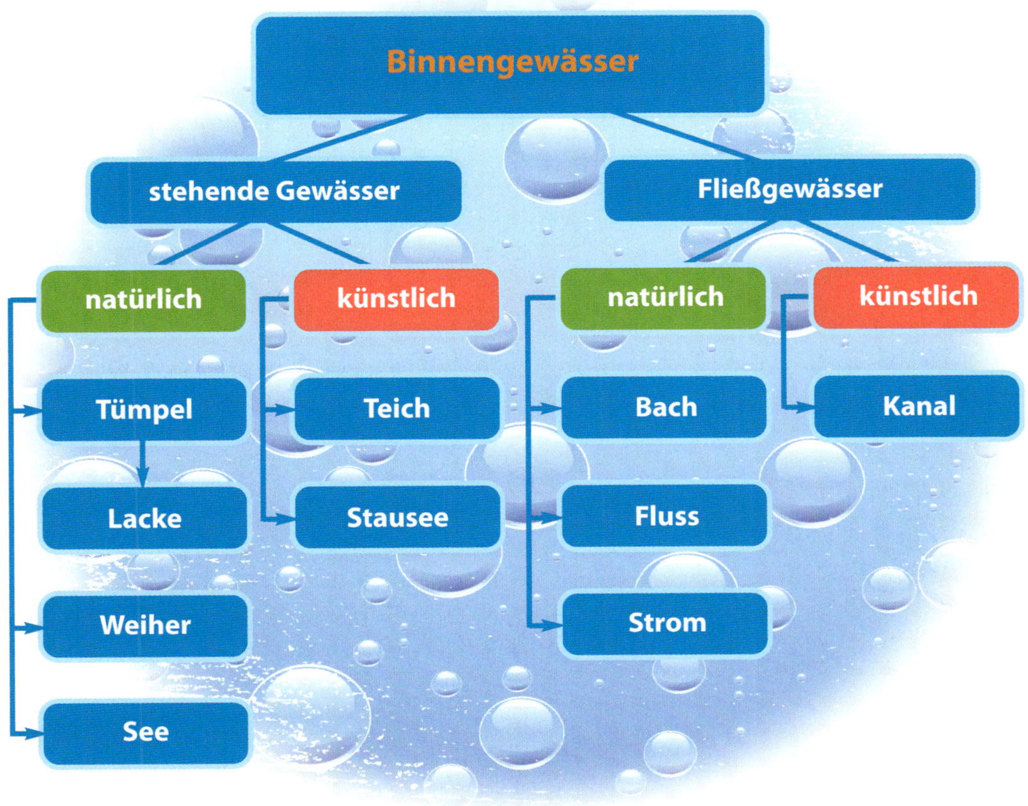

Binnengewässer: Gewässer, die keine Meere oder Teile von Meeren sind und von Land umschlossen sind

Welche Gewässer hast du in Österreich schon kennengelernt? Was hast du dort gemacht?

Anpassung an das Ökosystem
Die Kombination biotischer und abiotischer Umweltfaktoren ermöglicht es bestimmten Lebewesen, in speziellen Ökosystemen zu leben. Sie nutzen ihre „ökologische Nische". So braucht z. B. die Bachforelle sehr reines Süßwasser eines Baches mit hohem Sauerstoffgehalt und mit einer Wassertemperatur unter 20 °C. Den Kiesgrund nutzt sie zum Ablegen der Eier (Ablaichen). Des Weiteren findet sie im Bach ihre Nahrung wie Schnecken, Würmer, Insekten und andere kleine Tiere.

Lebensraum und Lebensgemeinschaft bilden ein Ökosystem

In jedem Ökosystem, das sich aus Lebensraum (Biotop) und Lebensgemeinschaft (Biozönose) zusammensetzt, herrschen bestimmte Verhältnisse vor, weil die **Faktoren**, die das Ökosystem ausmachen, unterschiedlich sind. Man unterscheidet zwischen zwei verschiedenen Arten von Faktoren:

Abiotische Faktoren:
Darunter versteht man unbelebte Umweltfaktoren wie z. B. Feuchtigkeit, Licht, Wärme, Wind und Bodenbeschaffenheit.

Biotische Faktoren:
Damit meint man die Lebewesen in einem bestimmten Bereich wie Nahrungspflanzen, Beutetiere, Mikroorganismen, Krankheitserreger usw.

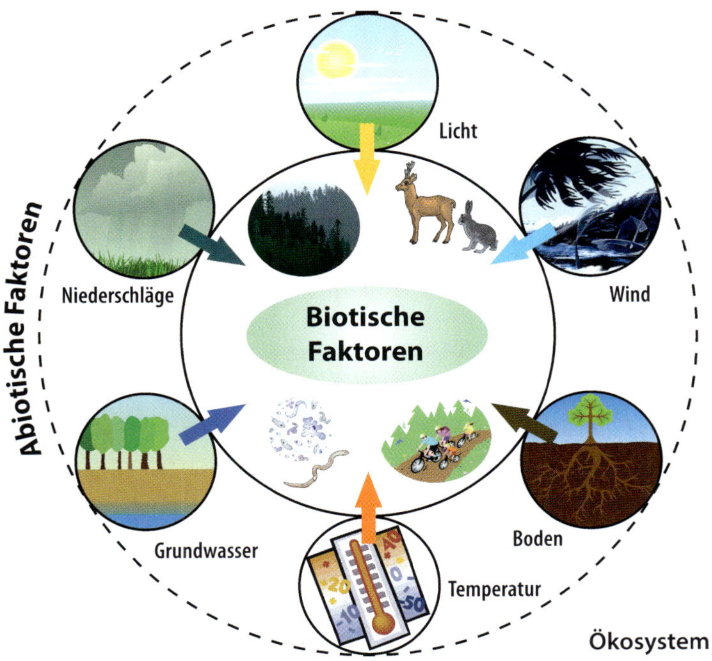

Ökosystem mit seinen Einflussfaktoren

Präge dir die sechs abiotischen Faktoren der Abbildung für eine Minute ein! Decke mit der Hand die Abbildung ab! Kannst du sie alle auswendig nennen?

Stehende Gewässer

Stehende Gewässer lassen sich nach Größe, Tiefe, Wasserführung und Entstehungsweise unterscheiden.

Tümpel

Tümpel

Tümpel sind nur wenige Dezimeter tiefe Gewässer, die **keinen Zufluss** und **keinen Abfluss** haben. Ihr Wasserhaushalt wird auch nicht vom **Grundwasser** gespeist. Deshalb trocknen Tümpel im Sommer oft aus. Ein Tümpel enthält daher auch keine Wasserpflanzen, sondern nur **Sumpfpflanzen**. In einem Tümpel leben nur Tiere, die nach wenigen Monaten das Wasser wieder verlassen wie die Larven von Mücken und Amphibien. Auch Algen überdauern als Sporen in einem Tümpel.

Überlege: Warum gibt es keine Fische in Tümpeln?

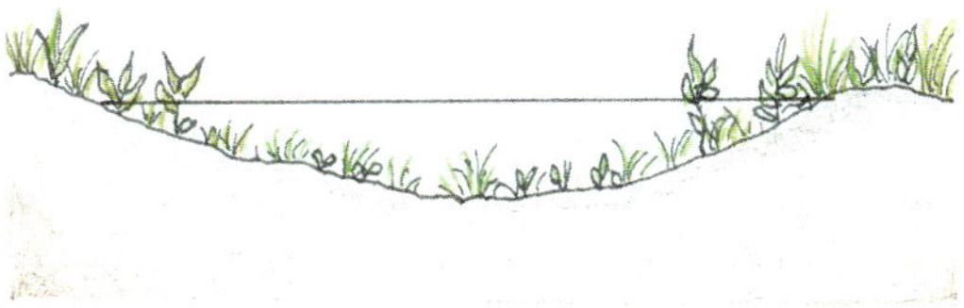
Tümpel im Winter

Tümpel im Sommer

episodisch: manchmal, nicht immer

Lies dir den Text über die Lacke, den Weiher und den See durch und beschreibe den Unterschied mit eigenen Worten!

Zicklacke im Seewinkel

Lachen oder **Lacken** führen nur episodisch Wasser, das auch salzhaltig sein kann. Sie sind Sonderformen des Tümpels und kommen in Europa nur im Burgenland im Seewinkel östlich des Neusiedlersees vor. Es gibt ca. 40 Lacken in diesem Gebiet. Im Unterschied zum Tümpel wachsen in Lacken keine Sumpfpflanzen. In diesen Lacken leben Insektenlarven, Würmer und verschiedene Krebstiere. Diese Tiere ziehen Vögel an, die sich von ihnen ernähren.

An stehenden Gewässern gibt es geschützte Pflanzen und Tiere. Suche in Büchern oder auch im Internet nach diesen geschützten Lebewesen (Tipp: Rote Liste)!

Weiher

Weiher sind sehr flache, ständig Wasser führende Gewässer. Sehr große Weiher heißen auch **Flachseen**. Sie sind selten tiefer als 2 m und werden das ganze Jahr vom **Grundwasser** oder von oberirdischen Zuflüssen gespeist. Deswegen bleibt die Wasseroberfläche etwa gleich groß. Der gesamte Boden eines Weihers ist mit Pflanzen bewachsen.

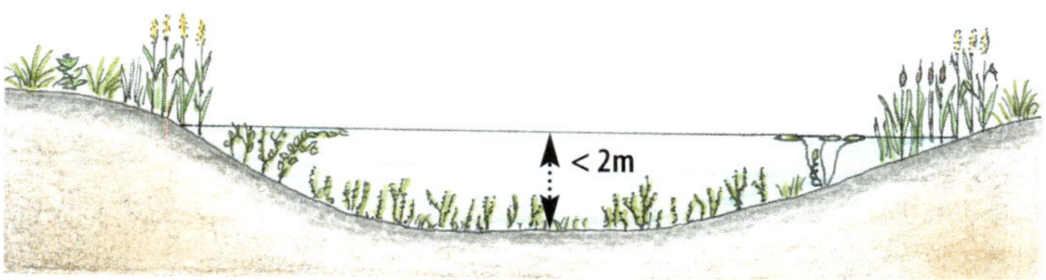

Weiher

See

Als See bezeichnet man, unabhängig von seiner Flächengröße, ein mehr als 2 m tiefes stehendes Gewässer. Der Boden des Sees ist nicht durchgehend mit Pflanzen bewachsen.

See

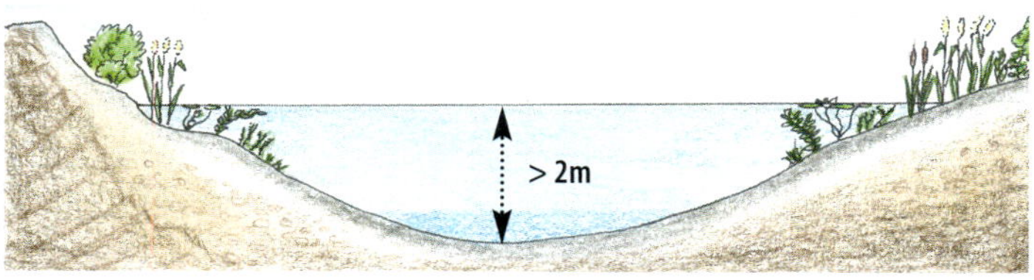

See

Die Zonen eines Sees

In den einzelnen Zonen des Sees gibt es für Pflanzen unterschiedliche Lebensbedingungen.

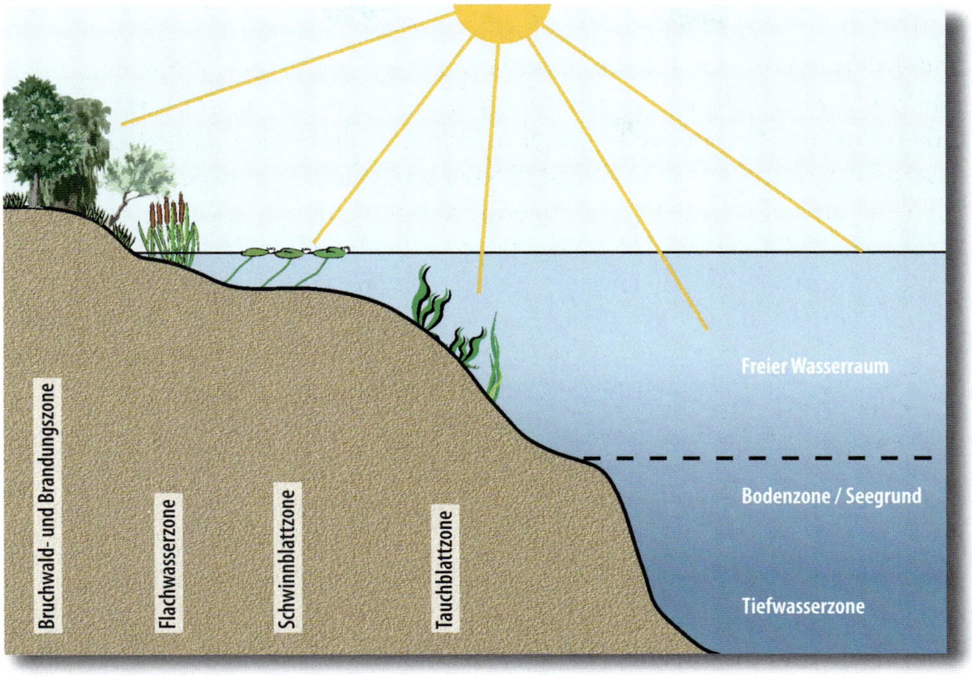

Bruchwaldzone

Seerosen

BRUCHWALDZONE: Bäume und Pflanzen, die **viel Feuchtigkeit vertragen**, wachsen in dieser Zone. Hier findet man z. B. Erlen und Weiden.

BRANDUNGSZONE: Hier wechselt der Wasserstand ständig. Deshalb haben die Pflanzen in dieser Zone sehr **starke Wurzeln** und wachsen nicht sehr hoch.

FLACHWASSERZONE: Diese ist die erste Zone des Sees, die dauerhaft von Wasser bedeckt ist. Hier findet man **Schilf** oder **Seggen**. Seggen sind grasartige, widerstandsfähige Pflanzen. In diesem Bereich schwimmen auch kleine Tiere.

Seggen

Schilf

Krauses Laichkraut

SCHWIMMBLATTZONE: Eine bekannte Vertreterin der Schwimmblattpflanzen ist die **Seerose**. Ihre Blattflächen schwimmen auf der Oberfläche des Wassers. Lange Blattstiele sind mit der Sprossachse verbunden, die im Seegrund verankert ist.

TAUCHBLATTZONE: In dieser Zone leben die Pflanzen völlig untergetaucht. Sie haben schwächere Wurzeln, da sie den Wellenbewegungen an der Oberfläche nicht mehr ausgesetzt sind. Pflanzen wie das **Krause Laichkraut** oder das **Tausendblatt** bekommen gerade noch genug Licht für die Fotosynthese.

TIEFENWASSERZONE: In diese Zone dringt zu wenig Licht, sodass hier keine Pflanzen wachsen. Im Bodenschlamm werden abgestorbene Lebewesen zersetzt.

Tausendblatt

Wasservögel nutzen verschiedene Zonen des Sees. Die **Stockente** legt ihre Eier in eine flache Mulde im feuchten Boden und das **Teichhuhn** baut sein Nest am Boden zwischen den Uferpflanzen. Der **Rohrsänger** errichtet sein Nest um mehrere Schilfhalme. Auch das **Blässhuhn** nistet im Schilf und findet dort reichlich Insekten, Würmer, Schnecken oder auch pflanzliche Nahrung. Der **Haubentaucher** dagegen ernährt sich von Fischen. Er baut sein Nest zwischen Wasserpflanzen.

Strömung: hier: Bewegung des Wassers in eine Richtung

Stoffkreislauf im See

Wichtige **abiotische Faktoren** für den Stoffkreislauf in einem See sind das Sonnenlicht, die Zusammensetzung des Seebodens, Wasser**strömungen**, die Temperatur des Wassers, der Sauerstoffgehalt und der Säuregrad (pH-Wert).

In einem See gibt es aber natürlich auch Pflanzen, Tiere, Bakterien und Pilze, also **biotische Faktoren**. Miteinander machen sie die Kreisläufe von wichtigen biologischen Stoffen (Sauerstoff oder Kohlenstoff) aus.

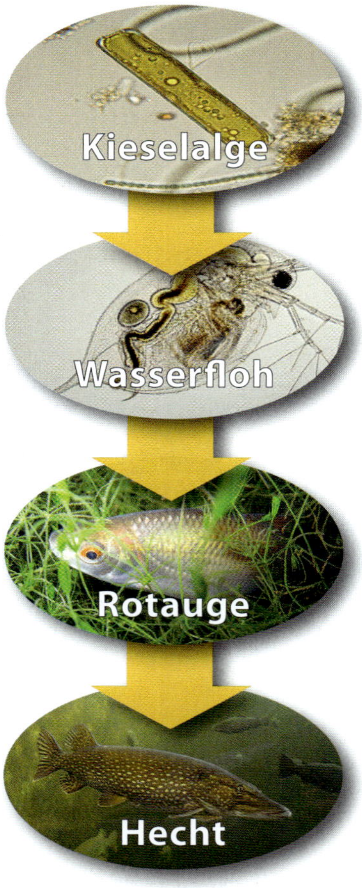

Nahrungsbeziehung in Bildern

Überlege: Wodurch könnte der Mensch das System des Stoffkreislaufes im See stören oder ändern?

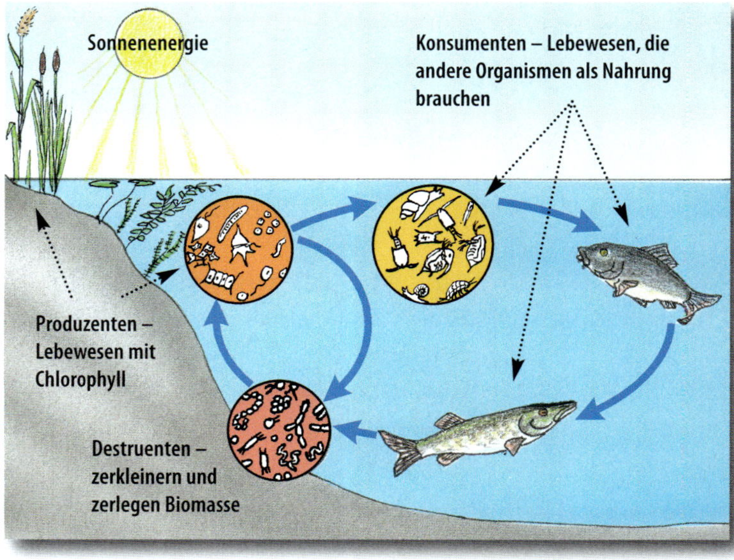

Stoffkreislauf im See

PRODUZENTEN: Lebewesen, die Chlorophyll enthalten wie Samenpflanzen und Algen nützen die im Wasser gelösten Mineralstoffe und das ebenfalls gelöste Kohlenstoffdioxid. Mit Hilfe der Sonnenenergie betreiben sie Fotosynthese. Dadurch erzeugen sie Zucker und Stärke. Sauerstoff wird frei. Sie sind die **Produzenten** in diesem Ökosystem.

KONSUMENTEN: Alle Tiere, die sich im See von Pflanzen bzw. von anderen Tieren ernähren und Sauerstoff verbrauchen, nennt man **Konsumenten**. Eine Kieselalge wird z. B. von einem Wasserfloh gefressen, der Wasserfloh wiederum von einem Fisch. Die Konsumenten geben Kohlenstoffdioxid und **tote Biomasse** (alle abgestorbenen pflanzlichen und tierischen Teile) an das Gewässer ab.

DESTRUENTEN: Wasserasseln, Schnecken usw. zerkleinern die tote Biomasse. Bakterien und Pilze zerlegen dann die Überreste. Sie alle sind die **Destruenten** in diesem Ökosystem. Sie verbrauchen Sauerstoff bei ihrer Tätigkeit und geben Kohlenstoffdioxid und Mineralstoffe an das Gewässer ab.

Die Mineralstoffe werden wiederum von den Produzenten benötigt. **Der Stoffkreislauf schließt sich.**

Zu den stehenden Gewässern zählt man **Tümpel**, **Lacken**, **Weiher** und **Seen**. **Abiotische** Faktoren und **biotische** Faktoren (Produzenten, Konsumenten und Destruenten) bestimmen ein Ökosystem. Einen See kann man in 6 Zonen einteilen.

Nun geht's los – Aufgaben für schlaue Köpfe!

1) **Alles Gewässer** - Suche in dieser Wortschlange die versteckten Arten von Binnengewässern heraus! Du findest sie heraus, indem du immer den zweiten und den dritten Buchstaben entfernst. Wenn du die 10 Begriffe gefunden hast, ordne sie richtig zu! ★

SCVTFKRÖQOSDMAPLJNAMACWEKTUESBFWSLKEUMNSYPSWCSBLTÖ
WASDUPOSFHEXEEDEKZBAEANLCAÄHLPTWZÜEÄMIOPHPEEKLRSWBME
APICSYHFESHRELKEÄATÜNEUAITLCETHQETXIÜVCMNHPASESELDE

alle Binnengewässer: ______________________________

____

4 natürliche stehende Gewässer: ______________________________

3 natürliche Fließgewässer: ______________________________

2) Um welche Faktoren für Ökosysteme handelt es sich hier? Entschlüssle den Buchstabensalat und schreibe dazu, ob es sich um einen biotischen (B) oder abiotischen (A) Faktor handelt! ★★★★★

____

____

PETRMRUATE

____

ÄDNERHCGEIELS

____

BEEEIRTTU

____

DINW

____

SSDWAUNERGR

____

IKMOR AEGIMNNORS

____

AEHIKKNRSTEEEGRRR

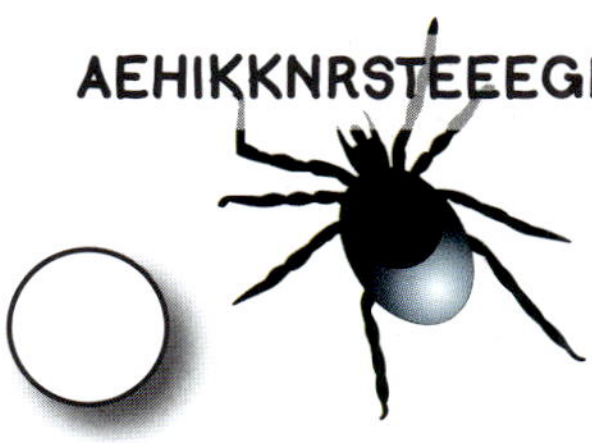

____

Nun geht's los – Aufgaben für schlaue Köpfe!

3) **Gewässer-Kreuzworträtsel:** Löse dieses Kreuzworträtsel, indem du die Antworten auf die Fragen in die Kästchen einsetzt! Tipp: Beantworte zuerst die Fragen, zähle die Buchstaben ab und setze dann ein! ★★

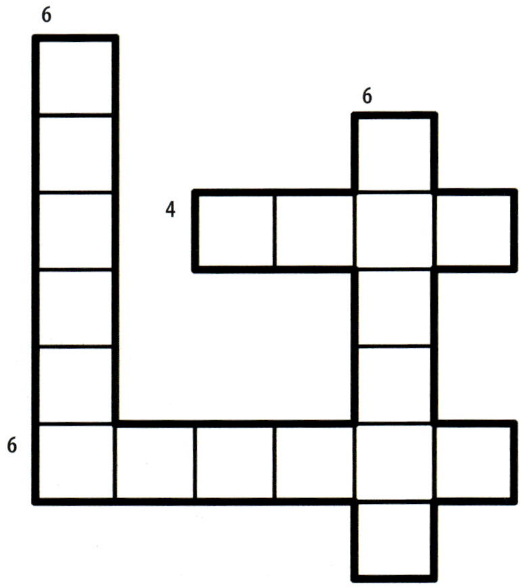

____

Nur wenige Dezimeter tiefes Gewässer, das keinen Zu- oder Abfluss hat

____

Gewässer, welche in Europa nur im Burgenland im Seewinkel östlich des Neusiedlersees vorkommen

____

Gewässer, das selten tiefer als 2 m ist und das ganze Jahr von Grundwasser oder oberirdischen Zuflüssen gespeist wird

____

Mehr als 2 m tiefe stehende Gewässer

4) Der Radiergummi hat einiges ausradiert! Setze die fehlenden Wörter richtig ein! ★★★

Weiden ★ Bodenschlamm ★ Bruchwaldzone ★ Tiefenwasserzone ★ Blattstiele ★ Schwimmblattzone ★ Tiere ★ Schilf ★ Wurzeln ★ Brandungszone ★ Flachwasserzone ★ Fotosynthese ★ Tauchblattzone

Bäume und Pflanzen, die viel Feuchtigkeit vertragen, wachsen in der ______________________ . Hier findet man z. B. Erlen und ______________ In der ________________________ wechselt der Wasserstand ständig, die Pflanzen haben sehr starke ______________ und wachsen nicht sehr hoch. Die ________________________ ist dauerhaft von Wasser bedeckt. Hier findet man ________ oder Seggen. In diesem Bereich schwimmen auch bereits kleine __________ . Seerosen leben in der ________________________ . Die langen ________________ der Seerose sind mit der Sprossachse verbunden, die im Seegrund verankert ist. In der ______________________ haben die Pflanzen schwächere Wurzeln. Das Krause Laichkraut und das Tausendblatt bekommen hier gerade noch genug Licht für die __________________ . In der ________________________ wachsen keine Pflanzen. Im ________________________ werden abgestorbene Lebewesen zersetzt.

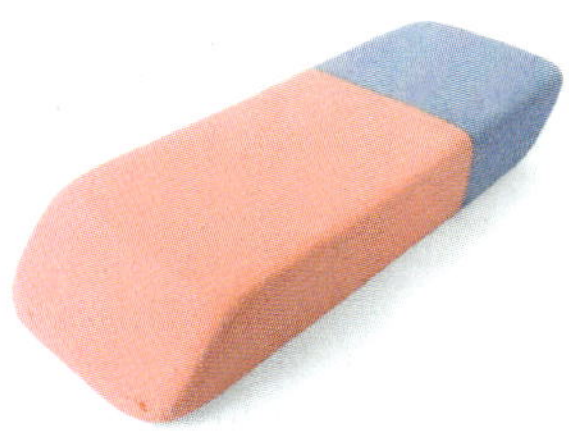

19. HEIMISCHE FLIESSGEWÄSSER

Fließgewässer haben eine **Strömung**. So wie die stehenden Gewässer bieten auch Flüsse oder Bäche unterschiedliche Bedingungen für Pflanzen oder Tiere. Unterschiede in der Temperatur, dem Sauerstoffgehalt des Wassers und dem Licht, das in das Gewässer eindringen kann, schaffen auch unterschiedliche Lebensbedingungen. Je nachdem, mit welcher Kraft ein Fluss seine Umgebung formt, kann man einen Flusslauf in 3 Abschnitte unterteilen.

Quelle: Ort, an dem Grundwasser austritt

Gefälle: Neigung

Mäander: mehrere Schleifen oder Windungen eines Flusses oder Baches

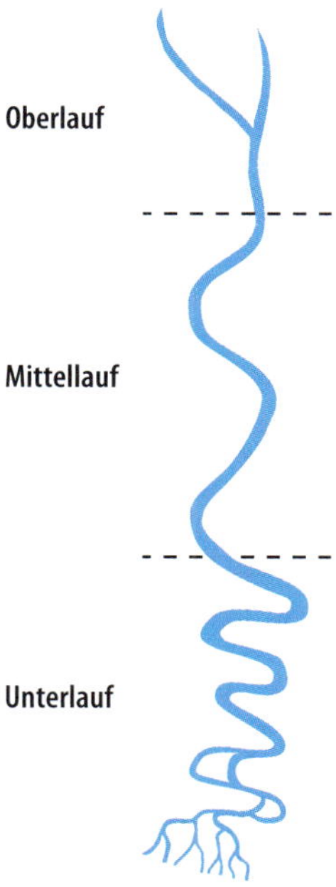

Flussverlauf

Oberlauf: Dieser schließt gleich an die **Quelle** an. Hier hat das Wasser ein starkes **Gefälle**, einen hohen Sauerstoffgehalt und eine niedrige Temperatur.

Mittellauf: Hier nimmt das Gefälle und somit die Strömungsgeschwindigkeit ab. Die Menge des mitgeführten Wassers steigt. Das Flussbett verbreitert sich.

Unterlauf: Hier fließt das Wasser noch etwas langsamer. Die transportierte Wassermenge ist gleichmäßig. Der Fluss verzweigt sich und bildet **Mäander**.

Fluss in Salzburg

Störung der natürlichen Lebensbedingungen

In und an Flüssen oder Bächen gibt es eine Vielfalt von Lebewesen. Der Lebensraum für die Wasser- und Uferbewohner wird aber dann stark eingeschränkt, wenn der Mensch die Lebensbedingungen in und an Fließgewässern verändert:

- **Bauen von Wasserkraftwerken** → Verminderung der Fließgeschwindigkeit
- **Abholzen von Bäumen an den Ufern** → Veränderung des Aussehens der Flusslandschaft und der Artenvielfalt
- **Begradigen von Wasserläufen** → Fließgeschwindigkeit nimmt zu
- **Einleiten von Industrieabwässern und Haushaltsabwässern** / **Ausschwemmen von Düngemitteln der Landwirtschaft durch Regenwasser** → Verunreinigung des Gewässers. Lebewesen finden nicht mehr die Bedingungen, die sie brauchen.

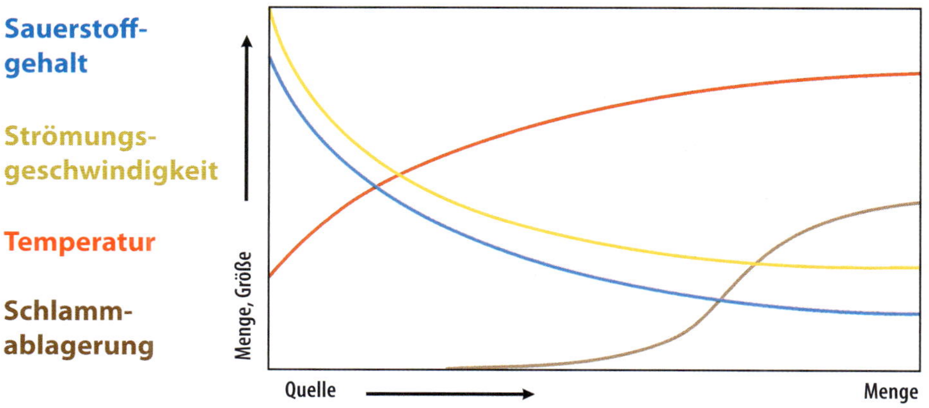

Ökologische Faktoren der Fließgewässer

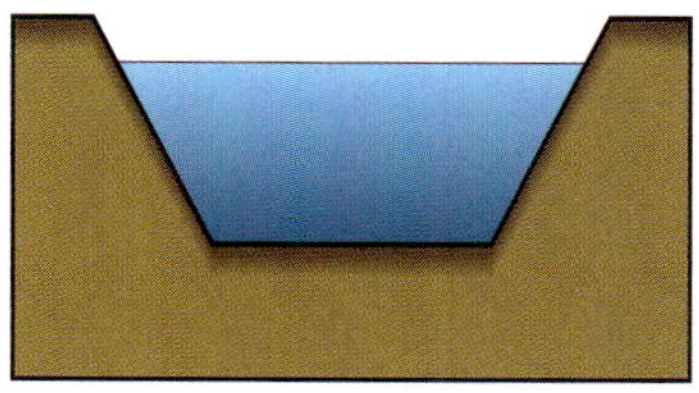
Regulierter Fluss im Profil

Beschreibe einen Bach/Fluss in deiner Umgebung! Welche Unterschiede zu dem Foto oben und der Abbildung hier fallen dir auf?

Auf dem Weg zum Meer

Die Unterschiede des Flussverlaufes, die du schon kennengelernt hast, bedeuten auch unterschiedliche ökologische Bedingungen für Lebewesen im und am Fluss. So lassen sich die Regionen eines Flusses nach den typischen **Fischen**, den sogenannten Leitfischen, die verschiedene Flussabschnitte bevorzugen, einteilen. Man unterscheidet die **Forellenregion**, die **Äschenregion**, die **Barbenregion** und die **Brachsenregion**.

Lies dir die Bezeichnungen für die Flussregionen nochmals durch! Du müsstest jetzt die jeweiligen Leitfische der Regionen nennen können. Wie heißen sie?

Fluss in Kärnten

Welche Flüsse kennst du in Österreich? Welche europäischen Flüsse kennst du?

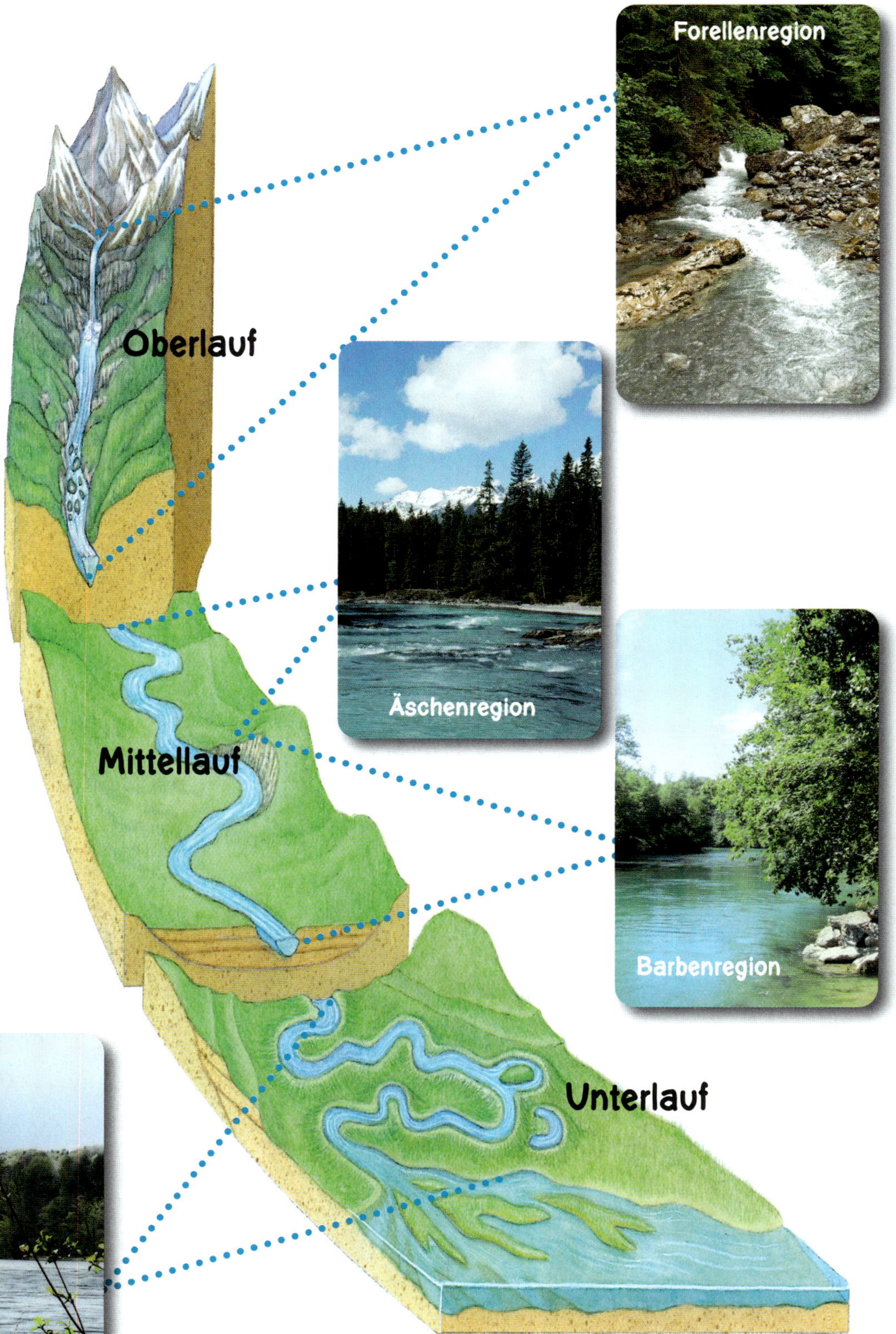

Die Forellenregion

Hier ist die **Strömung sehr stark**. Dadurch wird das Wasser über Kies und größere Steine umgewälzt und mit Sauerstoff angereichert. Die Wassertemperatur steigt selten über 10 °C. Der Grund des Flusses besteht aus Felsgestein, **Geröll** und Grobkies. Leitfische sind die **Bachforelle**, die **Groppe** oder auch die **Elritze**.

Bachforelle

Groppe

Elritze

Geröll: Gesteinsbrocken, die sich in Flüssen ablagern

Wie werden Fische eingeteilt?
Fische unterteilt man in Kieferlose und Fische mit Kiefer.
Fische mit Kiefer unterteilt man wiederum in Knorpelfische (Haie, Rochenartige usw.) und Knochenfische.
In diesem Schuljahr beschäftigen wir uns mit Knochenfischen. Forellen, Äschen, Barben und Brachsen sind Vertreter der Knochenfische. Näheres über Fische erfährst du in den Kapiteln 21 und 22.

Die Äschenregion

In dieser Region gibt es immer noch eine starke Strömung und einen hohen Sauerstoffgehalt, aber es wachsen bereits **mehr Pflanzen** als in der Forellenregion. Die Wassertemperatur steigt hier auch schon bis 15 °C. Der Untergrund besteht aus Geröll und grob- bis feinkörnigem Kies. Leitfische sind die **Äsche**, der **Aitel** und die **Nase**.

Äsche

Aitel

Nase

Die Barbenregion

Die Wassertemperatur beträgt hier ca. 15 °C. Der Flussboden besteht aus grobkörnigem Sand und feinkörnigem Kies. Die **Strömung ist schwach** und der Sauerstoffgehalt ist geringer als in der Äschenzone. An der Uferregion siedelt sich reicher Pflanzenwuchs an. Leitfische sind die **Barbe** und der **Streber**.

Die Brachsenregion

Dies ist die artenreichste Fischregion. Die Temperatur des Wassers beträgt im Sommer bis zu 20 °C und im Winter kann der Fluss oft zufrieren. Hier wachsen viele Pflanzen auf feinem sandigem oder schlammigem Untergrund. Der Sauerstoffgehalt ist sehr niedrig. Typische Fische der Brachsenregion sind **Brachsen**, **Flussbarsche**, **Aale** und **Hechte**.

Brachse

Barbe

FISCHART	BEWEGUNG	NAHRUNG
Forelle	Sie überspringt kleine Hindernisse.	Sie lauert auf kleine Tiere jeder Art.
Äsche	Sie schwimmt im freien, tiefen Wasser so gegen die Strömung, dass sie an derselben Stelle bleibt.	Sie fängt kleine Wassertiere.
Barbe	Sie steht über dem Grund.	Sie ist ein Allesfresser.
Brachse	Sie ist ein Bodenfisch.	Sie wühlt im Schlamm nach Tieren jeder Art.

Streber

Aal

Strömungsgeschwindigkeit

Aufgrund des geringer werdenden Gefälles nimmt die Strömungsgeschwindigkeit eines Flusses von der Quelle bis zur Mündung ab. Auch durch Reibung am Geröll des **Bachbettes** und an den **Uferzonen** wird die Strömung gebremst. Das Geröll oder andere Hindernisse lassen strömungsarme Zonen, sogenannte **Totwasserräume**, entstehen. Fließgewässer bestehen im Querschnitt, ähnlich wie Seen, auch aus einer **Freiwasser**- und **Bodenzone**.

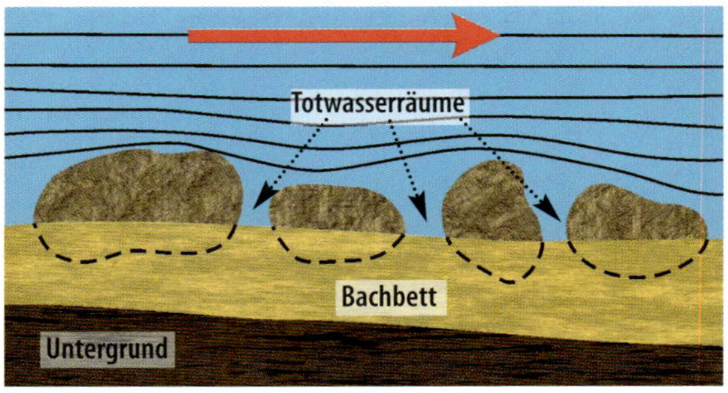

Totwasserräume

Profil eines naturnahen Bachabschnittes

Welchen Einfluss nimmt der Mensch auf Fließgewässer?
Die Verbauung und das Zubetonieren des Flussbettes und des Uferbereiches lassen Ruhestätten und Verstecke verschwinden. Die Lebewesen sind der Strömung voll ausgesetzt. Die Anzahl an Tieren und Pflanzen wird geringer, die Fähigkeit zur Selbstreinigung in Fließgewässern wird eingeschränkt.

Schwebstoffe: kleine Partikel, die im Wasser treiben

Einen Flussverlauf kann man in **Ober**-, **Mittel**- und **Unterlauf** unterteilen. Die Lebensbedingungen für Tiere und Pflanzen sind dem Verlauf nach unterschiedlich. So teilt man Flüsse in 4 verschiedene Regionen ein: **Forellen**-, **Äschen**-, **Barben**- und **Brachsenregion**. Pflanzen und Tiere passen sich der Strömung an.

Wie passen sich die Lebewesen an die Strömung an?

Algen schmiegen sich eng an ihre Unterlage an. Sie heften sich mit Haftscheiben, Gallertstielen und Gallerthüllen an den Steinen des Bachbettes fest.

Die **Flussnapfschnecke** saugt sich mit ihrer breiten Fußscheibe an Steinen fest. Sie kann sich so bei einer Strömungsgeschwindigkeit bis zu 1 m/s festhalten. **Hakenkäfer** halten sich mit langen Fußkrallen am Algenteppich fest.

Manche im Wasser lebenden Insektenlarven haben stark abgeflachte Körper. Sie klammern sich fest und drücken sich an den Untergrund. So nutzen sie auch den strömungsärmeren Bereich aus.

Moose verankern sich mit ihren Wurzelfäden in Gesteinsritzen. Eine besonders dicke Außenhaut schützt die Stängel vor dem Abreißen durch die Strömung.

Algen

Flussnapfschnecke

Hakenkäfer

Moose

Hochwasser

Durch Schneeschmelze und Regenfälle können immer wieder Hochwässer ausgelöst werden. Diese düngen den Boden der Überschwemmungsfläche mit Schlamm und **Schwebstoffen**. Das Überschwemmungsgebiet ist für viele Tiere Brutfläche, Nahrungsquelle und Lebensraum. Hochwässer können aber auch Menschenleben fordern und große Schäden verursachen. Die Trinkwasserversorgung in akuten Überschwemmungsgebieten kann gefährdet werden. Deswegen versuchen Menschen, Flüsse in Korsette zu drängen, d.h. sie zu regulieren.

Nun geht's los – Aufgaben für schlaue Köpfe!

1) **Was ist damit gemeint?** **Finde zu den Texten die richtigen Bezeichnungen der vier Regionen eines Flusses! ★**

1 ______________________________

Hier steigt die Wassertemperatur selten über 10 °C. Die starke Strömung wälzt das Wasser über Kies und größere Steine um und reichert es mit Sauerstoff an. Der Grund besteht aus Felsgestein, Geröll und Grobkies.

2 ______________________________

Hier steigt die Wassertemperatur auch schon bis 15 °C. Es gibt immer noch eine starke Strömung und einen hohen Sauerstoffgehalt, aber es wachsen schon einige Pflanzen. Der Untergrund besteht aus Geröll und grob- bis feinkörnigem Kies.

3 ______________________________

In dieser artenreichsten Fischregion gibt es im Sommer eine Wassertemperatur bis 20 °C. Im Winter kann der Fluss oft zufrieren. Hier wachsen viele Pflanzen auf feinem sandigem oder schlammigem Untergrund. Der Sauerstoffgehalt ist sehr niedrig.

4 ______________________________

Hier besteht der Flussboden aus grobkörnigem Sand und feinkörnigem Kies. Die Strömung ist schwach und der Sauerstoffgehalt ist eher gering. Die Wassertemperatur beträgt hier ca. 15 °C. Das Ufer kann mit Schilf bewachsen sein.

2) **Ordne nun die Zahlen 1 bis 4 aus der Übung 1 diesen Fotos zu! ★★**

3) **Überlege! Welche Aussagen zur Entstehung und zu den Auswirkungen von Hochwässern gehören zusammen! Verbinde die Sätze mit Hilfe eines Lineals mit Pfeilen und schreibe diese anschließend in dein Heft! ★★**

Hochwässer können durch ...

Der Boden der Überschwemmungsfläche wird ...

Es kann eine Gefährdung der ...

Das Überschwemmungsgebiet ist für ...

Hochwässer können auch große Schäden verursachen und ...

mit Schlamm und Schwebstoffen angereichert und so gedüngt.

Menschenleben fordern.

viele Tiere Brutfläche, Nahrungsquelle und Lebensraum.

Schneeschmelze und Regenfälle ausgelöst werden.

Trinkwasserversorgung geben.

Nun geht's los – Aufgaben für schlaue Köpfe!

4) **Weißt du noch?** **Ergänze die Tabelle! ★★★**

	BEWEGUNG	NAHRUNG
______	Sie schwimmt im freien, tieferen Wasser so gegen die Strömung, dass sie an derselben Stelle bleibt.	______
______	______	Sie wühlt im Schlamm nach Tieren jeder Art.
Forelle	______	Sie lauert auf kleine Tiere jeder Art.
Barbe	______	______

5) Wortschlange – In dieser Wortschlange haben sich 7 wichtige Begriffe aus diesem Kapitel versteckt. **Bemale sie mit unterschiedlichen Farben und schreibe sie dann auf! ★**

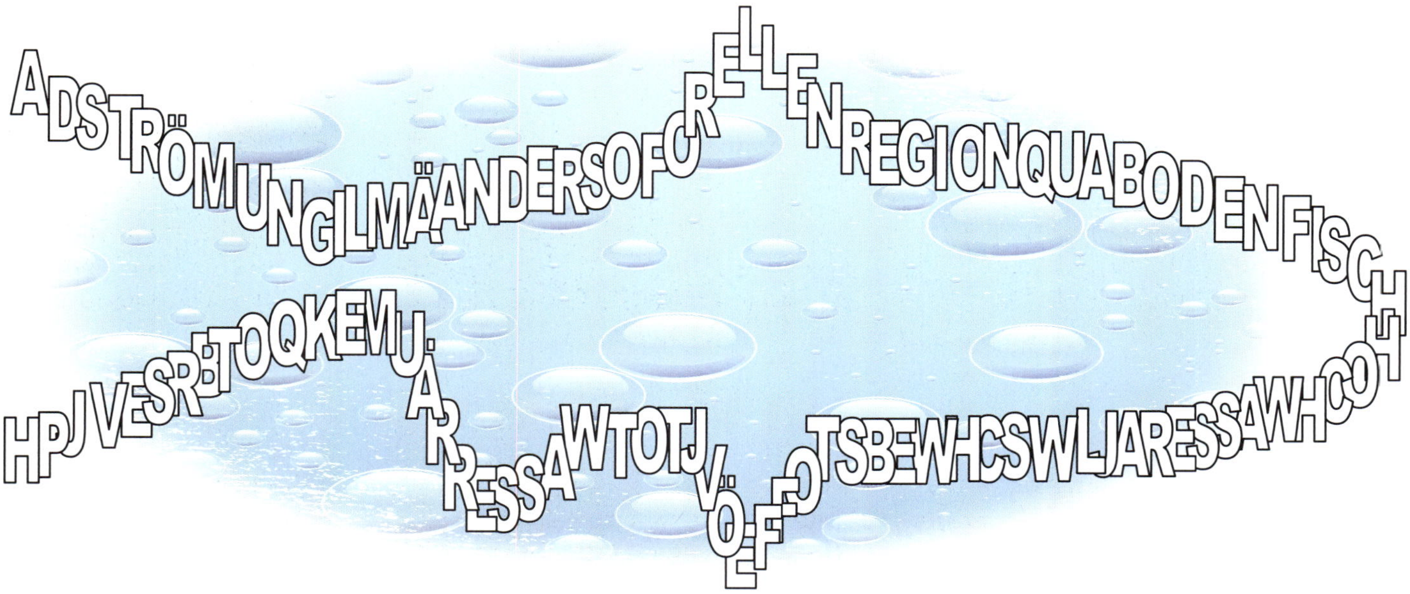

LÖSUNGSWÖRTER: ______________________________

____

____

20. WICHTIGE LEBEWESEN IM UND AM WASSER

Produzenten im Wasser

Die **Seerose** der Schwimmblattzone sowie das **Krause Laichkraut** und das **Tausendblatt** der Tauchblattzone sind dir bereits bekannt. Weitere wichtige Produzenten im Wasser sind **Algen**. Sie kommen weltweit in allen Gewässern vor. Algen sind **Nahrungsgrundlage** für die Tiere im Wasser. Wie die Pflanzen betreiben sie Fotosynthese, werden aber nicht zu den Pflanzen gezählt.

Grünalgen

Grünalgen leben auf Bäumen und in Gewässern. Besonders im Frühling färben sie das Wasser grün. Weltweit sind ca. 8 000 verschiedene Grünalgenarten bekannt, die verschiedene Formen haben können. So können z. B. **Gürtelalgen** einzellig oder zu Kolonien verbunden sein. Manche der Grünalgen bewegen sich mit Hilfe von Geißeln fort, andere Arten jedoch nicht.

Kugelalge

Die **Kugelalge**, auch **Volvox** genannt, ist bereits eine einfache Form eines **Vielzellers**: Ihre Zellen sind in einer gallertigen Masse eingebettet und bilden eine Kolonie.

Die Kugelalge besitzt unterschiedliche Zellen für unterschiedliche Aufgaben. So gibt es eine **Arbeitsteilung** zwischen den Zellen für die **Fortpflanzung** und den Zellen für die **Ernährung**. Außerdem ermöglichen die Geißeln der äußeren Zellen durch ihren Schlag, dass sich die Kugel in eine Richtung bewegt.

Eine **Mutterkolonie** bildet in ihrem Inneren durch Teilung der Fortpflanzungszellen **Tochterkolonien**, die durch Plasmastränge miteinander verbunden sind. Wenn die Mutterkugel durch Altern abstirbt, gibt sie die Tochterkugel frei.

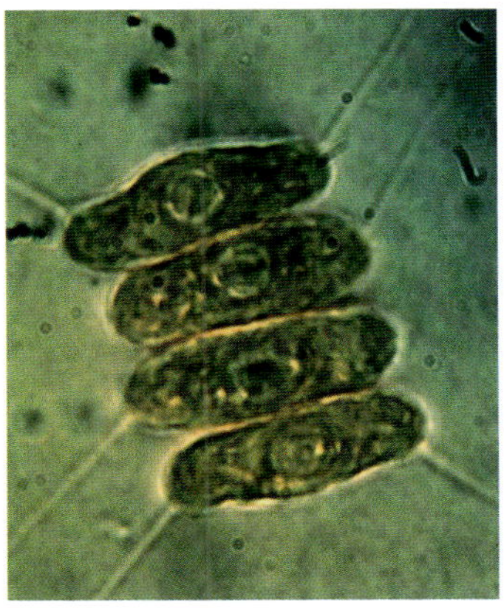
Gürtelalge

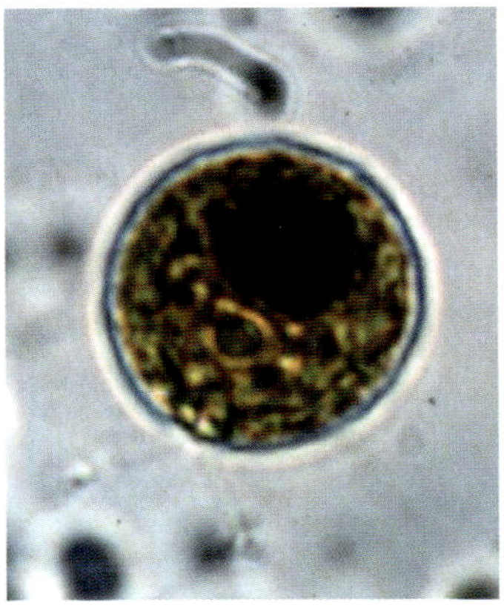
Grüne Kugelalge

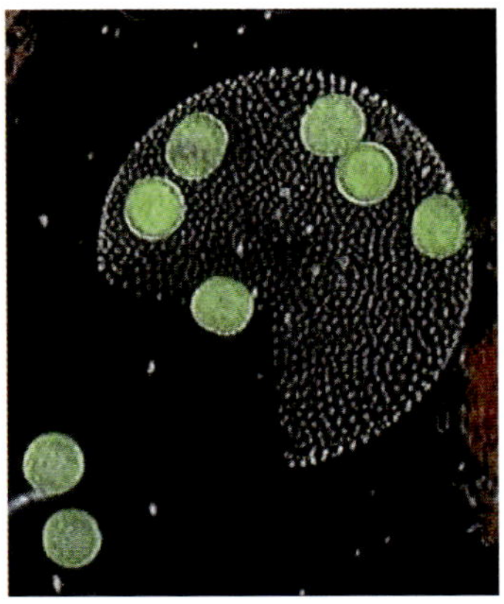
Mutterkolonie

Kieselalgen

Bei dem typischen braun-grünen glitschigen Belag, den du häufig auf Steinen findest, handelt es sich um **Kieselalgen**. Sie sind die am häufigsten auftretende Form der Algen. Ihr grüner Farbstoff ist durch einen **braunen Farbstoff** überdeckt.

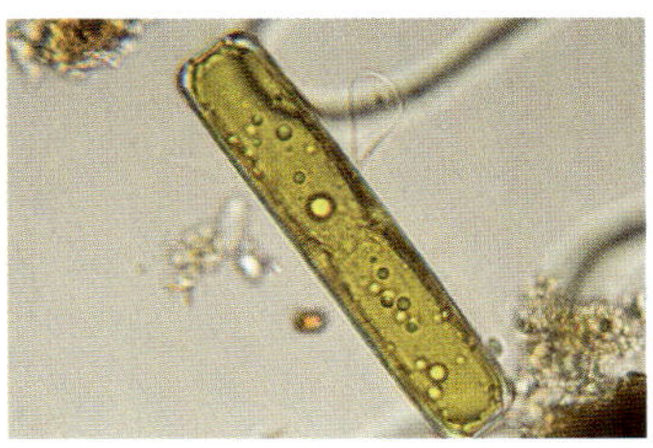
Kieselalge

Das Hauptkennzeichen der Kieselalge ist ihre **Schale** aus **Kieselsäure**. Bei der Vermehrung durch Zweiteilung behält jede der beiden Tochterzellen eine Schalenhälfte und bildet die andere neu. Die leeren Schalen von abgestorbenen Kieselalgen sammeln sich als **Kieselerde** (Kieselgur) am Wassergrund.

Weitere Grünalgen

Astalge

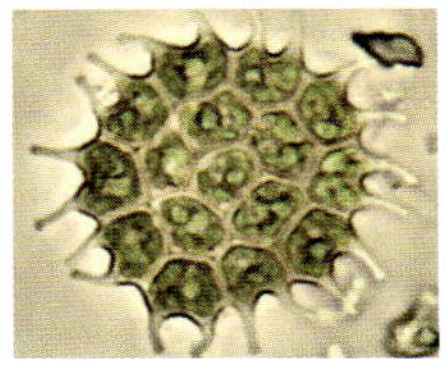
Zackenrädchen

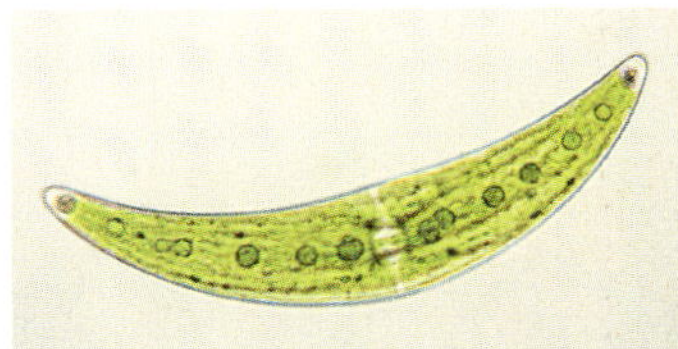
Mondalge

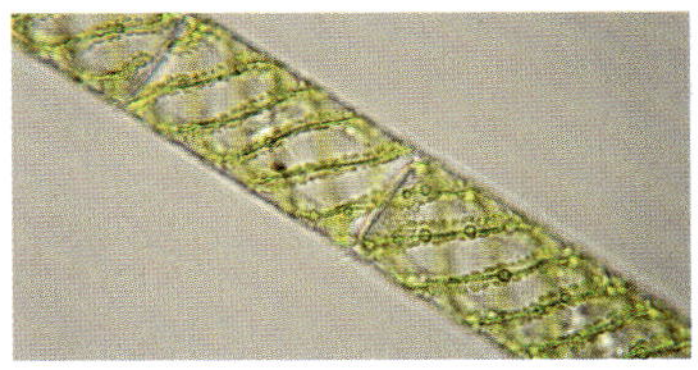
Spiralbandalge

Typischer Algenbewuchs auf Steinen im Wasser

Interessantes über Algen
Algen sind meist das erste Glied einer Nahrungskette. Sie werden von Kleinlebewesen gefressen. Neben Grünalgen und Kieselalgen gibt es viele weitere Algen, unter anderem Gelbgrüne Algen, Goldalgen usw.

Pflanzen am Wasser

Schilfgürtel

Das **Röhricht** ist eine Übergangszone zwischen freiem Wasser und festem Land. Es besteht aus einem Pflanzengürtel, der mehrere Kilometer breit werden kann.

Schilf kommt am Wasser besonders häufig vor. Es ist ein **Süßgras**, das in stehenden, aber auch leicht fließenden Gewässern bis zu einer Wassertiefe von 1,50 m wachsen kann. Der schlammige, stickstoffhaltige Boden bietet den passenden Untergrund. Das Schilf wird bis zu 4 m hoch. Weite Schilfbestände können aus einer einzigen Pflanze und ihren bis zu 20 m langen Ausläufern entstehen.

Weitere typische Pflanzen am Wasser sind die gelbe **Wasser-Schwertlilie**, die **Binse** oder die **Erle**.

Schilf

Horst: Wuchsform von Pflanzen, die einem Nest ähnelt

Die gelbe Wasser-Schwertlilie ist die einzig gelb blühende Schwertlilie Europas.

Binsenhorste entstehen im sumpfigen Bereich.

Grau- und Schwarz-Erlen wachsen am Übergang zum festen trockeneren Land.

Der Bereich am Wasser hat eine besondere Bedeutung als **Rast-**, **Schlaf-** und **Brutplatz** für zahlreiche Vogelarten. Außerdem bietet er die Voraussetzungen für ein **komplexes System von Nahrungsbeziehungen**.

Tiere am Wasser

Algen sind besondere Lebewesen. Es gibt viele unterschiedliche einzellige und mehrzellige Grünalgen. Die **Kugelalge** ist bereits ein vielzelliges Lebewesen. **Kieselalgen** sind die am häufigsten auftretende Form. Der **Schilfgürtel** befindet sich in der **Röhrichtzone**. Im Schilfgürtel finden viele Tiere ihren Rast-, Schlaf-, Brut-, und Beuteplatz.

Die Bisamratte frisst junge Schilftriebe.

Die Bartmeise frisst Samen.

Der Frosch laicht zwischen den Pflanzen, seine Kaulquappen weiden Algen ab.

Die Köcherfliege legt ihre Eier ab.

Nun geht's los – Aufgaben für schlaue Köpfe!

1) **Bilderquiz** – **Die folgenden Ausschnitte zeigen dir verschiedene Algen! Versuche, sie zu erkennen und richtig zu beschriften! ★★★**

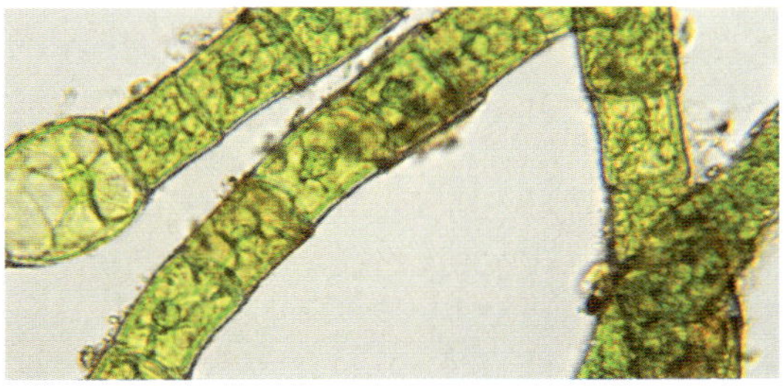

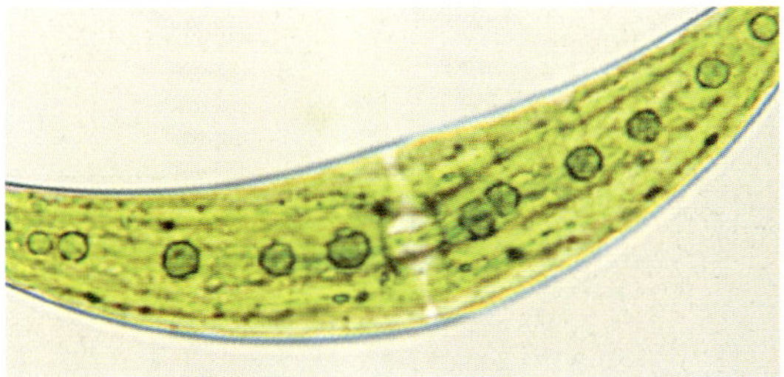

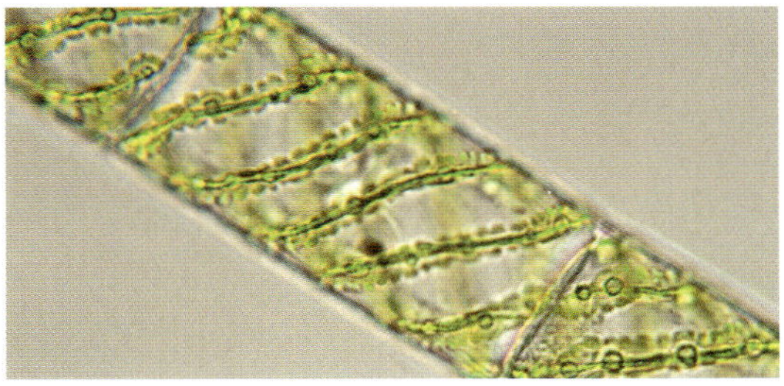

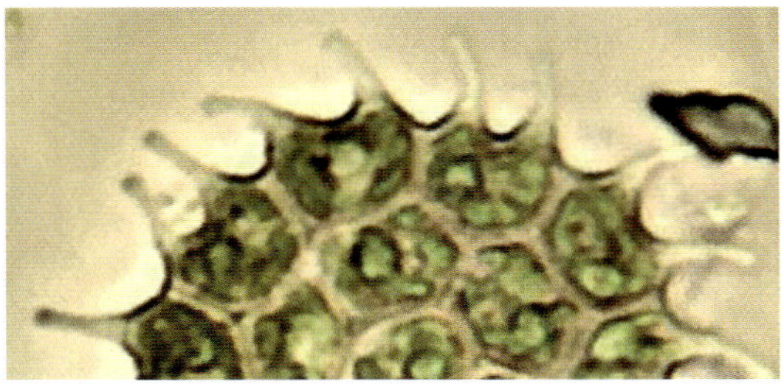

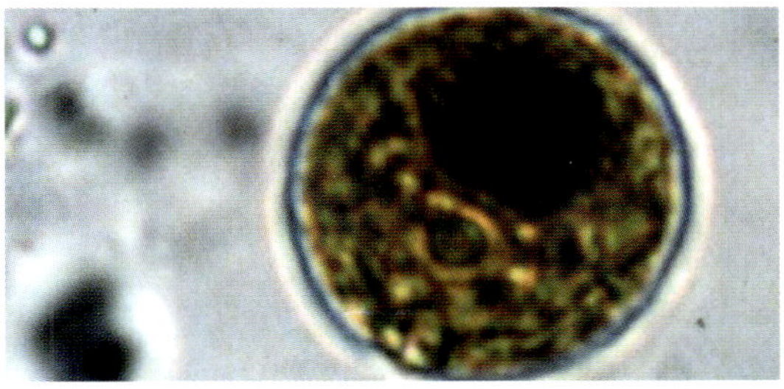

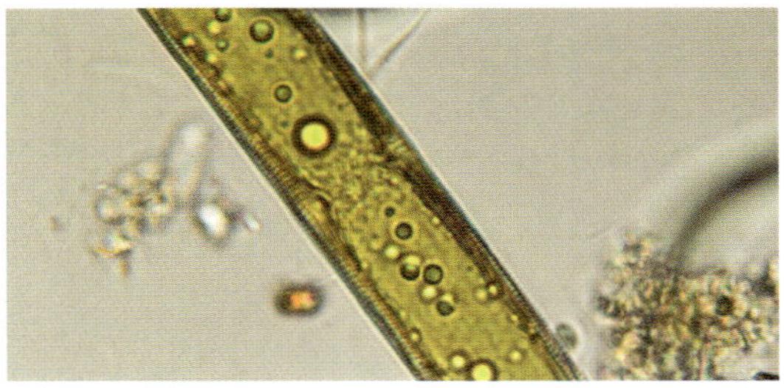

2) **Weißt du noch? Erinnere dich doch an das Kapitel über die Zelle, dann kannst du diese Begriffe der Gürtelalge richtig zuordnen! ★**

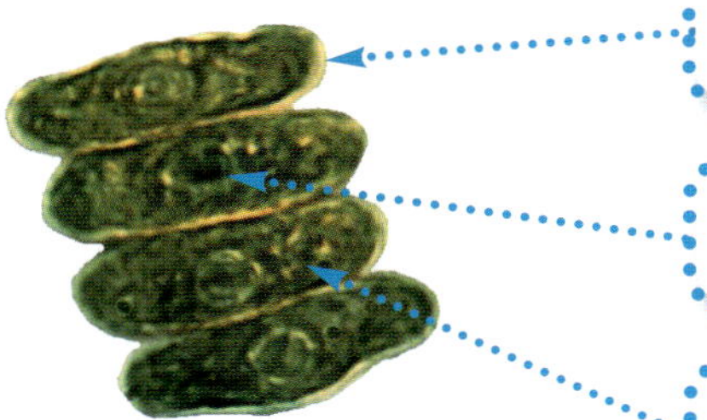

Zellkern
Zellplasma
Zellwand

Nun geht's los – Aufgaben für schlaue Köpfe!

3) **Geheimbotschaft!** – Wichtige Wörter wurden in diesem Text verschlüsselt. **Versuche zuerst, die fehlenden Wörter ohne Hilfe einzusetzen! Wenn du nicht weiterweißt, kannst du auch den Zahlen Buchstaben zuordnen! ★★★** Tipp: Schreibe die Buchstaben des Alphabets auf und setze darunter Zahlen!

Die Kugelalge ist bereits eine einfache Form eines • • • • • • • • • • • .
22 9 5 12 26 5 12 12 5 18 19

Das Besondere an ihr ist, dass zum einen mehrere • • • • • • aufeinander abgestimmt
26 5 12 12 5 14

sind, wie die • • • • • • • • der äußeren Zellen für die Fortbewegung. Zum
7 5 9 19 19 5 12 14

anderen gibt es eine • • • • • • • • • • • • • • der Zellen: Zellen für
1 18 2 5 9 20 19 20 5 9 12 21 14 7

die Fortpflanzung, andere für die Fortbewegung oder • • • • • • • • • •
5 18 14 1 5 8 18 21 14 7

Eine • • • • • • • • • • • • • bildet in ihrem Inneren durch Teilung der
13 21 20 20 5 18 11 15 12 15 14 9 5

• sogenannte
6 15 18 20 16 6 12 1 14 26 21 14 7 19 26 5 12 12 5 14

• • • • • • • • • • • • • • • , die durch Plasmastränge miteinander
20 15 3 8 20 5 18 11 15 12 15 14 9 5 14

verbunden sind. Ein weiteres Zeichen für einen Vielzeller ist, dass die Mutterkugel durch

• • • • • • abstirbt. Dann gibt sie die Tochterkugeln frei.
1 12 20 5 18 14

4) Tiere des Schilfgürtels – In diesem Schilf haben sich 4 Tiernamen versteckt. **Du findest ihre Namen, wenn du die Wortteile zusammensetzt! ★★**

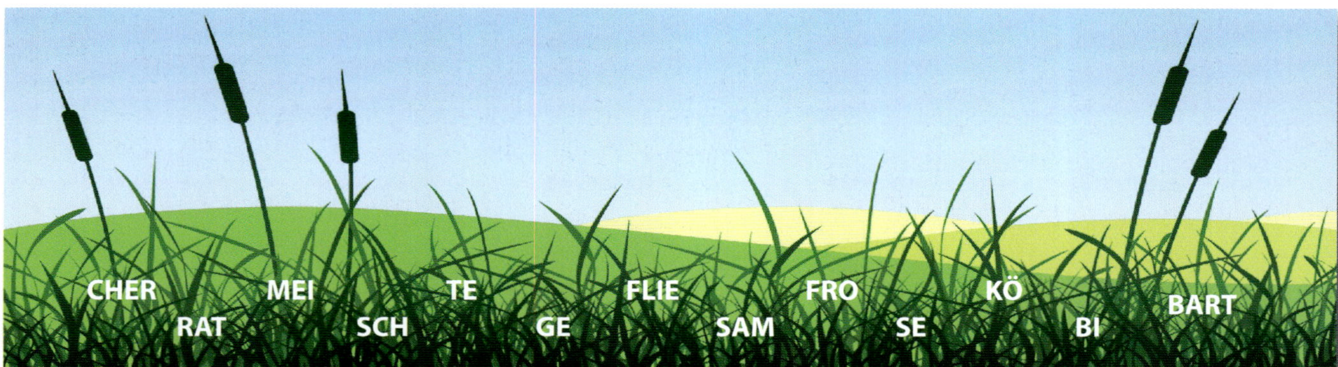

1. ______________________
Dieses Tier frisst junge Schilftriebe.

2. ______________________
Dieses Tier laicht zwischen den Pflanzen.

3. ______________________
Dieses Tier frisst Samen.

4. ______________________
Dieses Tier legt im Schilf die Eier ab.

21. HEIMISCHE FISCHE – DER KARPFEN

Die **Karpfenartigen**, zu denen auch der Karpfen gehört, sind eine artenreiche Gruppe von Süßwasserfischen. Sie sind **Knochenfische**. Der Karpfen kommt ursprünglich aus den wärmeren Gewässern Asiens, ist aber heute in ganz Europa verbreitet. Man unterscheidet zwischen zwei Arten: dem **Wildkarpfen** und dem aus der **Zucht** stammenden **Hochrückenkarpfen**. Zu den karpfenartigen Fischen gehören insgesamt 30 Arten, darunter auch Schleie und Rotauge.

Zucht: gezielte Veränderung von Tieren in der Gefangenschaft durch den Menschen

Lebensraum

Wir finden Karpfen in warmen, stehenden oder langsam fließenden Gewässern mit Pflanzenwuchs. Tagsüber bevorzugen sie die tiefen Stellen des Gewässers.

wendig: flink, beweglich

Körperbau und Aussehen

Der Kopf des Karpfens mündet in einen eher hohen Rumpf. Dadurch ist der Karpfen ein zwar **wendiger**, aber nicht sehr schneller **Schwimmer**. Der Körper des Wildkarpfens ist mit dunkelbraunen bis grünen Schuppen bedeckt. Er ist etwas schmäler und dadurch wendiger als der Zuchtkarpfen. Es gibt aber sehr unterschiedliche Erscheinungsformen.

Karpfen

Weitere karpfenartige Fische:

Schleie

Rotauge

Nahrung

Als **Allesfresser** nimmt der Karpfen Schlamm vom Boden auf. In diesem findet er kleine Weichtiere und pflanzliche Stoffe. Er hat ein weit vorstülpbares Maul, das auch **Karpfenrüssel** genannt wird. In diesem befinden sich keine Zähne, Karpfen zerkleinern ihre Nahrung mit stumpfen **Schlundzähnen**. Diese sitzen weit hinten im Rachen.

Karpfenrüssel

Karpfen mit vorgestülpten Mäulern

Körperbau und Merkmale von Fischen

FORTBEWEGUNG: Die **Stromlinienform** der Fische bewirkt, dass der Strömungswiderstand geringer wird.

Fische bewegen sich durch die schlängelnde Bewegung und durch ihre **Schwanzflosse** fort.

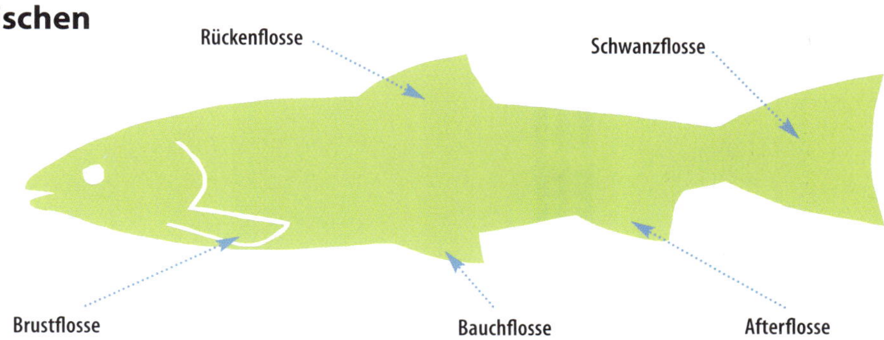

Stromlinienförmiger Fischkörper mit Flossen

Zieh einmal deine flache Hand mit der Handfläche und einmal mit der Handkante gegen das Wasser! Was kannst du bemerken?

Die **Brust**- und die **Bauchflossen** sind **paarig** angelegt. Dies bedeutet, dass es von diesen Flossen jeweils zwei gibt, auf jeder Körperseite eine. Die Brust- und Bauchflossen sind vergleichbar mit den Vordergliedmaßen bzw. Hintergliedmaßen anderer Wirbeltiere. Sie sind für die Steuerung und für das Bremsen nötig. Die **Brustflossen** unterstützen zusätzlich das Auf- und Abwärtsschwimmen.

Die **Rücken**- und **Afterflosse** sind **unpaarig** angelegt. So wie andere Flossen auch bestehen sie aus harten stützenden **Flossenstrahlen**, die durch die **Flossenhaut** verbunden sind. Sie helfen dem Fisch, das Gleichgewicht zu halten.

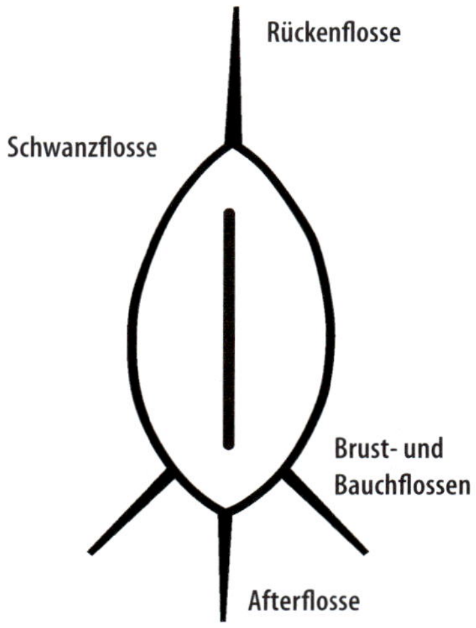

Fisch von hinten

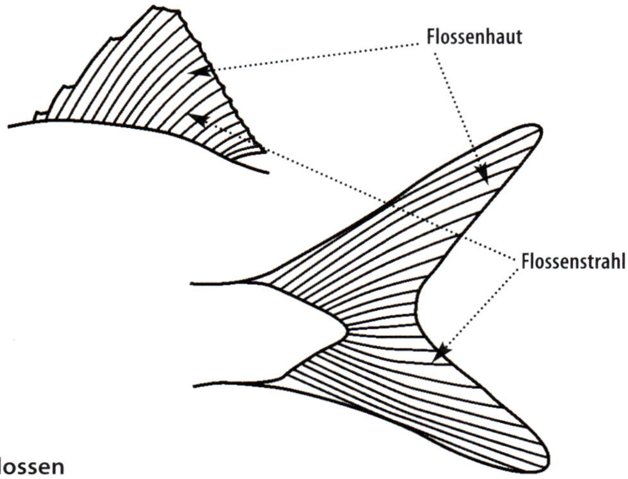

Flossen

Hast du schon einmal Schwimmflossen im Wasser verwendet – was ist anders? Berichte in der Klasse davon!

Überlege: Warum ist der Rücken eines Fisches dunkel und der Bauch hell gefärbt?

Haut: Bei den meisten Fischen fühlt sich die Haut glitschig an. Dies kommt daher, dass eine Schleimhaut die darunter liegenden **Schuppen** bedeckt. Der Schleim auf der Körperoberfläche hilft den Fischen bei der Fortbewegung, weil er den Strömungswiderstand verringert. Die Schleimhaut hat aber auch eine **Schutzfunktion**: Sie schützt gegen das Eindringen von Krankheitserregern und aufgrund der Schlüpfrigkeit vor dem Ergreifen durch Feinde.

Die Anordnung der Schuppen erinnert an die Anordnung von Dachziegeln. Wenn Schuppen verloren gehen, wachsen sie wieder nach. Eine Schicht in der Unterhaut ist bestimmend für die Farbe der Fische. Häufig ist die Oberseite – der Rücken eines Fisches – dunkel gefärbt und die Unterseite – der Bauch – hell.

Wenn du Schuppen unter dem Mikroskop betrachtest, wird dir eine besondere Struktur auffallen. Sie ist mit den Jahresringen eines Baumes vergleichbar. Die Ringe zeigen ebenso wie beim Baum das Alter oder überstandene Krankheiten des Fisches.

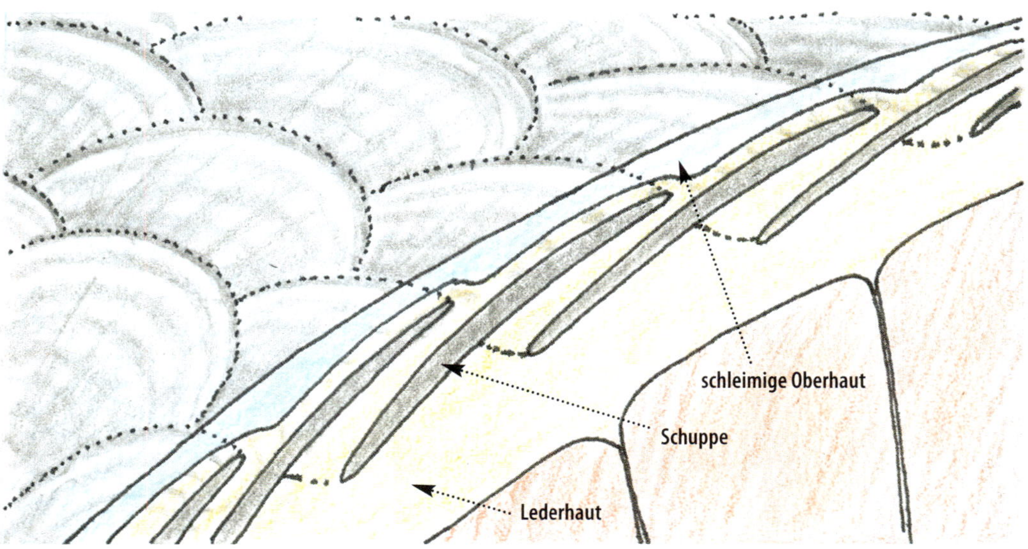

Hautskizze

Skelett und Muskulatur

Fische zählen zu den Wirbeltieren. Sie sind die einzigen Wirbeltiere, die nur im Wasser leben können. 56 Prozent aller Wirbeltierarten sind Fische.

Ihre Wirbelsäule ist die Hauptstütze des Körpers und ist mit dem Kopf fest verbunden. Im vorderen Abschnitt in Richtung Bauch sitzen an den Wirbeln Rippen.

Zwischen den einzelnen Muskelpaketen sind schützende Knochenelemente, die **Gräten**, eingefügt.

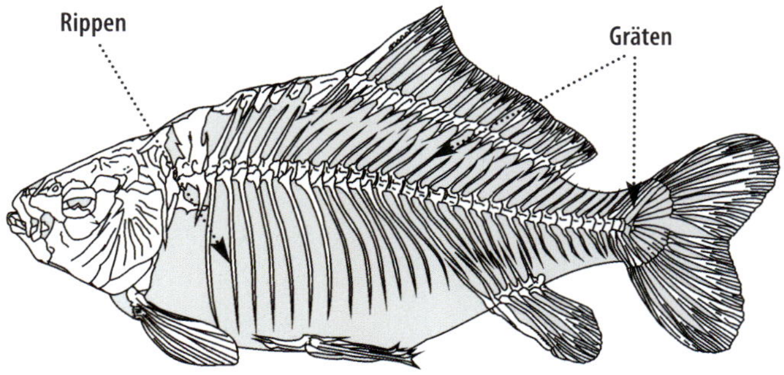

Skelett eines Karpfens

Wichtige innere Organe, Schwimmblase und Blutkreislauf

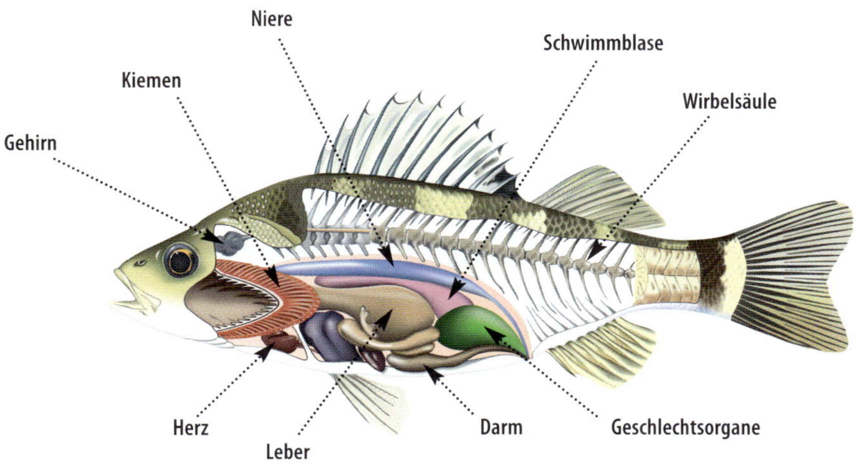

Körperbau eines Fisches

Wie steuern Fische ihren Auftrieb?
Das Gewicht des Körpers eines Fisches ist größer als das des Wassers, das er verdrängt. Fische würden daher im Wasser untergehen. Sie gleichen den Unterschied mit ihrer Schwimmblase aus.

Versuche, einen Luftballon unter Wasser zu drücken! Was kannst du bemerken?

Das **Gehirn** ist durch den Schädelknochen gut geschützt und mit dem Rückenmark verbunden.

Die **Schwimmblase** ist ein Organ, das nur Fische besitzen. Es ist ein zweiteiliger Sack in der Nähe des Magens. Der Fisch kann die Gasfüllung verändern. Füllt er die Schwimmblase mit mehr Sauerstoff, steigt er nach oben. Entleert er sie, sinkt er nach unten. Diesen Vorgang erkennt man daran, dass Luftbläschen vom Fisch aufsteigen. So kann der Fisch im Wasser schweben, steigen oder sinken, ohne die Flossen zu verwenden.

Sauerstoffarmes Blut gelangt vom Herzen in die **Kiemen**. Dort wird es mit Sauerstoff angereichert und gibt Kohlenstoffdioxid ab. Dann fließt es durch die Blutgefäße in den Körper und gelangt von dort sauerstoffarm und kohlenstoffdioxidreich wieder zum Herzen zurück.

Kiemen: Organe zur Aufnahme von Sauerstoff

wechselwarm: Wechselwarme Lebewesen sind von der Temperatur der Umgebung abhängig. Sie können ihre Körpertemperatur nicht **konstant** halten.

konstant: gleichbleibend

Die Temperatur des Blutes ändert sich mit der Temperatur des Wassers, in dem sich der Fisch befindet. **Generell sind Fische wechselwarme Tiere!**

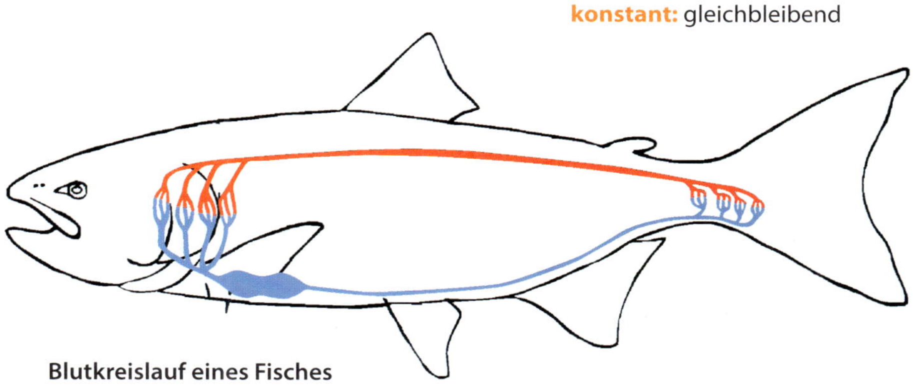

Blutkreislauf eines Fisches

Reusen: verhindern, dass Nahrung aus dem eingeatmeten Wasser in die Kiemen gelangt

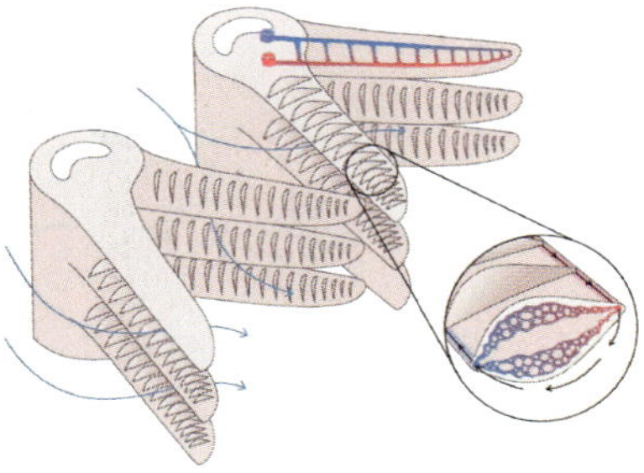

Kiemenbögen

Interessantes
Es gibt nur wenige schwerhörige Fische. Dazu gehören die Forelle, der Hecht, der Barsch und einige Meeresfische.

Guppy

Die **Stromlinienform**, die **Flossen** und die besondere Beschaffenheit der **Schleimhaut** ermöglichen die Fortbewegung der Fische. Durch die **Schwimmblase** können Fische ihre Höhenlage im Wasser steuern. **Kiemen** ermöglichen das Atmen. Durch das **Seitenlinienorgan** werden Änderungen der Strömung wahrgenommen. **Karpfen** leben in warmen, stehenden oder langsam fließenden Gewässern.

Atmung

Fische müssen zum Atmen den Sauerstoff aus dem Wasser aufnehmen. Dazu haben sie eigene Organe – die **Kiemen**.

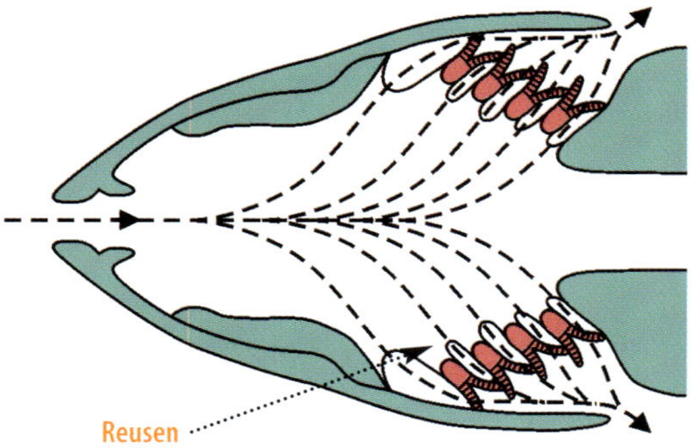

Schnitt durch die Kiemenhöhle

Kiemen bestehen aus je **vier Kiemenbögen**, die links und rechts von Maul und Schlund liegen. Sie stützen die dünnen **Kiemenblättchen**, in denen fein verzweigte Blutgefäße liegen.

Ein Fisch nimmt Wasser durch das Maul auf. Es fließt dann in der Kiemenhöhle an den Kiemen vorbei und wird durch die Kiemenöffnung wieder ausgestoßen. Dabei nimmt das Blut über die feinen Blutgefäße Sauerstoff auf und gibt Kohlenstoffdioxid ab.

Sinnesorgane

Karpfen und andere Fische **sehen** in der Nähe gut. **Geruchssinn** und **Geschmackssinn** sind bei den Fischen schwer zu trennen. Beide sind gut ausgebildet, ebenso wie der **Gehörsinn**. Das Ohr dient aber auch als **Gleichgewichtssinnesorgan**. Ein besonderer Sinn der Fische ist der **Strömungssinn**.

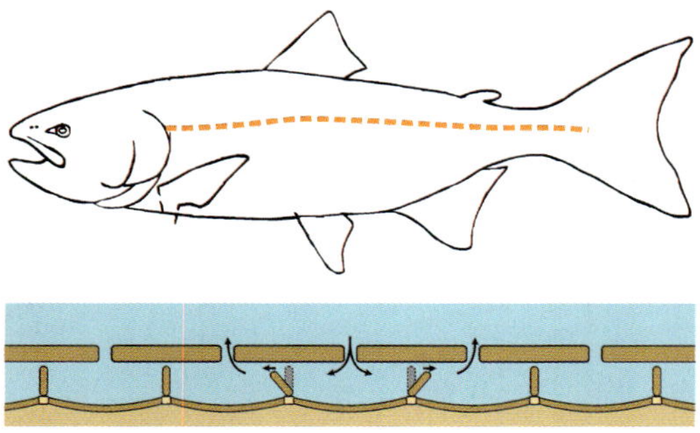

Seitenlinienorgan

Mit dem **Seitenlinienorgan** kann der Fisch jede Änderung der Strömung und des Wasserdrucks wahrnehmen. Das Seitenlinienorgan verläuft an beiden Seiten des Körpers vom Kopf bis zur Schwanzflosse. Als **Ferntastsinn** hilft es den Fischen, auch im trüben Wasser Feinde zu entdecken oder nicht mit Hindernissen oder anderen Tieren zusammenzustoßen.

Fortpflanzung

Fische pflanzen sich auf unterschiedliche Weise fort. Die meisten Fische legen Eier. Dies nennt man **Laichen**. Das Weibchen, der **Rogner**, legt sie an einem geschützten Ort ab. Das Männchen, der **Milchner**, besamt sie, indem er die Spermien darüber verteilt.

Fischlaich

Bei dieser Form der **äußeren Befruchtung** gibt es manche Fischarten, die **Brutpflege** betreiben, wie etwa der Zander oder die Groppe.

Es gibt auch lebend gebärende Fische, wie die Guppys. Sie gehören zu den Zahnkarpfen und vermehren sich rasch, da ein Weibchen alle 30 Tage bis zu 150 Junge zur Welt bringen kann. Das Männchen gibt Spermien direkt in den Eileiter der Weibchen ab, es kommt zur **inneren Befruchtung**. Die Jungen reifen im Körper der Mutter heran und werden nach dem Schlüpfen ins Wasser entlassen.

Nun geht's los – Aufgaben für schlaue Köpfe!

1) **Für Fischexperten/Fischexpertinnen** – Beantworte die Fragen und ordne anschließend die Begriffe in der Abbildung richtig zu! ★★★★

Durch sie kann ein Fisch atmen: ______

Die Fortpflanzung erfolgt durch die ______

Fische haben einen eher kurzen ______

Es pumpt sauerstoffarmes Blut weiter: ______

Es liegt geschützt in den Schädelknochen: ______

Sie ermöglicht die Veränderung der Tauchtiefe: ______

Die Hauptstütze des Körpers ist die: ______

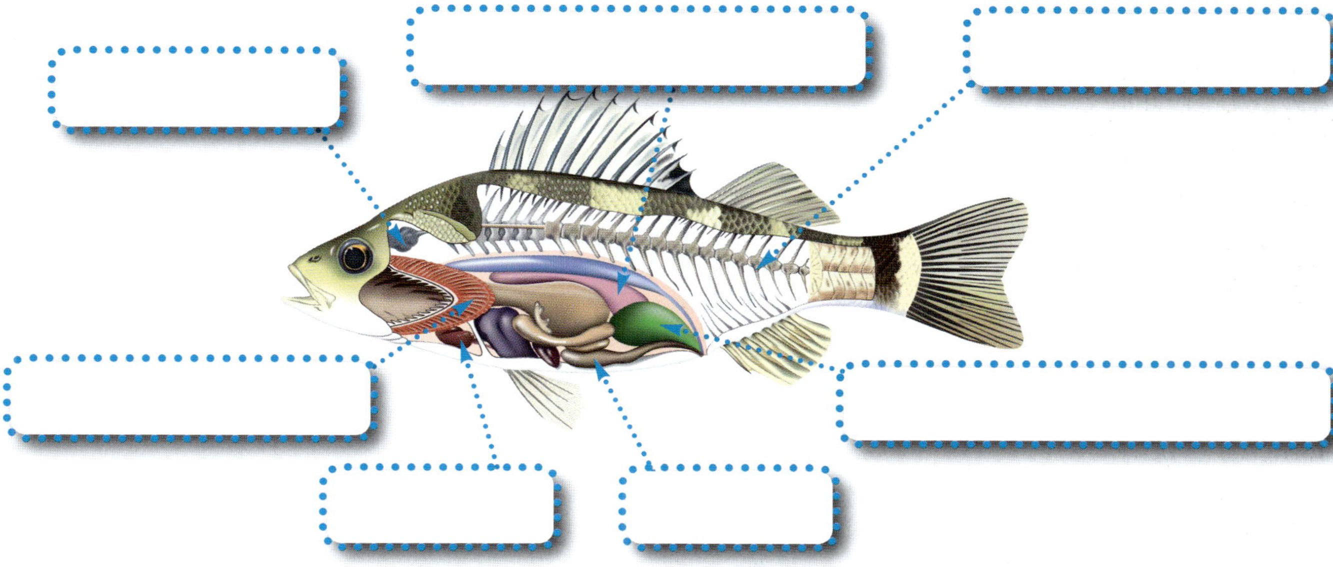

2) **Richtig oder falsch?** Kreuze die richtigen Aussagen an! Die Buchstaben ergeben das Lösungswort. ★★★

	richtig	falsch
Alle Wirbeltiere haben eine Schwimmblase.	K	R
Fische können die Füllmenge ihrer Schwimmblase verändern.	E	T
In den Kiemen wird Kohlenstoffdioxid aufgenommen.	B	U
Vier Kiemenbögen sitzen links und rechts von Maul und Schlund.	S	F
Wasser wird durch die Mundöffnung aufgenommen und durch diese wieder ausgestoßen.	W	E
Durch das Seitenlinienorgan können Fische die Höhe im Wasser bestimmen.	C	N

LÖSUNGSWORT: . . . .

Nun geht's los – Aufgaben für schlaue Köpfe!

3) Hier sind die Fische herumgeschwommen und haben den Text durcheinander gebracht. Wenn du die richtige Reihenfolge der Fische findest, erhältst du einen Text über den Körperbau der Fische. **Trage die Zahlen 1 bis 4 in die Kreise ein! ★★**

geschützt und
blase ist ein
teiliger Sack
füllung verändern.
steigt er nach oben.
unten.

Das Gehirn ist
mit dem Rücken-
Organ, das nur
in der Nähe des
Füllt er die
Entleert er

delknochen gut
Die Schwimm-
Es ist ein zwei-
kann die Gas-
mehr Sauerstoff,
nach

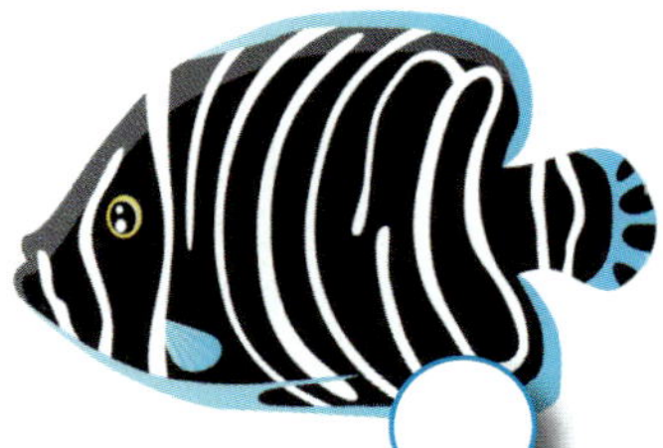

durch den Schä-
mark verbunden.
Fische besitzen.
Magens. Der Fisch
Schwimmblase mit
sie, sinkt er

4) **Nun schreibe diesen Text auf diesen Merkzettel! ★**

5) **Suchbildrätsel** - Diese beiden Bilder unterscheiden sich. **Finde die 3 fehlenden Flossen im rechten Bild und schreibe sie auf die Zeilen! ★**

LÖSUNGSWÖRTER: ______________________________

22. HEIMISCHE RAUBFISCHE

Der Hecht

Der Hecht ist der bedeutendste **Raubfisch** unserer heimischen Gewässer.

Hecht in seinem Lebensraum

Hechtkopf

Standfische: Sie bewohnen ein Revier und verlassen es auch – im Gegensatz zum Wanderfisch – nicht zum Laichen.

tarnen: verdecken, verbergen

Lebensraum

Man kann Hechte sowohl in langsam fließenden als auch in stehenden Gewässern finden. Sie bevorzugen Gewässer mit vielen Wasserpflanzen, die nicht zu warm sind und in denen es auch kühle Zonen gibt. Hechte sind **Standfische**, die sich gerne in Ufernähe nahe der Oberfläche aufhalten. Sie bevorzugen überhängende Ufer. Das Wasser kann auch einen leichten Salzgehalt aufweisen. Im Gebirge kommen Hechte bis zu einer Höhe von 1 500 m vor. Um von ihren Beutefischen nicht entdeckt zu werden, wechselt ihre Farbe mit der Farbe des Wassers und des Untergrunds. Sie haben daher eine **Tarnfärbung**.

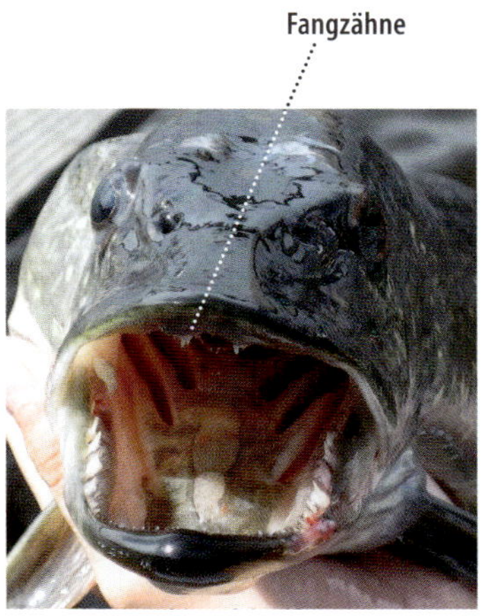

Körperbau und Aussehen

Körperbau des Hechts

Der langgestreckte walzenförmige Körper ist seitlich nur leicht abgeflacht. Der Hecht kann eine Länge von bis zu 150 cm erreichen. Die Rückenflosse ist weit nach hinten verlagert und liegt direkt über der kurzen Afterflosse. Die paarigen Flossen haben eine rötlich gelbe Färbung. Das Maul des Hechts ist weit gespalten, sodass er es weit aufreißen kann. Die Kiefer sind mit großen **Fangzähnen** ausgestattet.

Wirtschaftliche Bedeutung:
- Hechte werden in Karpfenteiche eingesetzt, um unerwünschte Kleinfische zu vermindern.
- Hechte sind beliebte Fische in der Sportfischerei.
- Hechte werden als Speise- aber auch als Zierfische gehalten.

Vermehrung

Der Hecht laicht zeitig im Frühjahr – meist auf überschwemmten Wiesen oder im Uferbereich.

Nahrung

Hechte sind **Räuber** und ernähren sich von anderen Fischen, Fröschen, Molchen, Mäusen, Ratten, jungen Enten und gelegentlich von Krebsen.

Verhalten

Als **Raubfisch** lauert der Hecht seiner Beute auf. Er sucht sich dafür einen geeigneten Platz, der ihm **Deckung gibt**. Das können Bäume, Seerosen, **verankerte** Boote oder große Steine sein. Der Hecht nutzt sogar den Schatten, um sich zu verstecken. Hechte schnappen nach allem, was sich bewegt. Große Tiere greifen sogar junge Wasservögel und kleine Säugetiere an.

Hechte schlagen sich zwar als Einzelgänger durch, man kann sie aber auch in kleinen Gruppen antreffen.

Was hat der Hecht mit der Alge zu tun?

Algen → **Kleinkrebse** → **Friedfische** → **Raubfische** → **Mensch**

Algen und Pflanzen bilden die **Nahrungsgrundlage** für alle in einem Gewässer vorkommenden Lebewesen. Kleinkrebse und Insektenlarven können sich unter anderem von ihnen ernähren. Diese wiederum werden von Friedfischen gefressen. Der Hecht lebt, wie andere Raubfische auch, von Fischen und anderen Beutetieren. Der Mensch isst Raubfische, aber auch Friedfische oder Krebse und Algen.

Weitere Raubfische unserer Gewässer – Flussbarsch und Wels

Flussbarsche leben in Seen, Flüssen, kommen aber auch im **Brackwasser** vor. Sie sind den farblichen Bedingungen ihres Gewässers angepasst. **Tiefenbarsche**, die sich in grundnahen Wasserschichten aufhalten, sind dunkel, während die helleren **Jagebarsche** das freie Wasser bevorzugen. Im Unterschied zum Hecht jagt der Flussbarsch seine Beute.

Flussbarsch

Welse bewohnen den Boden von Seen und größeren tiefen Flüssen mit weichem Untergrund. Sie kommen aber auch im Brackwasser vor. Welse sind nachtaktiv und ernähren sich von Fischen und Fröschen.

Wels

Wirtschaftliche Bedeutung

Flussbarsche, Zander und Welse sind beliebte Speisefische. Die Eier des Welses werden zu **Kaviar** verarbeitet.

Deckung geben: eine Möglichkeit zum Verstecken bieten

verankern: im Boden gut befestigen

Friedfisch: frisst vor allem Pflanzen, **Plankton** und kleine tierische Organismen.

Plankton: im Wasser schwebende Kleinlebewesen

Besprecht in der Klasse, wie der Mensch in die hier dargestellte Nahrungskette eingreift!

Rotfeder

Brackwasser: Durchmischung von Süß- und Salzwasser; häufig bei Flussmündungen ins Meer

Der Zander ist ein weiterer in Österreich vorkommender Raubfisch.

Kaviar: gereinigter und gesalzener Rogen (Fischeier)

KEIN FISCHERLATEIN!
Es wurden schon Welse mit einer Länge von 4,3 m und einem Gewicht von 300 kg gesehen.

Forellen

Forellen kommen in vielen Flüssen und Seen Europas vor. Auch im Atlantik, in der Nordsee und in der Ostsee findet man Forellen. Sie sind mit den Lachsen verwandt und gehören deshalb zur Ordnung der Lachsfische.

Bachforelle

Lebensraum

Es gibt mehrere Arten von Forellen. Bei uns sind vor allem die **Bachforellen** heimisch. Sie bevorzugen kalte Bäche, Flüsse und Seen. Dort finden sie klares, nährstoffarmes aber sauerstoffreiches Wasser, das im Sommer die Temperatur von 10 °C kaum übersteigt.

Forellen finden unter großen Steinblöcken oder an unregelmäßigen Ufern reichlich **Unterschlupf**. Dabei halten sie den Kopf gegen die Strömung. Sie sind sehr standorttreue Fische und verlassen ihren Bereich nur für die Fortpflanzung. Erwachsene Bachforellen beanspruchen sogar ein eigenes Revier.

Körperbau und Aussehen

Bachforelle

Forellen in Fließgewässern werden kaum länger als 40 cm. See- und Bachforellen sind braun getönt und haben rötliche oder schwarze Tupfen an den Flanken, die meist hell umrandet sind.

Ihre Körper sind mit **silbrigen Schuppen** bedeckt. Der hintere Rand der Schwanzflosse ist **kaum eingebuchtet**.

Vermehrung

Die Bachforelle schwimmt zur Eiablage weit stromaufwärts und laicht in einer selbst gegrabenen Grube ab. Das Männchen schwimmt dann über die Eier und stößt die Samenflüssigkeit aus. So kommt es zur **äußeren Befruchtung**. Das Weibchen deckt im Anschluss die Eier mit Sand ab. Beide schwimmen zum nahrungsreicheren Gebiet bachabwärts und kümmern sich nicht mehr um ihre Jungen.

Bachforellenrekorde
Bachforellen sind sehr schnelle Schwimmer. Sie können kurzfristig eine Geschwindigkeit von bis zu 35 km/h erreichen. Bachforellen sind aber auch sehr gute Springer. So können sie bis zu 1 m aus dem Wasser springen, um auf ihrem Laichweg Hindernisse zu überwinden oder Insekten zu fangen.

Forellen sind gut getarnt. Durch die Tupfen auf der Haut sind sie für Feinde nur sehr schwer erkennbar.

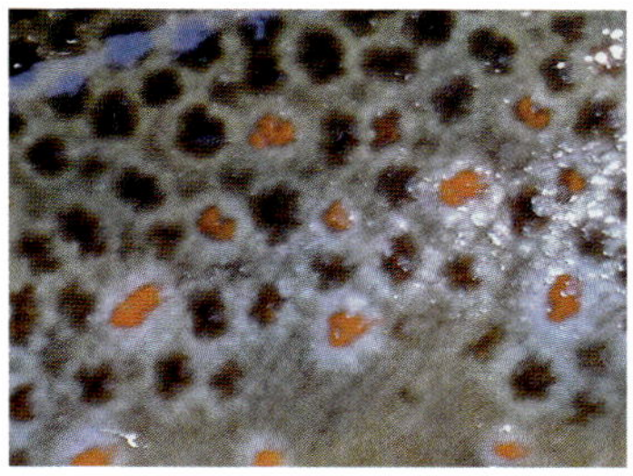

Haut einer Bachforelle

Unterschlupf: Versteck

Wissenswertes
Manche Knochenfische haben eine **Fettflosse** zwischen der Rücken- und Schwanzflosse. Diese hat eine fleischige Konsistenz und meist kein Flossenskelett. Die Fettflosse ist charakteristisch für Lachsfische, also auch für die Forelle.

Fischtreppe: Wird an einem Fluss ein Staudamm gebaut, errichtet man oft auch Fischtreppen. Auf ihnen können Fische wie die Forelle in kleinen Sprüngen den Höhenunterschied überwinden.

Fisch des Jahres 2011
Diesen Titel verliehen deutsche und österreichische Fischerverbände der Äsche, um auf den Rückgang der Äschebestände aufmerksam zu machen. Die Äsche reagiert sehr empfindlich auf Umweltverschmutzung, Veränderung der Wasserqualität und den Rückgang von naturnahen Gewässern. Aber auch der europaweite Anstieg der Kormoranbestände, die die Äschen gerade während ihrer Laichzeit jagen, gefährdet sie.

Hechte sind Raubfische. Sie leben in fließenden oder stehenden Gewässern. **Flussbarsch** und **Wels** sind weitere heimische Raubfische. Die **Forelle**, die **Äsche** und der **Seesaibling** gehören zu den Lachsfischen. Hechte und Forellen sind wichtige **Speisefische**.

Nahrung

Die Forelle ist ein **Raubfisch** und ernährt sich vorwiegend von Wasserinsekten, Krebsen und kleinen Fischen. Sie hat die Fähigkeit, **kleine Sprünge** aus dem Wasser zu machen, um Insekten zu fangen. Sie ist sehr gefräßig und macht auch vor kleineren Artgenossen nicht Halt. Weil Forellen Raubfische sind, haben sie einen **kurzen Magen-Darmtrakt**.

Regenbogenforelle

Die **Regenbogenforelle** stammt ursprünglich aus Nordamerika und wurde bei uns eingeführt.

Regenbogenforelle

Die Regenbogenforelle weist viele Farbtöne auf. Diese gehen von Silber über Schwarz, Violett, Purpur bis Grünblau. Daher kommt auch ihr Name.

Regenbogenforellen brauchen sehr viel Nahrung und wachsen rasch. Sie haben sogar an manchen Stellen die Bachforellen aus ihrem Revier verdrängt.

Da die Regenbogenforelle viel anspruchsloser als die Bachforelle ist, wird sie von Fischzüchtern sehr geschätzt.

Weitere Verwandte der Forelle

Nach der **Äsche** ist eine eigene Region von Flüssen benannt – die Äschenregion. Sie lebt gerne dort, wo aus kleinen Bächen des Hoch- und Mittelgebirges ein Fluss wird.

Der Name der Äsche leitet sich von ihrer aschgrauen Farbe ab. Nur selten werden Äschen größer als 50 cm. Sie ernähren sich von Wassertierchen und Fischlaich. Größere Äschen fressen auch kleinere Fische. Junge Äschen halten in Schwärmen zusammen.

Der **Seesaibling** lebt in den tiefen, kalten Seen der Alpen und des Alpenvorlandes. Er wandert nicht, sondern bleibt in seiner Region.

Äsche

Seesaibling

Wirtschaftliche Bedeutung

Forellen sind beliebte **Speisefische**. In Österreich gibt es deshalb viele Teiche, in denen Forellen gezüchtet werden.

Nun geht's los – Aufgaben für schlaue Köpfe!

1) **Fischrätsel** – Überprüfe dein Wissen über Hechte und Forellen, indem du dieses Kreuzworträtsel löst! ★★

senkrecht:
1. Hechte halten sich gerne in Ufernähe, nahe der … auf.
2. Hechte jagen ihre Beute nicht, sie … ihnen auf.
4. Forellen können sogar kleine … aus dem Wasser machen.

waagrecht:
3. Zu welcher Ordnung gehören die Forellen?
5. Welche Forelle gibt es vor allem in Österreich?
6. Der Hecht hat im Kiefer große …

2) **Bilderquiz** – Als Fischexperte/Fischexpertin findest du sicher leicht die richtigen Antworten! ★★★
Wenn du alles richtig hast, erhältst du ein Lösungswort!

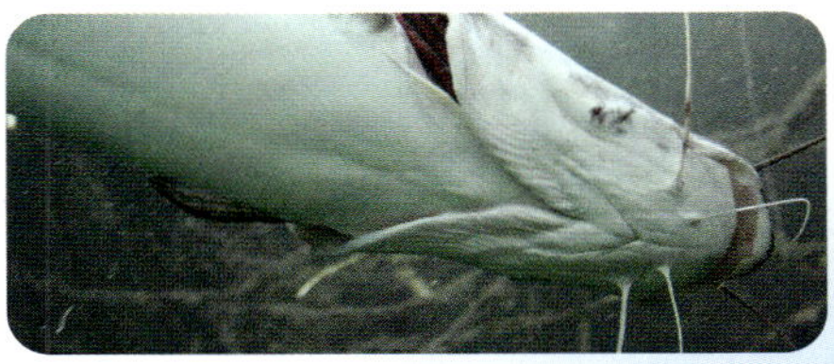

Dieser Fisch kommt auch im Brackwasser vor. Er ist nachtaktiv. Wie heißt er?
K Forelle
F Wels
C Hai

Dieser Fisch ist den farblichen Bedingungen des Gewässers angepasst. Wie heißt er?
L Flussbarsch
B Seesaibling
I Regenbogenforelle

Dieser Fisch ist sehr gefräßig und frisst auch kleinere Artgenossen. Wie heißt er?
T Wels
E Hai
O Bachforelle

Dieser Fisch stammt aus Nordamerika. Wie heißt er?
S Regenbogenforelle
P Wels
A Seesaibling

Dieser Fisch gehört zu den Friedfischen. Wie heißt er?
L Wels
U Hecht
S Rotfeder

Dieser Fisch lauert seiner Beute auf! Wie heißt er?
E Hecht
M Wels
Z Äsche

LÖSUNGSWORT: . . . . . .

Nun geht's los – Aufgaben für schlaue Köpfe!

3) Was ist auf diesen Bildern zu sehen? – **Benenne zuerst richtig! Dann verbinde mit Hilfe eines Lineals mit Pfeilen die Fotos mit den Sätzen! Zum Schluss bringe diese Nahrungskette in die richtige Reihenfolge, indem du sie nummerierst! ★★**

Name: ______________________

... wird von Friedfischen gefressen. ◯

Name: ______________________

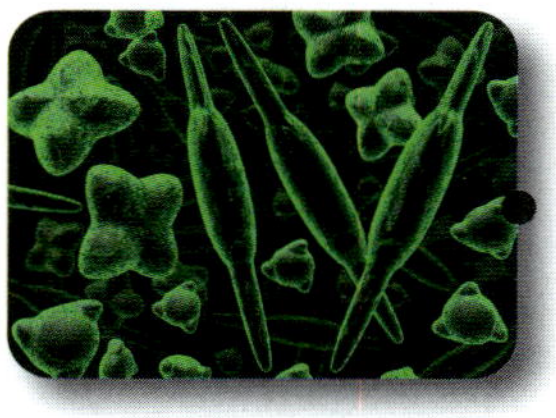

... bilden mit anderen Pflanzen die Nahrungsgrundlage für alle in einem Gewässer vorkommenden Lebewesen. ◯

Name: ______________________

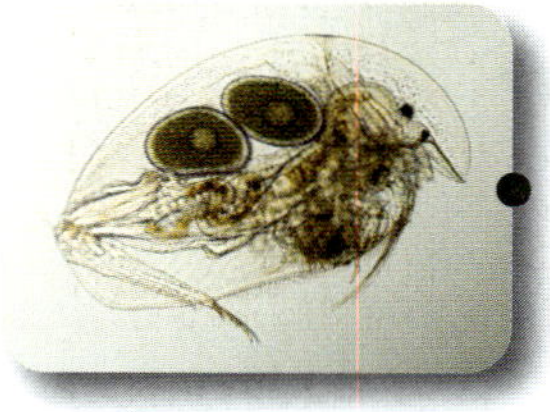

... lebt von Fischen und anderen Beutetieren. ◯

Name: ______________________

... ernährt sich von Larven, Plankton oder Wasserflöhen. ◯

4) **Bachforellensteckbrief** - **Fülle den Steckbrief dieses Fisches aus! ★★★**

Name: ______________________ **Ordnung:** ______________________

Größe: __________ **Aussehen:** ______________________________________

____

____

____

Vorkommen: ____

Höchstgeschwindigkeit: ______________ **Sprunghöhe:** __________

Nahrung: ______________________

23. WEICHTIERE

Muscheln

Muscheln gehören zu den **Weichtieren**. Ein typisches Merkmal der Muscheln ist ihr **Gehäuse**, das aus zwei festen **kalkigen** Schalen besteht. Ihr Kopf ist weitgehend reduziert oder fehlt überhaupt. Muscheln kommen im Salz-, Brack- und im Süßwasser von Flüssen, Bächen oder Stillgewässern vor. Sie sind im Boden eingegraben oder haften an Felsen. Die **Teichmuschel** ist eine bei uns heimische Muschelart.

Teichmuschel

Andere Muscheln im Süßwasser:

Flussperlmuscheln

Wandermuschel

kalkig: enthält Kalk – dies ist eine chemische Verbindung, aus der manches Gestein aber auch Zähne oder Knochen bestehen

Gehäuse

Die beiden Schalenhälften der Teichmuschel

Schlossband

Bei Muscheln, die wie die Teichmuschel aufrecht stehend leben, sehen beide Schalenhälften gleich aus. Andere Muschelarten wie z. B. die **Auster** liegen flach auf dem Untergrund. Bei ihnen sind die beiden Schalenhälften unterschiedlich geformt.

Die **Schalenklappen** der Muschel umschließen meist den gesamten Weichkörper des Tieres. Beide Schalenhälften werden seitlich durch ein **elastisches Schlossband** zusammengehalten. Dieses wirkt wie eine Feder und öffnet durch seine Spannung die Muschelschale. Seine Gegenspieler sind zwei kräftige **Schließmuskeln**, die an der Innenseite der Muschel ansetzen. Mit diesen Muskeln kann die Muschel ihre Schale schließen.

Wenn die Muschel ruht, sind die Schalen leicht geöffnet, doch bei jeder ungewohnten Bewegung im Wasser wird das Gehäuse geschlossen. Bei toten Muscheln **klaffen** die Schalenhälften weit **auseinander**.

Auster

auseinanderklaffen: weit voneinander weg stehen

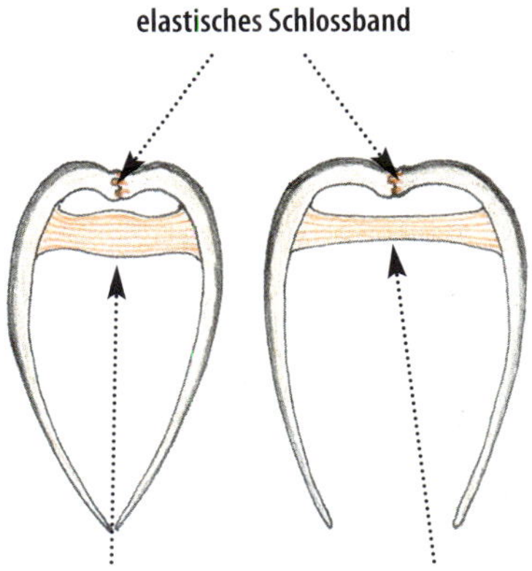

Schließmuskel im Querschnitt

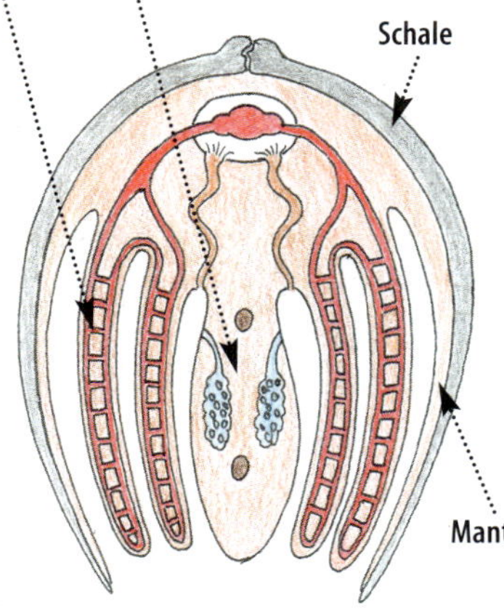

Querschnitt einer Muschel

Körperbau

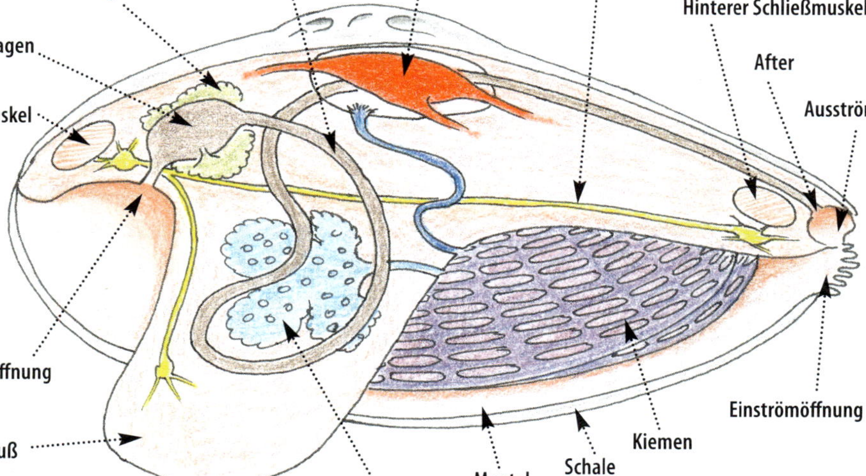

Längsschnitt einer Muschel

Du kannst dir eine Muschel wie ein Buch vorstellen: Die zwei Schalen sind die Buchdeckel. Mantelblätter, Kiemenblätter und Fuß sind die Seiten des Buches.

Im Längsschnitt der Muschel kannst du den **Darm** erkennen, der sich durch den Körper windet. Am Anfang hat er eine Erweiterung, den **Magen**. Der Darm führt auch durch das **Herz** und gibt dort Nährstoffe an das Blut ab. Das Ende des Darms, der **After**, liegt nahe der **Ausströmöffnung**. So wird der Kot mit dem Wasser nach außen befördert. Muscheln haben ein **offenes Kreislaufsystem**. Der Querschnitt der Muschel zeigt dir die Lage der einzelnen Organe und die Gliederung in **Schale**, **Mantel**, die blattartigen **Kiemen** und den **Eingeweidesack**.

Muscheln als Filteranlagen des Wassers

Am hinteren Ende ihres Körpers hat die Muschel eine **Einström-** und eine **Ausströmöffnung**. Wasser fließt zuerst durch die Einströmöffnung in die Muschel, dann weiter an den Kiemen vorbei und durch die Ausströmöffnung wieder hinaus. Feinste Härchen erzeugen durch ständiges Schlagen diesen Wasserstrom, der an den Kiemen vorbeifließt und so frischen Sauerstoff liefert. Mit dem Wasser gelangt auch **Plankton** in die Muschel, von dem sie sich ernährt.

Durch dieses Ausfiltern des Planktons sowie kleiner Teilchen fester Abfallstoffe tragen Muscheln zur **Reinigung des Wassers** bei.

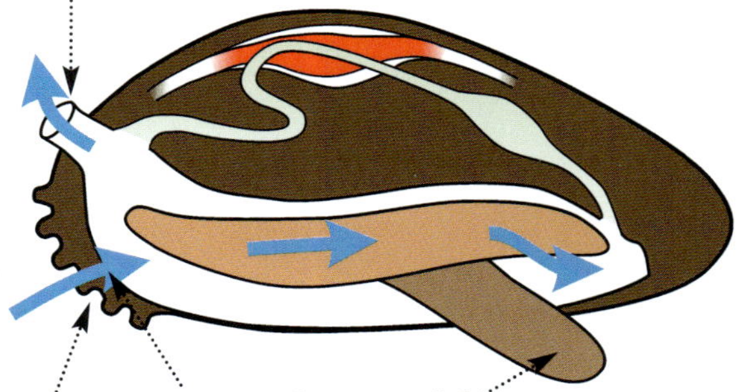

Weg des Wassers in einer Muschel

Überlege: Warum braucht die Muschel kein Werkzeug wie Zähne, um die Nahrung zu zerkleinern?

Wie bewegt sich eine Muschel fort?
Nur der muskulöse Fuß der Muschel kann aus der Schale ragen. Der Fuß dient zur Fortbewegung aber auch zum Eingraben der Muschel in Schlamm und Sand.

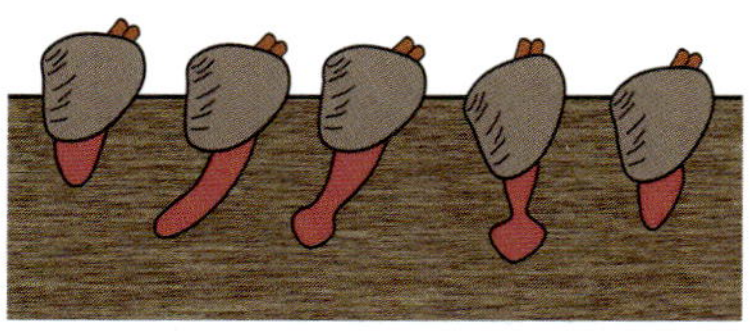

Muschel gräbt sich mit dem Fuß in den Untergrund

Die Fortpflanzung der Flussmuscheln

Samenzellen der männlichen Muschel gelangen durch das Atemwasser in die weibliche Muschel. Dort kommt es zur Befruchtung ihrer Eier. Die kleinen **Larven** entwickeln sich in der Mantelhöhle zwischen den Kiemen. Haben sie eine bestimmte Größe erreicht, werden sie ausgestoßen. Die Larven sehen bereits aus wie kleine Muscheln, aber ihre Schalen klaffen weit auseinander. Mit ihren kleinen Haken heften sie sich an den Kiemen oder an der Haut von vorbeischwimmenden Fischen an. Dort werden die kleinen Muscheln von der Haut umwachsen und ernähren sich von ihrem **Wirt**. Nach zwei Wochen fallen sie ab und können dann weiterwachsen.

Schnecken

Schnecken gehören wie die Muscheln zu den **Weichtieren**. Neben den **Landschnecken** wie den Weinbergschnecken, den Schnirkelschnecken oder den Nacktschnecken gibt es auch **Wasserschnecken**. In unseren Flüssen, Seen und Teichen leben 10 bis 12 Arten von Schnecken. Schnecken sind sehr wichtig für die Gewässer, weil sie abgestorbene Pflanzen fressen.

Nacktschnecke: Schnecke ohne Gehäuse

Süßwasserschnecken können in zwei Familien eingeteilt werden.

Tellerschnecken

Sie heißen so, weil ihr Gehäuse wie ein Teller relativ flach ist.

Posthornschnecke

Schlammschnecken

Ihr Gehäuse hat eine höhere Form, die wie eine Spindel gedreht ist.

Spitzschlammschnecke

Lauffläche einer Schnecke auf einer Glasplatte

Gehäuse

Schnitt durch ein Gehäuse

Das Schneckenhaus besteht aus Kalk und hat im Gegensatz zum Gehäuse der Muschel eine **asymmetrisch** **spiralige Windung**. Die feinen Streifen des Gehäuses sind ein Zeichen dafür, dass es schichtweise gebildet wird. Wenige, stärkere Streifen lassen das Alter erkennen.

asymmetrisch: hier: an beiden Körperhälften unterschiedlich

In der Abbildung kannst du erkennen, dass das Schneckenhaus eine gewundene Röhre ist, die von der ersten Windung an immer weiter wird. Das Schneckenhaus wächst also mit der Schnecke mit.

Mit Hilfe des **Spindelmuskels** kann sich die Schnecke vollständig ins Gehäuse zurückziehen. Es bietet so Schutz vor dem Austrocknen, aber auch vor Feinden wie Igel, Dachs oder Vögeln. Wenn es längere Zeit trocken ist, bildet die Schnecke zwischen Öffnung und Unterlage einen wasserdichten Deckel aus einer feinen Schleimschicht, die an der Luft fest wird. Dann verfällt sie in **Trockenstarre**.

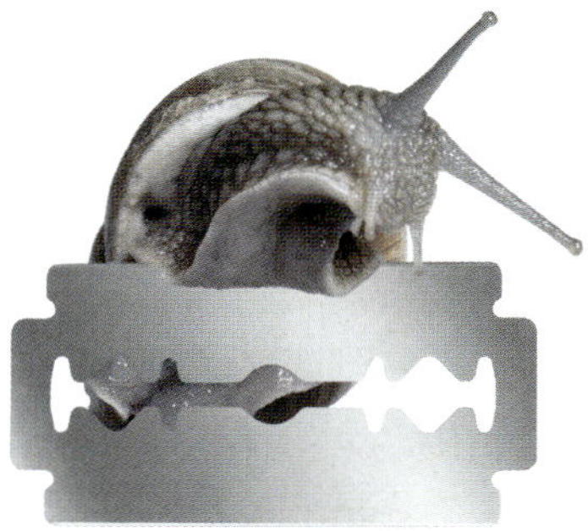

Schnecken können sogar über Rasierklingen kriechen.

Fortbewegung

Schnecken bewegen sich sehr langsam auf besondere Weise fort: Sie schieben sich durch **wellenförmige Bewegungen** ihres Fußes langsam vorwärts. **Schleimdrüsen** sondern einen zähen Schleim ab, auf dem die Schnecke dahingleitet. Durch diesen Schleim wird der Untergrund geglättet. Er hilft der Schnecke auch, auf dem Untergrund besser haften zu bleiben.

Lege eine Nacktschnecke auf eine Glasplatte und beobachte ihre Fortbewegung!

Wusstest du …
… dass manche Wasserschnecken Lungenatmer sind. Sie müssen also immer wieder an die Wasseroberfläche kommen, um zu atmen. Die meisten Wasserschnecken atmen aber mit Kiemen.

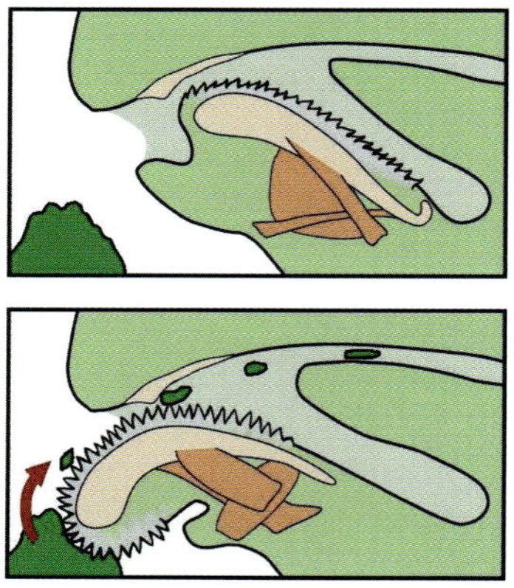

Funktion der Raspelzunge

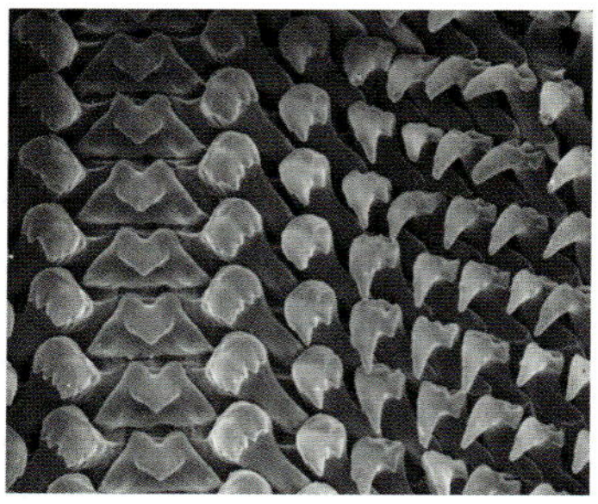

Raspelzunge unter dem Elektronenmikroskop

abraspeln: mit einer rauen Oberfläche Teile abschaben

Muscheln und **Schnecken** gehören zu den Weichtieren. Muscheln leben im Wasser und haben ein kalkhaltiges, zweigeteiltes **Gehäuse**. Ihr Körper gliedert sich in **Fuß**, **Eingeweidesack** und **Mantel**. Beide Tiergruppen sind für die Reinigung unserer Gewässer sehr wichtig.

Der Körperbau am Beispiel der Weinbergschnecke

Der Körper der Weinbergschnecke zeigt besonders gut die Gliederung in **Kopf**, **Fuß**, **Mantel** und **Eingeweidesack**.

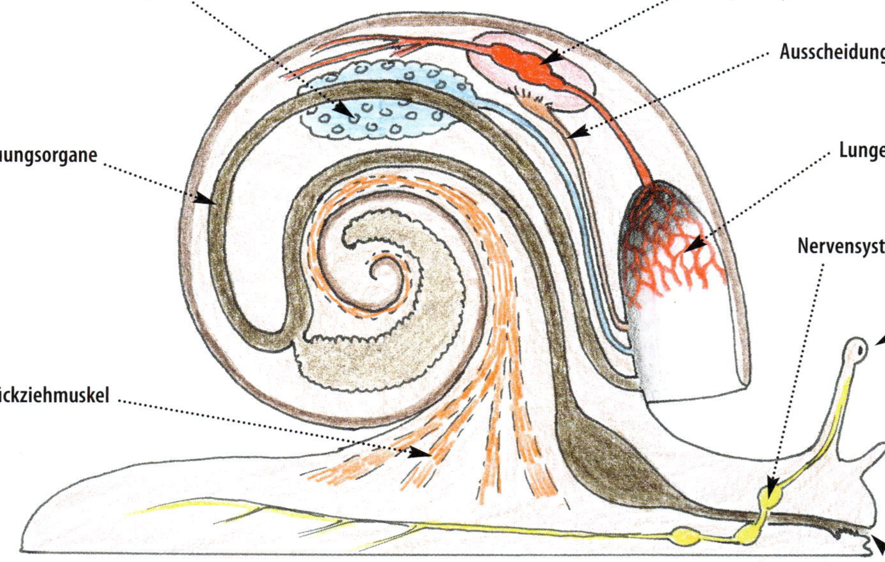

Körperbau der Weinbergschnecke

Der **Eingeweidesack** ist vom **Mantel** umgeben und wird durch das **Gehäuse** geschützt. Im Eingeweidesack liegt die **Lunge**, die mit einem fast kreisrunden Loch nach außen führt.

Am Kopf hat die Schnecke zwei Paar **Fühler**. Diese zieht sie sofort ein, wenn sie berührt wird oder sogar dann, wenn ein Schatten auf sie fällt. Am Ende des längeren Fühlerpaares sitzen zwei schwarze punktförmige **Augen**, mit denen die Schnecke Hell und Dunkel unterscheiden kann. Unter den Fühlern befindet sich der **Mund** mit einem **verhornten Oberkiefer** und einer **Raspelzunge**. Damit kann die Schnecke ihre Nahrung – das sind meist Blätter – **abraspeln**.

Fortpflanzung der Schnecken

Schneckeneier

Die meisten Schnecken sind **Zwitter**. Das heißt, sie besitzen weibliche und männliche Geschlechtsorgane. Trotzdem tauschen die Schnecken bei der Paarung ihre Samenzellen aus, sodass es nicht zur Selbstbefruchtung kommt. Dann werden die befruchteten **Eier** an einem sicheren Ort abgelegt.

Wasserschnecken legen die befruchteten Eier häufig auf den Blättern von Unterwasserpflanzen ab. So kann man auf der Unterseite von Schwimmblattpflanzen oft kleine, bis zu 1 cm lange, ovale oder runde **Gallerthäufchen** entdecken. Zumeist handelt es sich dabei um den **Laich** von Süßwasserschnecken.

Landschnecken graben ein ca. 10 cm tiefes Loch und legen ihre Eier dort ab. Nach einigen Wochen schlüpfen die Jungen. Ihr Haus besteht nur aus einer Windung und ist noch durchsichtig.

Nun geht's los – Aufgaben für schlaue Köpfe!

1) **Weichtier-Quiz!** Wer kann die meisten Fragen beantworten? **Wenn du richtig liegst, ergeben die Buchstaben ein Lösungswort!** ★★★★

Das Gehäuse von Muscheln besteht aus zwei festen

G kalkigen Schalen
L sauren Schalen
C federartigen Schalen
W klebrigen Schalen

Die Weinbergschnecke gehört zu den

A Schlammschnecken
O Wasserschnecken
E Landschnecken
D Tellerschnecken

Die Zunge der Schnecke nennt man auch

K Rasselzunge
H Raspelzunge
C Nesselzunge
S Lassozunge

Das Gehäuse der Schnecken hat eine … Windung.

H symmetrisch spiralige
C symmetrisch gerade
P asymmetrisch gerade
A asymmetrisch spiralige

Schnecken ohne Gehäuse nennt man

F Hausschnecken
B Tellerschnecken
E Nacktschnecken
H Weinbergschnecken

Die beiden Schalenhälften der Muscheln sind verbunden mit einem

P Spindelmuskel
U elastischen Schlossband
C Mantel
V Eingeweidesack

Muscheln besitzen meist keinen … .

K Fuß
B Eingeweidesack
S Kopf
R Mantel

Wasserschnecken fressen vorwiegend … .

G Insekten
B kleine Fische
C Muscheln
E abgestorbene Pflanzen

LÖSUNGSWORT: . . . .

Nun geht's los – Aufgaben für schlaue Köpfe!

2) Ordne die Begriffe richtig zu! ★★

Verdauungsdrüse ✹ Fuß ✹ Herz ✹ Darm ✹ Mundöffnung ✹ Magen ✹ Kiemen ✹ Geschlechtsdrüse ✹ Einströmöffnung ✹ Schale

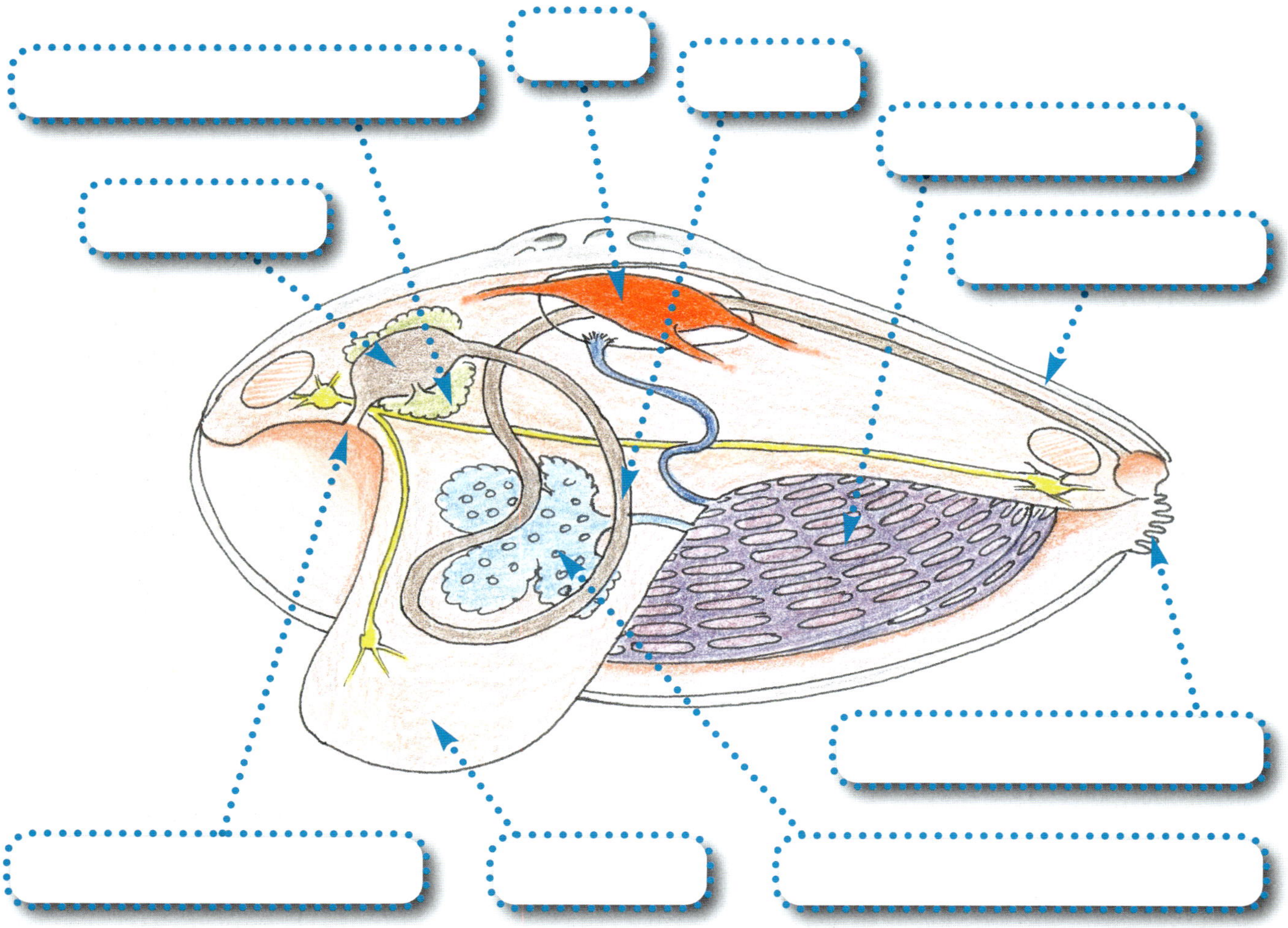

3) **Hier ist ja einiges durcheinander gekommen!** Ordne die Textstellen in der richtigen Reihenfolge! Die Buchstaben ergeben ein Lösungswort. Zum Schluss übertrage noch diesen Text in dein Heft! ★★

I — *fließt durch die Einströmöffnung in die Muschel, an den Kiemen vorbei und durch die*

M — *Schlagen. Er fließt an den Kiemen vorbei und liefert frischen Sauerstoff. Mit dem Wasser*

K — *Am hinteren Ende ihres Körpers hat die Muschel eine Einström- und eine Ausströmöffnung. Wasser*

N — *Planktons und kleiner Teilchen fester Abfallstoffe tragen die Muscheln zur Reinigung des Wassers bei.*

E — *Ausströmöffnung wieder hinaus. Den Wasserstrom erzeugen feinste Härchen durch ständiges*

E — *gelangt auch Plankton in die Muschel, von dem sie sich ernährt. Durch dieses Abfiltrieren des*

LÖSUNGSWORT: . . . .

24. KREBSTIERE

Krebse gehören zur Gruppe der **Gliederfüßer**. Sie können sehr verschieden aussehen, weil sie sich im Laufe der Zeit unterschiedlichen Lebensräumen und Lebensweisen angepasst haben. Manche leben am Land, manche in heimischen Gewässern und andere im Meer.

Gliederfüßer: ein Stamm des Tierreiches; zu ihnen gehören Insekten, Tausendfüßer, Krebstiere und Spinnentiere

Der Flusskrebs

Europäischer Flusskrebs (Edelkrebs)

Flusskrebse leben in Bächen, Flüssen und Seen mit klarem sauerstoffreichem Wasser. Das Wasser muss kalkhaltig sein, damit die Tiere ihre festen **Panzer** ausbilden können. Dieser Panzer stützt Körper und Gliedmaßen und wird daher als **Außenskelett** bezeichnet. Der Panzer wächst nicht mit dem Tier mit und muss deshalb immer wieder abgeworfen werden. Junge Tiere **häuten** sich häufiger als alte Tiere. Ohne Panzer ist der Krebs wehrlos und könnte auch keine Nahrung erbeuten. Deshalb versteckt er sich so lange, bis der neue passende Panzer wieder fest und hart geworden ist.

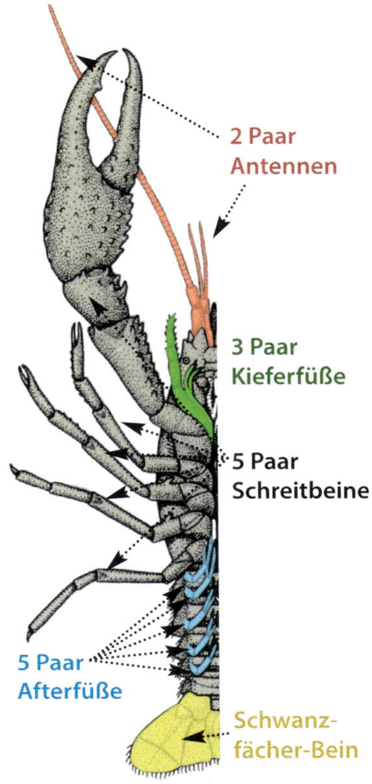

Gliedmaßentypen des Flusskrebses

Der Körperbau eines Flusskrebses

Der Körper des Flusskrebses gliedert sich in das **Kopfbruststück** und den **Hinterleib**.

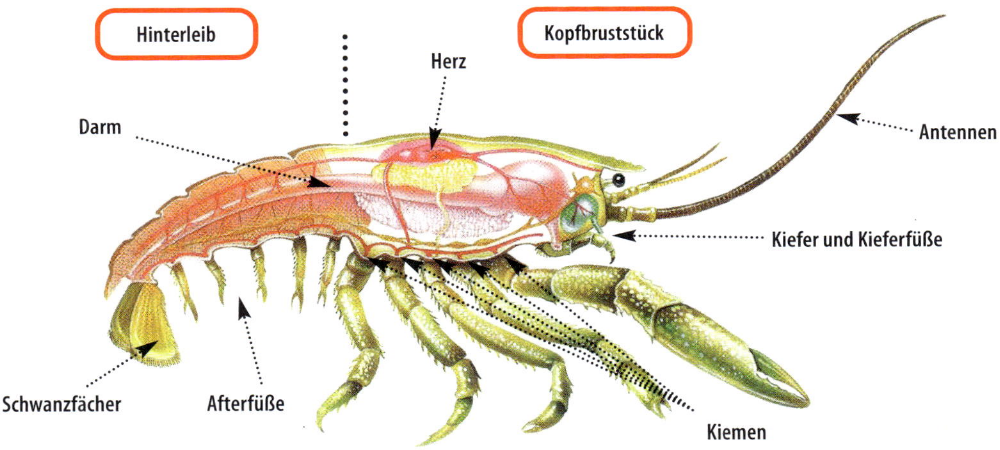

Körpergliederung des Flusskrebses

Der Hinterleib besteht aus **Segmenten**, die gegeneinander beweglich sind. Das letzte Segment endet in einem Schwanzfächer. Der Panzer der Beine besteht aus mehreren Gliedern, die durch Gelenke miteinander verbunden sind. Die Beine sind verschieden ausgebildet:

Mit dem **Kiefer** und den **Kieferfüßen** zerquetscht der Krebs seine Nahrung und führt sie zum Mund. Er bewegt sich mit seinen fünf Paar **Schreitbeinen** vorwärts, seitwärts und rückwärts. Das erste Paar trägt kräftige **Scheren** zum Ergreifen der Beute. An der Basis des zweiten und dritten Kieferfußpaares und an der Basis der Schreitfußpaare sitzen die Kiemen. Die **Afterfüße** befinden sich an den Segmenten des Hinterleibes.

Beim Schwimmen schlägt der Krebs seinen Hinterleib gegen das Kopfbruststück. Er schwimmt also rückwärts.

Krebse in Gefahr!
Die **Krebspest**, eine Pilzkrankheit, hat die heimischen Flusskrebse beinahe ausgerottet. Aber auch Flussregulierungen und Wasserverschmutzung schränken den Lebensraum für Krebse stark ein. Auch der **Signalkrebs** ist eine Gefahr für heimische Krebse. Er wurde aus Nordamerika importiert und verdrängt nun heimische Krebse. Außerdem ist er auch Überträger der Krebspest.

Nahrung und Verdauung

Krebse suchen ihre Nahrung in der **Nacht**. Sie fressen Würmer, Wasserinsekten, Schnecken, Muscheln und kleine Fische. Es kommt aber auch vor, dass sie Aas und Wasserpflanzen fressen. Sie sind also Allesfresser.

Atmung

Der Flusskrebs atmet durch **Kiemen**, die am Grund der Kieferfüße und der Schreitbeine in den Kiemenhöhlen liegen. Da sich die Kieferfüße ständig bewegen, wird Wasser durch die dahinter liegenden Einströmöffnungen in die Kiemenhöhle befördert. Das Wasser streicht an den Kiemen vorbei und fließt vorne durch die Ausströmöffnung wieder ab.

Sinnesorgane

Die **Augen** des Krebses sitzen an langen Stielen. So hat der Krebs ein weites Blickfeld. Die beiden Fühlerpaare nennt man auch Antennen. Mit einem Fühler kann der Krebs **schmecken**, auf dem zweiten Fühler sitzt der **Tastsinn**. Das **Gleichgewichtssinnesorgan** befindet sich am Grund der ersten Antenne. In einer Vertiefung gibt es **Sinneshärchen**, auf denen **Sandkörnchen** liegen. Bei jeder Lageveränderung drücken diese Sandkörnchen auf andere Sinneshärchen.

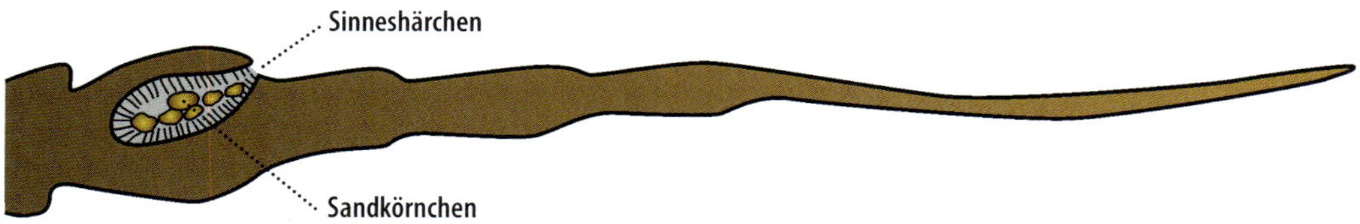

Gleichgewichtsorgan beim Flusskrebs

Auf der Bauchseite liegt das **Nervensystem**. Es erinnert dem Aussehen nach an eine Strickleiter, deswegen heißt es **Strickleiternervensystem**.

Fortpflanzung

Ende Oktober bis Anfang November legt das Krebsweibchen **Eier**. Diese heftet sie sich an den Beinen des Hinterleibes fest. 6 Monate später schlüpfen die Jungen, die den erwachsenen Krebsen schon sehr ähnlich sehen. Sie klammern sich mit ihren Scheren am Hinterleib der Mutter fest und bleiben dort 10 Tage, bis zur ersten Häutung.

Krebse können sehr verschieden aussehen

Wie du bereits weißt, können Krebse sehr verschieden aussehen, weil sie sich unterschiedlichen Lebensbedingungen angepasst haben. Hier siehst du einen Überblick über die bekanntesten Mitglieder der Krebsfamilie:

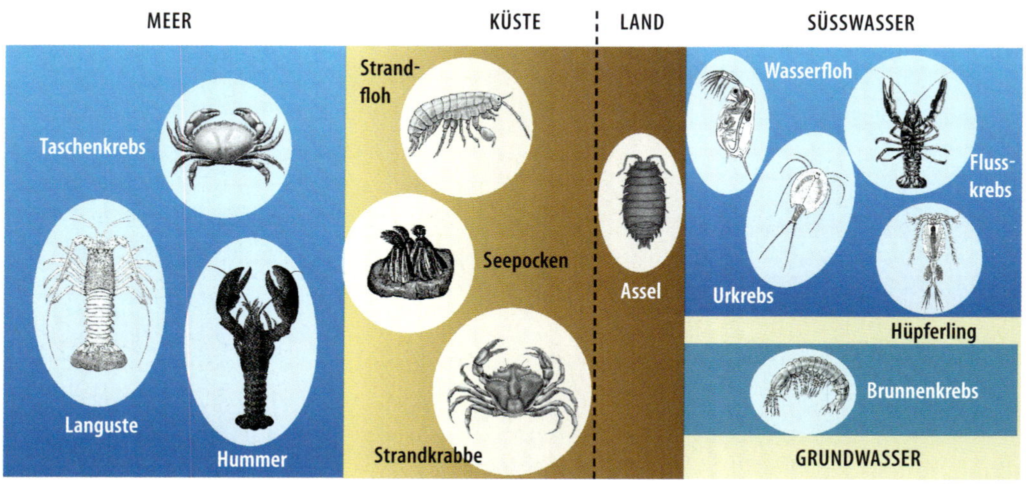

Andere Krebse

Flohkrebse

Kellerassel

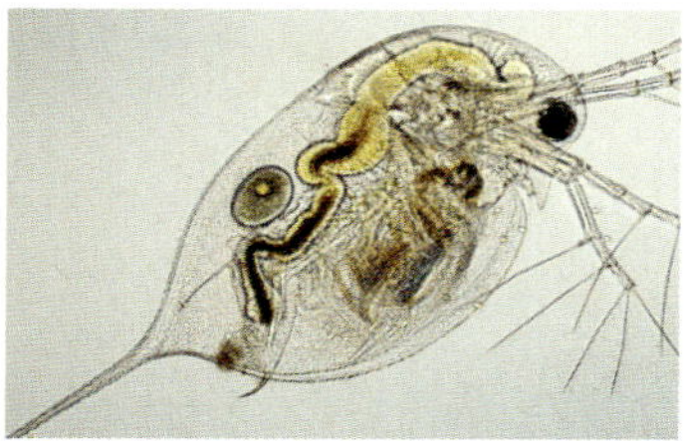

Wasserfloh

Krebsweibchen mit Eiern am Hinterleib

Krebse sind **Gliederfüßer** und können sehr unterschiedlich aussehen. Sie besitzen ein **Außenskelett**. Ihren **Panzer** müssen sie immer wieder abwerfen. Ihr Körper gliedert sich in **Kopfbruststück** und **Hinterleib**. Ihre Nahrung suchen sie in der Nacht. Viele Krebse sind **Kiemenatmer**. Sie besitzen ein **Strickleiternervensystem**.

Nun geht's los – Aufgaben für schlaue Köpfe!

1) Kennst du dich bei Krebsen aus? Ringle jeden Körperteil mit der Farbe ein, mit der sein Begriff geschrieben ist! ★★

Antennen ★ **Herz** ★ **Schwanzfächer** ★ **Afterfüße** ★ **Schreitbeine** ★ **Darm** ★ **Kiefer und Kieferfüße**

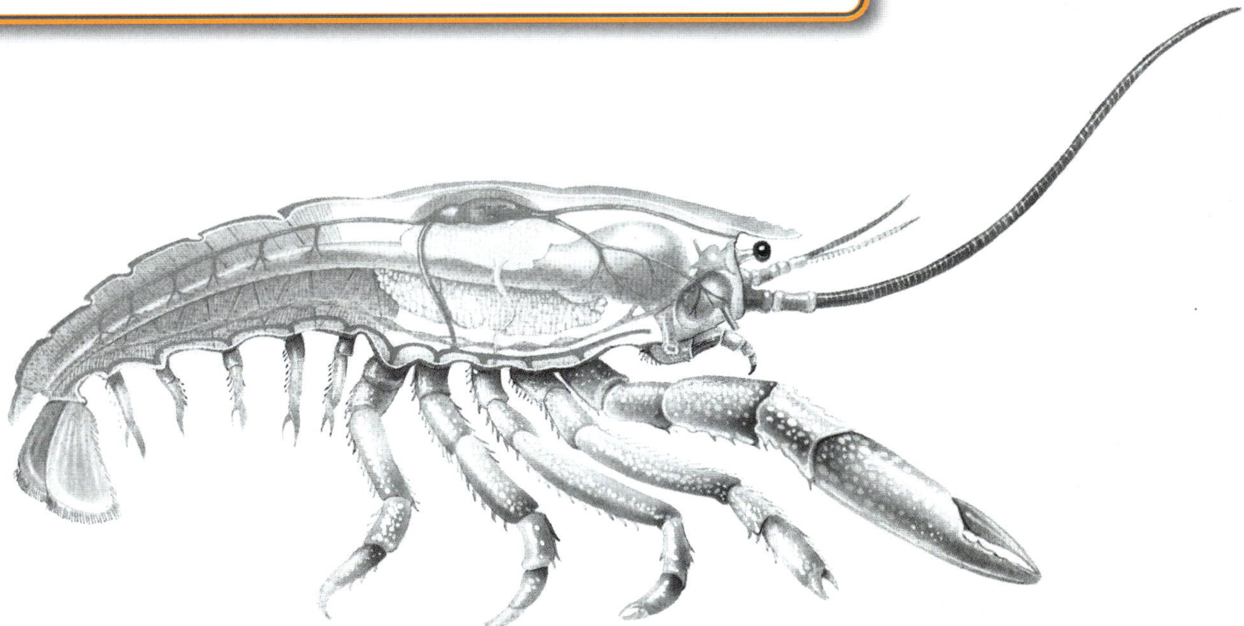

2) **Alles über Krebse** – Kreuze die richtigen Antworten an! ★★★ Mehrfachnennungen sind möglich.

Flusskrebse leben
- ☐ in Bächen.
- ☐ auf Bäumen.
- ☐ in Seen.

Das Wasser muss
- ☐ schlammig sein.
- ☐ kalkhaltig sein.
- ☐ sodahältig sein.

Der Panzer wird auch
- ☐ Stützskelett genannt.
- ☐ Innenskelett genannt.
- ☐ Außenskelett genannt.

Der Panzer wird abgeworfen, weil
- ☐ er alt ist.
- ☐ er nicht mitwächst.
- ☐ er nicht mehr schön ist.

Junge Tiere häuten sich
- ☐ gleich oft wie alte.
- ☐ häufiger als alte.
- ☐ nicht so oft wie alte.

Krebse verstecken sich, wenn
- ☐ sie wehrlos sind.
- ☐ es dunkel ist.
- ☐ sie hungrig sind.

Krebse kommen aus ihrem Versteck, wenn
- ☐ sie Junge bekommen.
- ☐ sie sich paaren wollen.
- ☐ der Panzer wieder fest ist.

Der Hinterleib der Krebse besteht aus
- ☐ Platten.
- ☐ Ringen.
- ☐ Schuppen.

Mit dem Kiefer und den Kieferfüßen kann der Krebs
- ☐ Nahrung zum Mund führen.
- ☐ Löcher graben.
- ☐ Nahrung zerquetschen.

Das erste Paar der Schreitbeine braucht der Krebs zum
- ☐ Festhalten.
- ☐ Ergreifen der Beute.
- ☐ Tasten.

Nun geht's los – Aufgaben für schlaue Köpfe!

3) **Was ist das?** Schau dir zuerst diese Abbildung genau an! Was stellt sie dar? Wenn du das weißt, beschrifte sie! ★

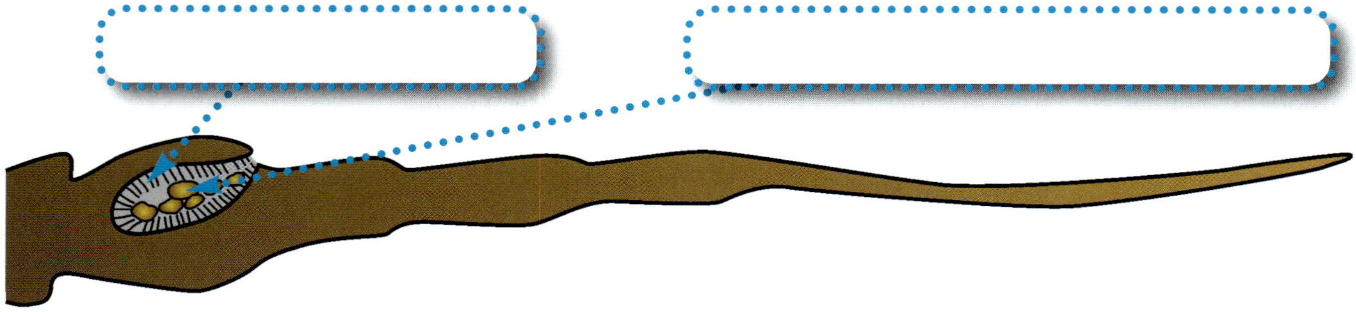

Das ist das ______________________________ *des* ______________________________.

4) **Weißt du noch?** – Wie funktioniert dieses Organ? Beschreibe es mit eigenen Worten! ★★★

____

____

____

____

____

5) **Suchrätsel** – Hilf dem Krebs, die versteckten 10 Begriffe zu finden und schreibe sie auf! ★★

____

____

____

____

____

____

____

____

____

____

L	A	G	E	V	E	R	Ä	N	D	E	R	U	N	G
K	S	C	H	R	E	I	T	B	E	I	N	E	E	R
I	N	H	V	K	E	R	W	E	L	Y	O	S	O	F
E	I	N	S	T	R	Ö	M	Ö	F	F	N	U	N	G
F	D	Y	S	F	X	D	R	X	R	W	E	Z	G	D
E	N	R	K	B	K	A	U	J	U	J	V	G	E	V
R	C	S	I	N	N	E	S	H	Ä	R	C	H	E	N
F	M	I	E	A	U	I	D	N	K	J	A	L	T	G
Ü	X	J	M	V	R	A	W	C	I	E	N	F	Y	S
S	L	X	E	P	P	D	I	S	K	V	T	E	E	I
S	S	A	N	D	K	Ö	R	N	C	H	E	N	I	Z
E	V	O	D	D	I	U	I	B	P	C	N	T	Z	I
R	O	S	C	H	E	R	E	N	Q	V	N	Y	S	L
Y	I	F	B	E	Q	C	T	H	J	Q	E	Q	R	Z
A	U	S	S	T	R	Ö	M	Ö	F	F	N	U	N	G

25. INSEKTEN AM WASSER

Für manche Insekten in unserer Gegend ist **Wasser** sehr wichtig. Sie benötigen das Wasser, um das **Larvenstadium** darin zu verbringen. Auch als erwachsene Tiere bleiben sie häufig am Wasser, da sie dieses für die **Eiablage** benötigen.

Libellenfakten
- Das Fassettenauge der Libellen hat bis zu 30 000 Einzelaugen.
- Libellen erreichen eine Spitzengeschwindigkeit von bis zu 70 km/h.
- Ihre Flügelspannweite kann bis zu 19 cm erreichen.
- Libellen können nicht stechen. Stattdessen beißen sie, wenn sie sich wehren.

Libelle

Libellen sind die schnellsten Fluginsekten und fliegen nur tagsüber. Weil sie 4 Flügel haben, die sie unabhängig voneinander bewegen können, sind sie sehr wendig und können auch rückwärts fliegen. Man unterscheidet **Groß-** und **Kleinlibellen**.

Großes Granatauge

Kleinlibellen:
Sie werden bis 4 cm lang. Kleinlibellen haben einen breiten Augenabstand und beinahe gleich große Vorder- und Hinterflügel.

Großer Blaupfeil

Großlibellen:
Sie können etwa 4 bis 8 cm groß werden und sind kräftiger gebaut. Ihre Augen treffen meistens in der Kopfmitte zusammen. Ihre Hinterflügel sind etwas größer als ihre Vorderflügel.

Libellenlarve

Larvenhaut

Schlüpfende Libelle

Paarung und Fortpflanzung

Wenn Libellen sich paaren, bilden sie eine herzförmige Figur, das **Paarungsrad**. Das Weibchen legt die Eier an Wasserpflanzen oder im Wasser ab. Nach etwa 2 bis 5 Wochen schlüpfen die **Larven**. Sie leben mehrere Monate als Räuber im Wasser. Während dieser Zeit lauern sie zwischen den Wasserpflanzen oder am Boden den vorbeikommenden Tieren wie Insekten, Würmern, Kaulquappen und kleinen Fischen auf. Die Larven besitzen eine **Fangmaske**, die sie vorschnellen lassen. Die beiden Dornen der Endplatte der Fangmaske bohren sich dann in das Beutetier. In dieser Zeit häuten sie sich mehrmals.

Paarungsrad

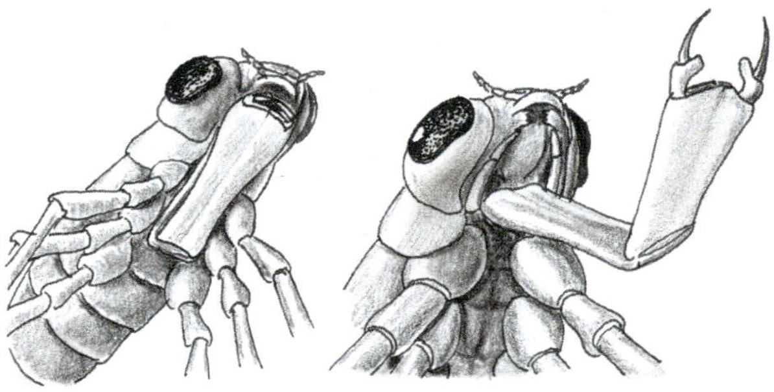
Fangmaske halb vorgeklappt

Ist die Larve ausgewachsen, kriecht sie an einem Pflanzenstängel aus dem Wasser. Ihre Larvenhülle, der **Chitinpanzer**, platzt und eine fertige Libelle schlüpft aus. Bei der Libelle spricht man von einer **unvollständigen Verwandlung**: Die Larve wird dem fertigen Insekt mit jeder Häutung ähnlicher. Ein Puppenstadium fehlt.

Schützt die Libellen!
Da ihre Wohngewässer verschmutzt oder zerstört werden, sind viele einheimische Libellenarten gefährdet, einige bereits ausgestorben. Der Schutz der Gewässer schützt auch die Libellen.

Wasserläufer

Oberflächenspannung: Wassertropfen auf einem Blatt

Wasserläufer

Wasserläufer gehören zu den **Wanzen**. Sie sind in Europa weit verbreitet und kommen auf stehenden Gewässern vor.

Wasserläufer ernähren sich von anderen Insekten, die sie mit ihrem Rüssel aussaugen. Beine und Körper der Wasserläufer haben eine stark wasserabstoßende silbrige Behaarung, welche häufig geputzt und dabei mit einem wasserabstoßenden Fett versehen wird.

Warum können sich Wasserläufer über Wasser halten?

An der Grenze zwischen Wasser und Luft bildet sich aufgrund der **Oberflächenspannung** eine **unsichtbare „Haut“**. Leichte Gegenstände können daher von der Wasseroberfläche getragen werden, obwohl sie schwerer als das Wasser sind und eigentlich untergehen müssten. Der Wasserläufer kann sich aufgrund dieser unsichtbaren „Haut“ auf der Wasseroberfläche fortbewegen.

Fülle ein Glas mit Wasser! Lege ein Stück Löschpapier, das etwas größer als eine Büroklammer ist, auf die Wasseroberfläche! Nun gibst du vorsichtig eine Büroklammer darauf. Beobachte, was passiert, wenn du einen Tropfen Spülmittel dazugibst!

Die **Oberflächenspannung** ist auch dafür verantwortlich, dass sich Wassertropfen bilden oder dass Wasser in einem engen Röhrchen nach oben steigt. Wenn **Tenside**, die in Wasch-, Spülmitteln oder Shampoos enthalten sind, ins Wasser gelangen, reduzieren sie die Oberflächenspannung.

Überlege: Wie kann sich das Einleiten von Haushaltsabwässern in Gewässer für den Wasserläufer oder Rückenschwimmer auswirken?

Rückenschwimmer

Rückenschwimmer

Rückenschwimmer leben in Tümpeln, Teichen und an Seeufern. Auch sie gehören zu den **Wanzen**.

Rückenschwimmer führen an der Bauchseite am Hinterleib einen **Luftvorrat** mit sich. Dieser Luftvorrat wirkt wie ein kleiner Luftballon und führt dazu, dass sich ihr Bauch nach oben dreht. Daher schwimmen sie auf dem Rücken.

Rückenschwimmer sind sehr stechfreudige Wanzen. Deswegen werden sie auch **„Wasserbienen“** genannt.

Sekret: Absonderung aus Drüsen oder Wunden

Gelbrandkäfer

Gelbrandkäfer

Einer der wichtigsten Schwimmkäfer ist der **Gelbrandkäfer**. Er wird etwa 3 bis 4 cm lang. Die Ränder seiner Flügeldecken sind gelb. Der mit einem öligen **Sekret** eingefettete Chitinpanzer schützt den Gelbrandkäfer vor dem Befall durch schädliche Mikroorganismen.

Der Gelbrandkäfer ist so wie alle Schwimmkäfer ein **Räuber**. Er macht sogar Jagd auf schnelle Beutetiere wie Kaulquappen oder kleine Fische.

Ist der Gelbrandkäfer in Gefahr, schwimmt er entweder mit kräftigen Beinstößen in die Tiefe oder er stößt eine milchige Flüssigkeit aus, durch die Raubfische wie Hechte in eine tiefe Bewusstlosigkeit fallen.

Obwohl der Gelbrandkäfer unter Wasser lebt, braucht er **Luft** zum Atmen. Diese holt er sich, indem er mit dem Körperende an die Wasseroberfläche kommt und so eine Weile „hängen" bleibt. Dabei füllt er den Hohlraum zwischen den Flügeldecken und dem Hinterleib mit Luft und speichert sie dort. Aus diesem Hohlraum kann die Luft in das **Tracheensystem** dringen.

Auch die Larven der Gelbrandkäfer sind Räuber. Ihre **Oberkiefer** sind gebogen und in hohle **Dolche** umgewandelt. Sie stechen damit ihre Beute an und spritzen ein Sekret ein, das die **Beute** zuerst lähmt, dann tötet und schließlich auflöst.

So wird die Beute bereits vorverdaut. Dieser **Brei** wird durch Kieferzangen eingesaugt.

Schwimmbein des Gelbrandkäfers: Mit seinen borstigen Hinterbeinen ist der Gelbrandkäfer ein kräftiger Schwimmer.

Gelbrandkäfer

Gelbrandkäferlarve

Köcherfliege

Die **Larven** der **Köcherfliegen** bauen sich aus Steinchen, Sandkörnern oder festen pflanzlichen Teilchen eine Wohnröhre, den sogenannten **Köcher**.

Mit den Mundwerkzeugen und den vorderen Beinpaaren werden die Teilchen zusammengefügt und mit einem Sekret verklebt. Das schwere Material bewahrt die Larven vor dem **Abdriften**.

Nur der vordere Teil der Larve schaut aus dem Köcher heraus, der als **Schutz** dient. Bei Gefahr zieht sich die Larve zurück. Selbst bei der Nahrungssuche wird der Köcher mitgetragen. Dadurch kann sich die Larve mit ihren Beinen nur sehr langsam über den Grund des Gewässers bewegen.

Köcherfliege

abdriften: durch die Strömung vom ursprünglichen Kurs oder Ort abkommen

Du kannst selber Köcherfliegenlarven in einem schnell fließenden, nicht zu stark verschmutzten Bach oder Fluss beobachten: Such dir eine Stelle aus, an der du einen guten Stand hast und drehe einen Stein um! Berichte dann der Klasse, was du gefunden hast!

Köcher einer Larve

Köcherfliegenlarve: Der Köcher ist ca. 1,5 cm lang.

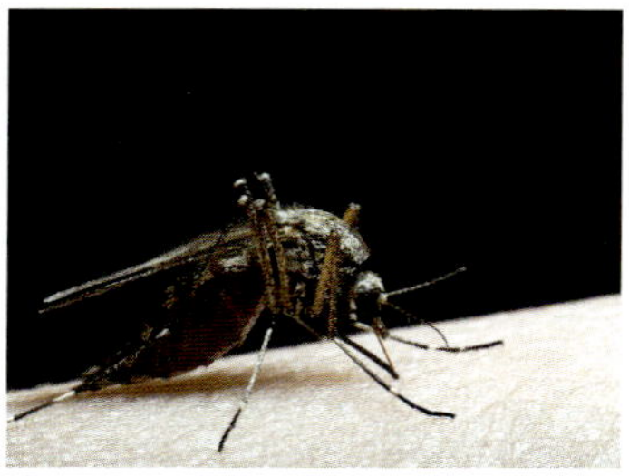

Stechmücke beim Saugen

Warum stechen Gelsen?
Nur die Gelsenweibchen stechen. Sie brauchen den Eiweißzusatz aus dem Blut für ihre Eiproduktion. Mit speziellen Mundwerkzeugen, den Stechborsten, durchstechen sie die Haut ihrer Wirte. Dann saugen sie durch ein Saugrohr das Blut auf. Zuvor wird Speichel in die Wunde gespritzt. Dadurch wird verhindert, dass das Blut **gerinnt**.

gerinnen: fest werden, verklumpen

Die **Libelle** ist das schnellste Fluginsekt. Bei der Paarung bildet sie ein **Paarungsrad**. Ihre Larve fängt mit einer **Fangmaske** ihre Beute. **Wasserläufer** und **Rückenschwimmer** gehören zu den **Wanzen**. Der **Gelbrandkäfer** und seine Larven sind Räuber. Die Larven der **Köcherfliege** schützen sich mit dem selbst gebauten Köcher vor Feinden und vor dem Abdriften. Die **Wasserspinne** spinnt sich eine **Luftglocke** unter Wasser.

Stechmücke

Stechmücken, auch **Gelsen** genannt, kennst du wahrscheinlich als lästige Insekten, deren Stich juckt. Sie sind aber auch interessante Lebewesen, die das Wasser brauchen, um sich entwickeln zu können. Dabei bevorzugen sie alle Arten von stehenden Gewässern. Damit sich die Larven entwickeln können, reicht schon das Regenwasser in einem kleinen Behälter oder in einer Pfütze aus. Stechmücken gehören zu den zweiflügeligen Insekten. Sie haben lange dünne Beine.

Das Weibchen legt etwa 150 bis 300 Eier. Sie sind zu einem **Eischiffchen** verklebt, das an der Wasseroberfläche schwimmt. Aus diesen Eiern schlüpfen nach einigen Tagen beinlose **Larven**, die frei schwimmen können und sich durch Schläge des Hinterleibes fortbewegen. Die Larven atmen durch Röhren am Hinterleibsende. Wenn Stechmückenlarven gestört werden, tauchen sie schnell von der Wasseroberfläche ab.

Gelsenlarven beim Atmen

Gelsenpuppe

Nach einigen Tagen verpuppen sich die Larven. Auch sie brauchen Sauerstoff und atmen mit **Atemhörnchen**. Die **Puppenruhe** dauert normalerweise nur wenige Tage. Dann schlüpft das erwachsene Tier.

Andere Tiere im Wasser – die Wasserspinne

Wasserspinne

Wasserspinne in der Luftglocke

Das Besondere an der Wasserspinne ist, dass sie sich ein wasser- und luftdichtes **Gespinst** unter Wasser baut. Diese Luftglocke befüllt sie immer wieder mit Luft, indem sie über einen **Lauffaden**, der zur Wasseroberfläche führt, Luft zum Netz trägt. Die Luft wird in ihrem dichten Haarkleid gespeichert.

Die Luftglocke versorgt die Spinne immer wieder mit Luft, sie dient aber auch dem Beutefang und der Eiablage.

Wasserspinnen können bis zu 8 Monate bei 4 °C ohne Nahrung auskommen. Sie überleben es sogar, wenn sie im Eis eingefroren sind. Bei etwa 6 °C werden sie wieder aktiv. **Jungspinnen** überwintern immer wieder in leeren Schneckenhäusern, in die sie vorher Luft eingebracht haben.

Nun geht's los – Aufgaben für schlaue Köpfe!

1) **Wer bin ich?** All diese Insekten am Wasser sind einmalig. Was sie alles können, findest du hier aufgelistet. Doch wer kann was? **Setze die Namen der Insekten richtig ein! ★★**

Ihre Luftglocke unter Wasser ist einzigartig.	
Eine Röhre, die sie schützt, ist stets ihre Begleitung.	
Dieses Insekt kann bis zu 70 km/h fliegen.	
Ihre Larven atmen durch Röhren am Hinterleibsende.	
Dieses Insekt führt am Bauch einen Luftvorrat mit sich.	
Die Oberflächenspannung ist wichtig für seine Fortbewegung.	
Seine Larven und das Insekt selbst können sogar kleine Fische erbeuten.	

2) **Achtung Fehlertext!** Lisa hat in der Biologiestunde nicht genügend aufgepasst. Sie hat beim Schreiben des Merktextes 10 Fehler gemacht. **Finde diese, markiere sie und schreibe die richtigen Wörter darüber! ★★★★**

Steckmücken gehören zu den zweiflügeligen Reptilien. Sie haben lange dünne Fühler. Die Eier der Steckmücke sind zu einem Eihäufchen verklebt. Dieses schwimmt an der Wasseroberfläche. Nach einigen Monaten schlüpfen aus den Eiern die Larven. Sie atmen durch Löcher am Hinterleibsende. Nach einigen Tagen häuten sich die Larven. Auch sie brauchen Kohlenstoffdioxid und atmen mit Atemglocken. Die Puppenstube dauert nur wenige Tage. Dann schlüpft das erwachsene Tier, die Fliege.

Nun geht's los – Aufgaben für schlaue Köpfe!

3) **Da stimmt ja einiges nicht!** Beim Beschriften der Fotos sind Fehler passiert. **Setze die Namen dieser Insekten wieder richtig zusammen und schreibe diese unter die passenden Fotos! ★★**

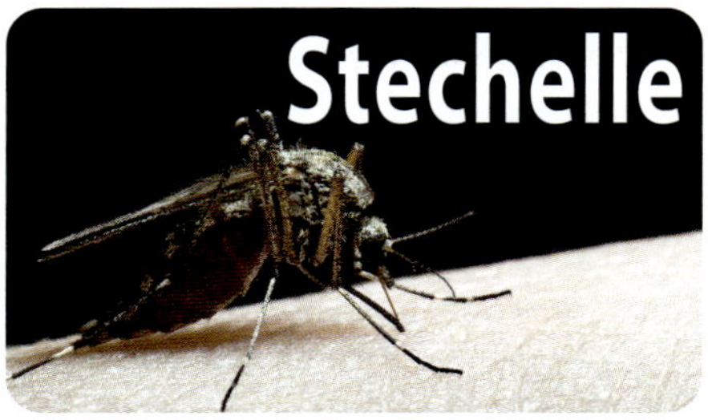

______________ ______________ ______________

______________ ______________ ______________

4) **Wissenswertes über die Libelle!** Hier fehlt einiges. **Ordne die Begriffe richtig zu! ★★★**

Endplatte
Wasserpflanzen
Larven
Räuber
Paarungsrad
Fangmaske
Tag
rückwärts
Pflanzenstängel
Chitinpanzer
Fluginsekten

Libellen sind die schnellsten ______________. Sie fliegen nur am ________ und können sogar ______________ fliegen. Bei der Paarung bilden sie ein ______________. Die Eier werden an ______________ oder im Wasser abgelegt. Nach etwa 2 bis 5 Wochen schlüpfen die ______________. Mehrere Monate leben die Larven als ______________. Ihre ______________ schnellt vor und die zwei Dornen der ______________ bohren sich in das Beutetier. Die ausgewachsene Larve kriecht an einem ______________ aus dem Wasser. Ihr ______________ platzt auf und eine fertige Libelle schlüpft.

26. GEWÄSSERSCHUTZ

Die letzten Kapitel haben dir einen Einblick in die heimischen Fließgewässer und die stehenden Gewässer gegeben. Du hast einen Teil der großen Vielfalt der Lebewesen im Wasser kennengelernt. In der 1. Klasse hast du außerdem gelernt, dass das Wasser für die Ernährung von Lebewesen und natürlich auch für den Menschen sehr wichtig ist.

Der Kreislauf des Wassers

Wasser ist eine Grundvoraussetzung für das Leben.

Warum ist Wasser eine Grundvoraussetzung für das Leben? Sprecht in der Klasse darüber!

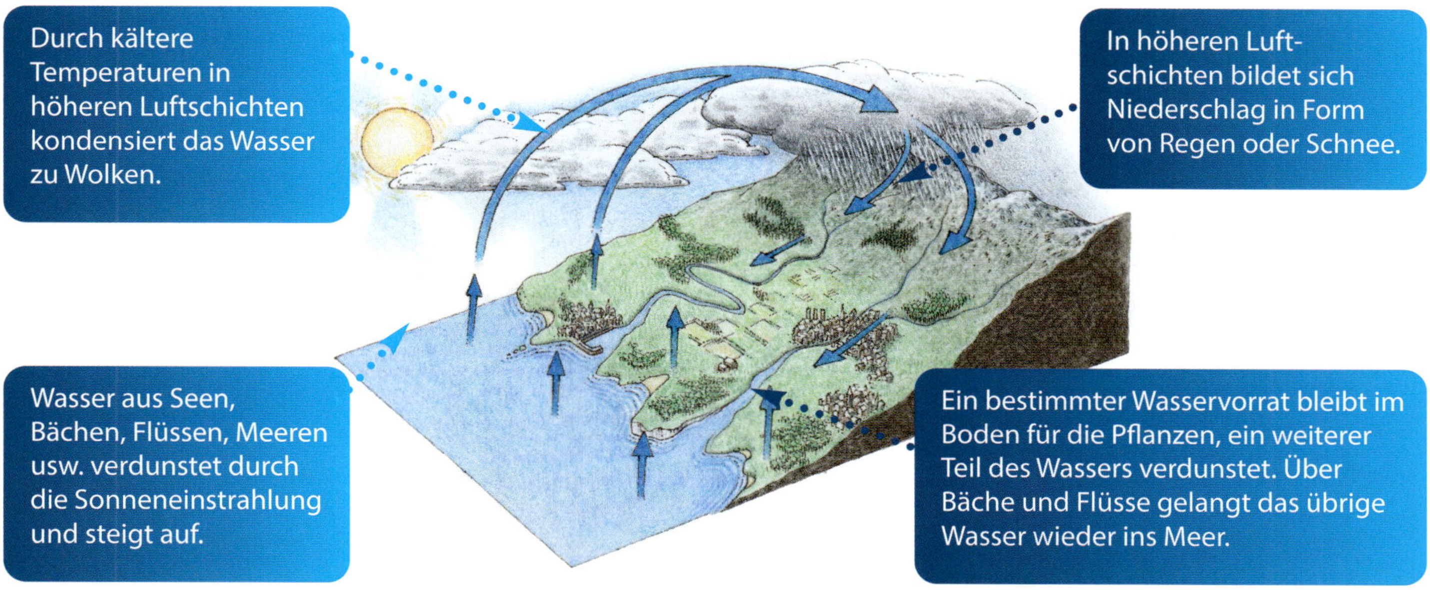

Grundwasser

Das Wasser, das du in Seen, Bächen, Flüssen usw. sehen kannst, nennt man **Oberflächenwasser**.

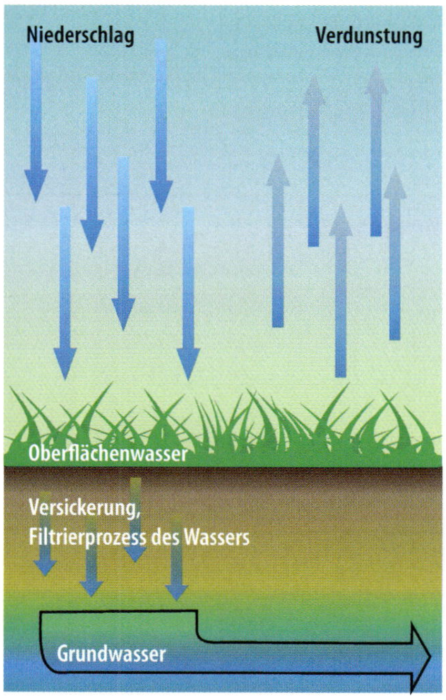

Ganz besonders wichtig ist für uns aber das Wasser unter der Oberfläche, das **Grundwasser**. Es bildet sich aus dem Wasser, das im Boden versickert. Grundwasser befindet sich in Hohlräumen des Bodens, wo es stehen aber auch fließen kann.

Das Versickern in den Boden wirkt wie ein **Filtrieren** des Wassers. Deswegen ist naturbelassenes Grundwasser üblicherweise unbelastet, also frei von Schadstoffen oder krankmachenden **Keimen** und als Trinkwasser geeignet.

In Österreich ist das Grundwasser die mit Abstand wichtigste Quelle für die Trinkwassergewinnung. 99 Prozent des heimischen Trinkwassers stammen aus dem Grundwasser.

Überlegt gemeinsam: Früher mussten die Leute das Wasser für ihren Haushalt z. B. von einem Brunnen holen. Wo im Haus oder in der Wohnung haben wir überall Wasser? Welche Vorteile bringt das im Gegensatz zu früher?

Stell dir vor – Wasser wäre nur begrenzt mit unzureichender Qualität verfügbar. Wie würde der Alltag ausschauen? Wie würde das dein Leben verändern?

filtrieren: reinigen

Keime: Krankheitserreger

Unser Grundwasser schützen

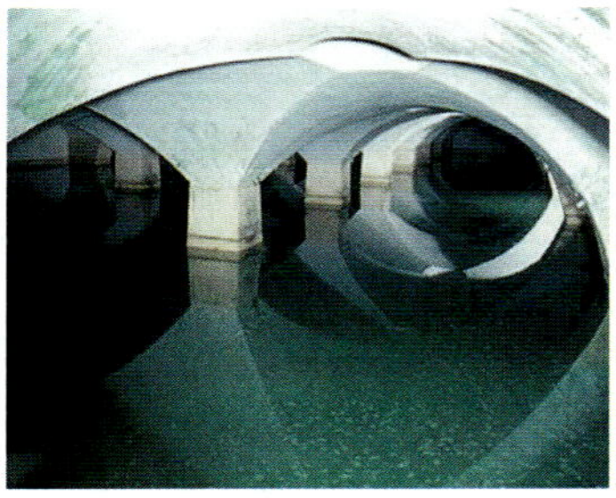

Wasserspeicher

Flächenversiegelung: Verbauen des natürlichen Bodens durch den Menschen.

Deponie: Ablagerungsstätte für Müll, Giftstoffe usw.

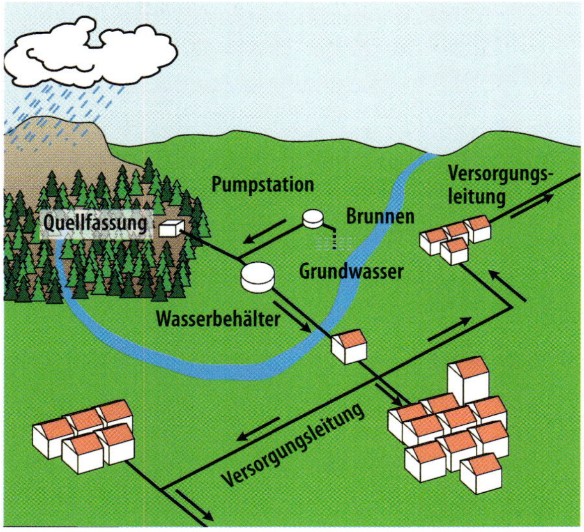

Wasserversorgungssystem

Zur Gewinnung von Grundwasser werden Brunnen gebaut. In diesen **Brunnen** sorgen Pumpen unterhalb des Grundwasserspiegels für die Förderung des Wassers. In **Wasserbehältern** wird es zwischengespeichert. Die Qualität des Wassers wird im **Wasserwerk** kontrolliert. Über ein **Rohrleitungsnetz** werden die Haushalte mit Wasser versorgt.

Die EU-Staaten und damit auch Österreich sind dazu verpflichtet, schädliche Einflüsse auf das Grund- und Trinkwasser in Zukunft zu vermeiden.

Der Schutz der Grundwasservorkommen ist für uns alle wichtig! Deswegen müssen wir uns alle dafür einsetzen!

Flächenversiegelung: Wird der Boden verbaut, kann in diesem Bereich kein Niederschlagswasser in den Boden eindringen und ins Grundwasser gelangen.

beim Bauen Flächen freilassen, an denen das Wasser versickern kann

Abwässer können durch undichte Kanalisationsrohre ins Grundwasser gelangen.

Abwässer kontrollieren und schadhafte Kanalrohre reparieren

Niederschlagswasser von Straßen bringt Reifenabrieb, Fahrbahnverschleiß, Teile der Bodenmarkierungen sowie Streumittel ins Grundwasser.

sparsamer Einsatz von Streumitteln und Reduktion des Straßenverkehrs

Durch übermäßiges Düngen von Feldern oder durch Schädlingsbekämpfung gelangen Düngemittel oder Pestizide ins Grundwasser.

achtsamer Umgang mit Düngemitteln bzw. Bioprodukte aus der Region kaufen

Lacke, Lösungsmittel, Giftstoffe oder andere schädliche flüssige Bestandteile können von illegalen **Deponien** ins Grundwasser sickern.

Chemikalien, Lacke, Benzin, Motoröl zur Problemsammelstelle und Medikamente zur Apotheke bringen

Reinigung des Wassers

In Österreich sowie in den meisten anderen Ländern Mitteleuropas wird der Großteil der **Abwässer** der Haushalte in der Kanalisation gesammelt, zu Kläranlagen transportiert und dort wiederaufbereitet.

Die Reinigung in einer Kläranlage

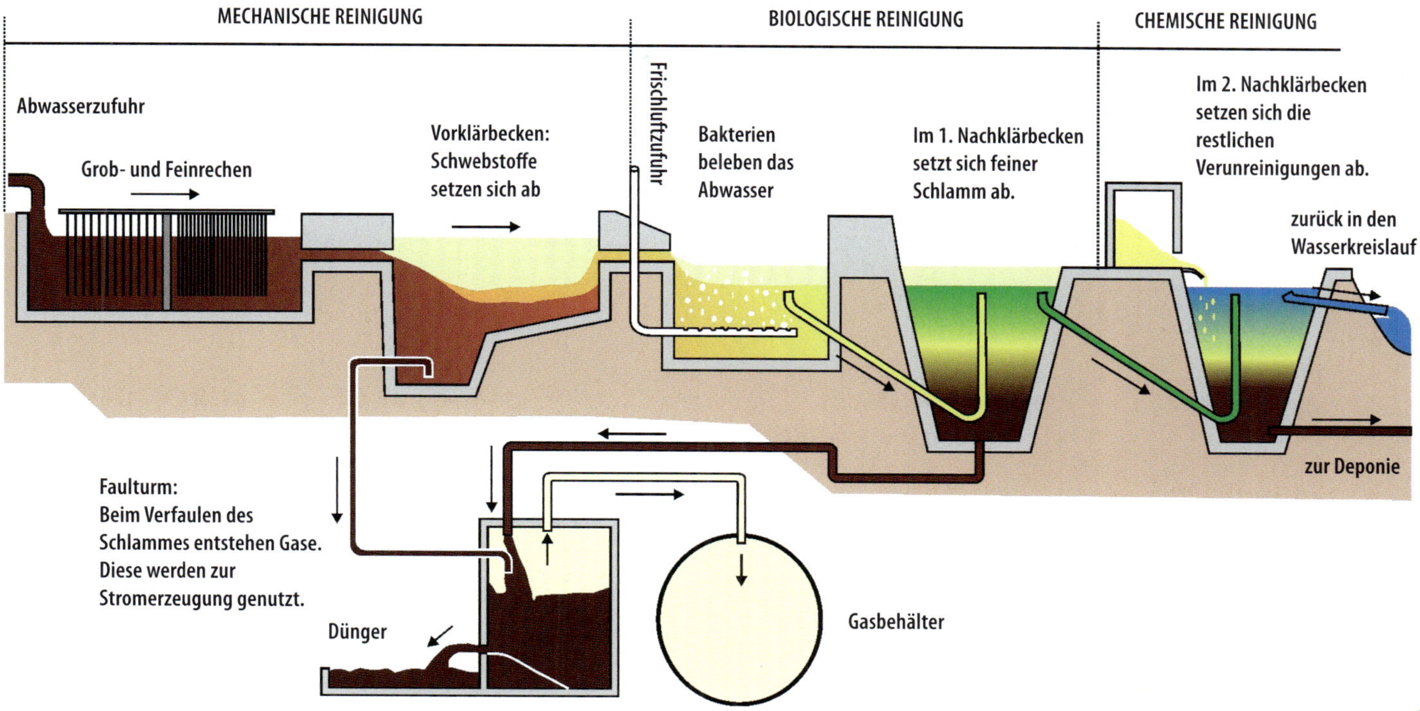

Der biologische Reinigungsprozess in Gewässern

Unter biologischer Reinigung versteht man Prozesse in einem Ökosystem, bei denen es durch die Lebensaktivitäten von Organismen zu einer Verringerung von Verschmutzung kommt.

Wenn geringe Mengen an Abwässern oder Abfällen in ein Fließgewässer gelangen, können die dort vorhandenen Lebewesen wie Bakterien, Pilze, Algen, Tiere und Wasserpflanzen den Fluss wieder reinigen.

Durch **Abbauprozesse** entstehen dabei wasserlösliche Mineralstoffe, die von den Wasserpflanzen und Mikroorganismen für ihre **Produktionsprozesse** wieder benötigt werden. So tragen alle Lebewesen im Ökosystem dazu bei, dass das Gleichgewicht gewahrt wird.

Die meisten Bakterien brauchen Sauerstoff, um die verunreinigenden Stoffe abbauen zu können. Je stärker die Verunreinigung ist, desto höher ist der Sauerstoffbedarf.

Wenn **ungeklärte Abwässer** in Fließgewässer eingeleitet werden, ist zu wenig Sauerstoff für den Reinigungsprozess vorhanden. Die biologische Reinigung funktioniert nicht mehr. Das natürliche Gleichgewicht zwischen Produktions- und Abbauprozessen ist gestört.

Laut einer EU-Verordnung müssen seit Ende 2005 alle Gemeinden im Binnenland ihre Abwässer reinigen, bevor sie in ein Gewässer geleitet werden.

Was geschieht bei der chemischen Reinigung in einer Kläranlage?
Viele Abwässer sind durch **Phosphate** verunreinigt. Um diese aus dem Wasser zu entfernen, werden eisenhaltige chemische Verbindungen hinzugefügt. Diese Verbindungen bilden mit den Phosphaten Flocken, die sich am Beckenboden absetzen. Mit Hilfe von Kalk kann auch der Säuregrad des Abwassers (pH-Wert) reguliert werden, bevor es in ein Gewässer geleitet wird.

Phosphat: chemische Verbindung, Bestandteil von Düngemitteln und menschlichem und tierischem Harn

Lebewesen zeigen die Güteklasse der Gewässer an

Trotz Kanalisation und Kläranlagen sowie Selbstreinigung der Gewässer sind noch immer **manche Gewässer verunreinigt** oder **belastet**.

Mit Hilfe der **biologischen Gewässergütebestimmung** kann man herausfinden, wie stark ein Gewässer verschmutzt ist, da in sauberen Gewässern andere Gemeinschaften von Lebewesen vorkommen als in verschmutzen Gewässern. Es wird zwischen **4 Güteklassen** unterschieden:

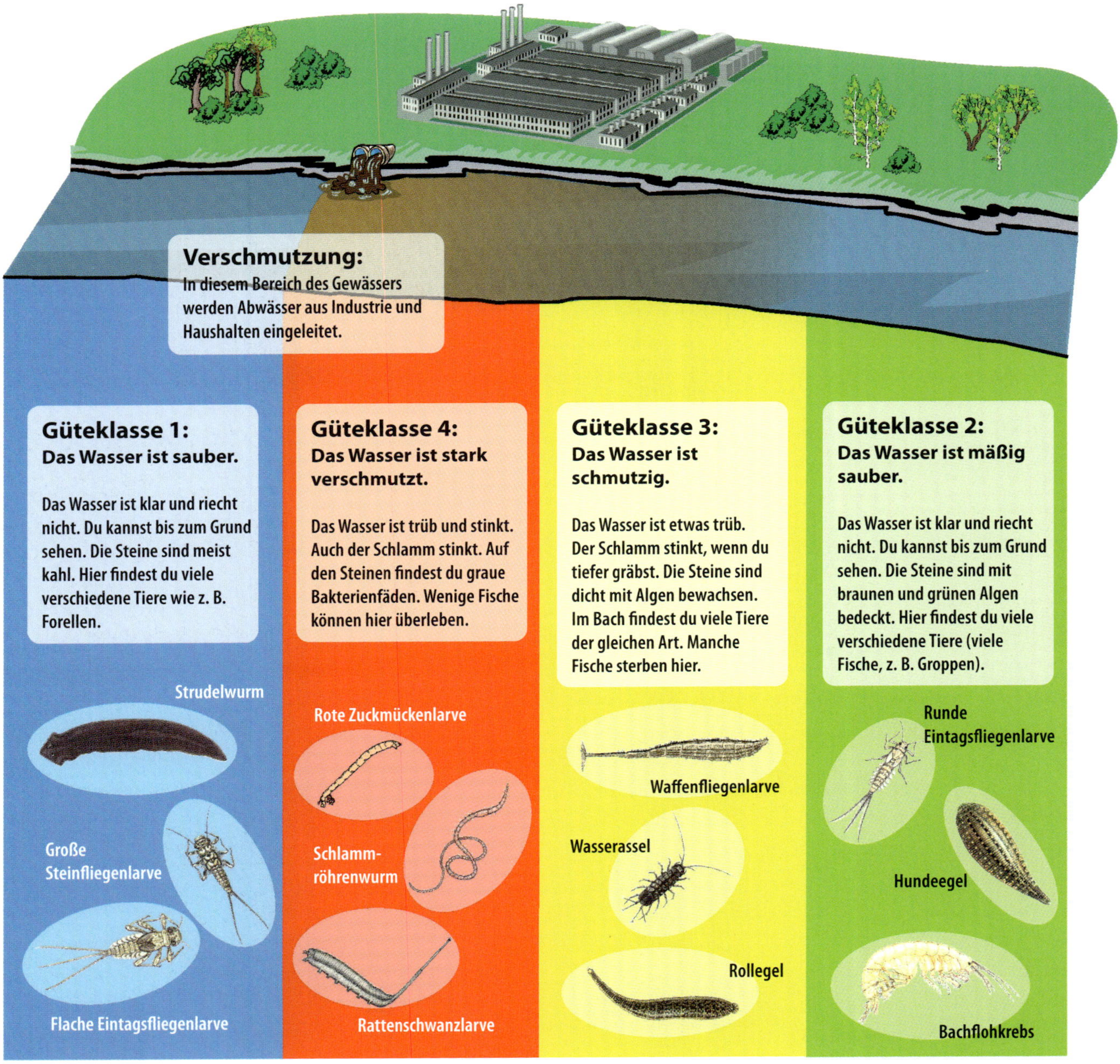

In Österreich wurden in den letzten Jahrzehnten umfassende Maßnahmen zum Gewässerschutz durchgeführt. Deswegen erreichen 88 Prozent der Fließgewässer in Österreich die Güteklasse 1 oder 2. Flüsse bzw. Flussabschnitte der Güteklasse 4 gibt es in Österreich nicht mehr.

Flusseinzugsgebiet: Gebiet, aus dem das Niederschlagswasser in einen bestimmten Fluss fließt

Aufgrund einer EU-Richtlinie werden Flüsse als Ganzes, also von der Quelle bis zur Mündung und über Staatsgrenzen hinweg, betrachtet. Das österreichische Gewässernetz ist Teil von **drei großen internationalen** **Flusseinzugsgebieten**: Donau, Rhein und Elbe.

Zeigerorganismen

GÜTEKLASSE 1

Grün-algen

Steinfliegenlarve
Die Steinfliegenlarve lebt unter Steinen. Sie ernährt sich räuberisch und frisst selten Pflanzenteile. Die Entwicklung bis zum geschlechtsreifen Insekt dauert 1 bis 3 Jahre.

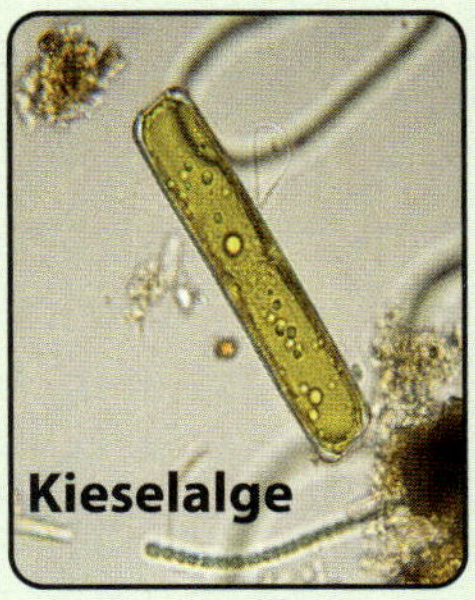
Kieselalge

Planarien
Planarien gehören zu den Strudelwürmern. Ihr Körper ist sehr einfach gebaut.

Auch die **Köcherfliegenlarve,** die du schon kennengelernt hast, findet man in Gewässern der Güteklasse I.

GÜTEKLASSE 2

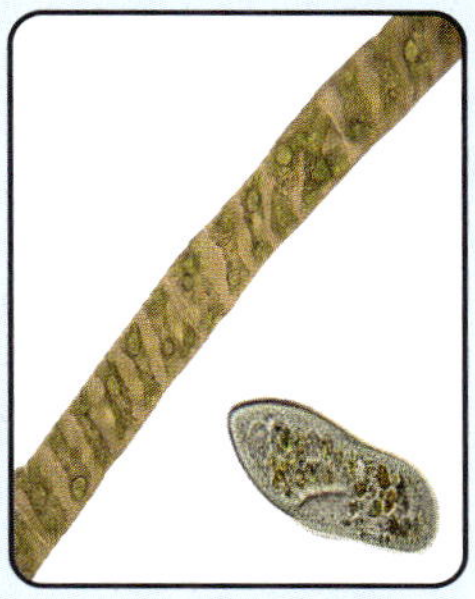

Schraubenalgen und Pantoffeltierchen

Flusskrebs
Der Panzer des Flusskrebses ist farblich dem Untergrund angepasst, somit ist das Tier gut getarnt.

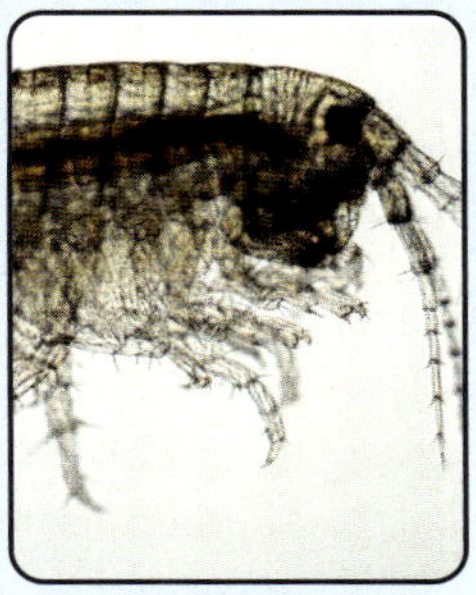

Bachflohkrebs
Der Bachflohkrebs hat kräftige, lange Beine und kann sich damit rasch bewegen.

GÜTEKLASSE 3

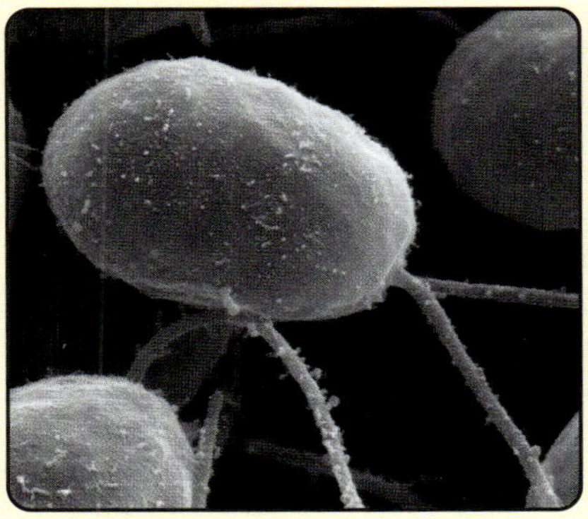

Geißeltierchen

Jochalge
Jochalgen sind einzellige oder fädige Grünalgen.

Rollegel
Er wird auch Schlammegel genannt. Er hält sich mit einem Saugnapf an der Unterseite von Steinen oder an Wasserpflanzen fest.

GÜTEKLASSE 4

Schlammröhrenwürmer

Augentierchen

Abwasserpilz
Dabei handelt es sich nicht um einen Pilz, sondern um eine Kolonie fadenförmiger Bakterien in ihren Schleimhüllen.

Österreichs Wasserversorgung in Zahlen
Zum österreichischen Wasserversorgungssystem gehören 2 630 Quellfassungen, 1 010 Brunnen, 1 570 Pumpwerke und 2 900 Wasserbehälter. Sämtliche Wasserleitungen Österreichs haben eine Länge von ca. 59 000 km, das ist 1 ½-mal so lang wie der Erdumfang.

Berechne den durchschnittlichen täglichen Wasserverbrauch einer Person in Österreich! Die Übersicht hilft dir dabei.

Stell dir vor!
Wenn nur 1 l Öl unsachgemäß in den Wasserkreislauf gelangt, kann er 1 000 000 l Wasser für den menschlichen Gebrauch ungenießbar machen.

Erkundige dich! Wo und wie kann man gebrauchtes Speiseöl entsorgen?

Wenn Wasser sichtbar ist, spricht man vom **Oberflächenwasser**. Befindet es sich unter der Erdoberfläche, dann ist es **Grundwasser**. Das Wasser ist in einem ständigen **Wasserkreislauf**. **Abwässer** werden in **Kläranlagen** gereinigt. In Gewässern kommt es zu einem biologischen **Selbstreinigungsprozess**. **Zeigerorganismen** geben Auskunft über die **Güteklasse** des Wassers.

Sparsamer Umgang mit Wasser

Obwohl die Erde zu einem großen Teil mit Wasser bedeckt ist, sind nur 3% Süßwasser. Aber auch davon steht uns nur ein kleiner Teil als **Trinkwasser** zur Verfügung. Dieses Trinkwasser ist außerdem sehr ungleich verteilt. In vielen Ländern regnet es nur sehr selten, sodass die Menschen, die dort leben, mit zu wenig Wasser bzw. mit Wasser von schlechter Qualität versorgt werden.

Wofür verwendet eine Person wie viel Wasser pro Tag?

WC-Spülung		**48 l**
Baden und Duschen		**43 l**
Wäschewaschen	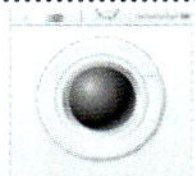	**18 l**
Körperpflege		**9 l**
Gartenbewässerung		**6 l**
Geschirrspüler		**6 l**
Autowäsche		**3 l**
Kochen und Trinken		**3 l**

In Österreich und in den anderen Ländern Mitteleuropas ist die Versorgung mit Trinkwasser sehr gut.

Trotzdem ist es wichtig, **achtsam und sparsam mit Wasser** umzugehen. Jeder Wassergebrauch beeinträchtigt die Qualität des Wassers. Es muss gesammelt und gereinigt werden, bevor es dann über den natürlichen Wasserkreislauf wieder zu uns zurückkehrt.

Deswegen sollten wir unsere Abwässer möglichst wenig belasten.

Wie kannst du einen Beitrag leisten, um

…Wasser zu sparen?

WC-Spülstopps einsetzen!

Das Wasser nicht sinnlos laufen lassen wie z. B. beim Zähneputzen!

Nur vollgefüllte Waschmaschinen und Geschirrspüler in Betrieb nehmen und Sparprogramme verwenden!

Duschen statt baden!

Auf Vorwäsche beim Wäschewaschen verzichten!

Wassersparende Geräte kaufen!

Den Garten und die Blumen mit Regenwasser gießen!

Einhandmischer bei Armaturen anbringen und undichte Armaturen abdichten

…Abwässer wenig zu belasten?

Tampons, Binden, Wattestäbchen, Tierstreu usw. in den Restmüll geben!

Fette und Öle, Farben und Lacke gehören in die Problemstoffsammlung.

Verwende bei Abflussverstopfung mechanische Mittel wie Saugglocke und Drahtspirale anstatt chemischer Reinigungsmittel!

Vermeide Weichspüler!

Verwende leicht abbaubare Putz- und Waschmittel!

Verwende zum Entkalken Essigwasser in WC und Bad!

Gehe sparsam mit Seife, Haarshampoo und Duschgel um!

Statt Fleckenentferner benutze Salz, Zitrone oder Gallseife!

Nun geht's los – Aufgaben für schlaue Köpfe!

1) **Der Kreislauf des Wassers ist gestört!** Bei diesen 4 Textstellen fehlen einige Buchstaben. Vervollständige die Texte und schreibe die passende Zahl in die Abbildung! ★★

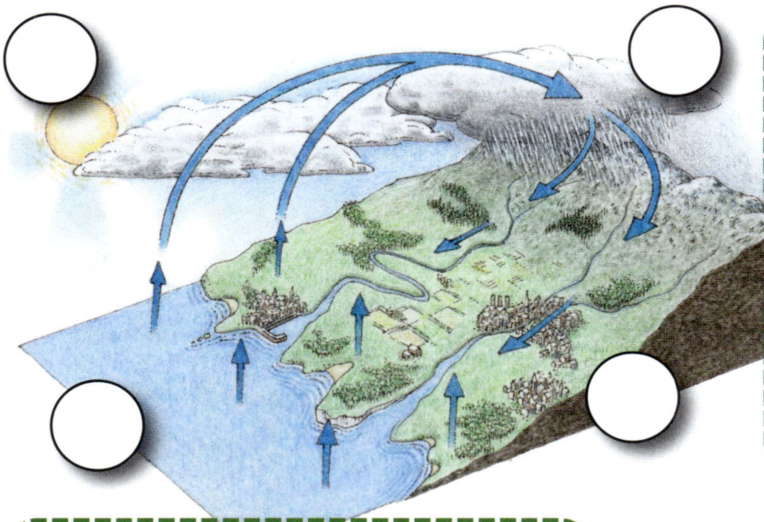

Du_ch käl_ere Tem_erat_ren in hö_er_n L_ftschich_en kon_ensiert d_s W_sser zu Wo_ken. **1**

_n höh_ren Luf_sch_chten bi_det si_h Nie_erschl_g in Fo_m vo_ Reg_n od_r Sch_ee. **2**

Wa_ser a_s Se_n, B_chen, Flü_sen, usw. ver_uns_et du_ch d_e Son_eneinst_ahlung u_d ste_gt a_f. **3**

Ü_er Bäc_e u_d Flüs_e gel_ngt d_s W_sser i_s Me_r. **4**

2) **Suchrätsel** - Hier haben sich 7 Zeigerorganismen versteckt. Finde sie, ringle sie ein und schreibe sie auf! Notiere auch die Güteklasse! ★★★

S	N	V	C	M	J	A	Y	J	H	C	E	F
T	T	Q	T	B	Z	U	V	N	E	E	A	L
E	P	Z	Q	H	R	G	Y	E	E	H	U	U
I	M	H	A	J	B	E	O	U	R	P	M	S
N	P	H	K	Z	K	N	J	D	C	B	A	S
F	Z	Q	K	W	S	T	B	F	T	C	X	K
L	F	F	F	V	P	I	D	J	O	R	I	R
I	U	K	I	E	S	E	L	A	L	G	E	E
E	L	U	T	J	O	R	D	T	D	O	P	B
G	Z	K	H	J	O	C	H	A	L	G	E	S
E	X	V	M	Q	X	H	N	O	P	G	K	A
R	O	L	L	E	G	E	L	D	K	H	A	J
N	C	Z	P	L	A	N	A	R	I	E	N	T

1. ______________________

Güteklasse: ____

2. ______________________

Güteklasse: ____

3. ______________________

Güteklasse: ____

4. ______________________

Güteklasse: ____

5. ______________________

Güteklasse: ____

6. ______________________

Güteklasse: ____

7. ______________________

Güteklasse: ____

Nun geht's los – Aufgaben für schlaue Köpfe!

3) **Lücken im Grundwasser** - Versuche selbst, diese Lücken zu füllen. Wenn du nicht mehr weiterweißt, kannst du die angegebenen Silben zu Wörtern zusammensetzen und dann einsetzen! ★★

Bo- ★ -ser ★ Schad- ★ -ser ★ Ober- ★ -was- ★ Fil- ★ -räumen ★ -trie- ★ Grund- ★ -was- ★ -chen- ★ -ser ★ Hohl- ★ -stoffen ★ -den ★ -flä ★ Trink- ★ -was- ★ -ren

Das Wasser in Seen, Bächen, Flüssen usw. nennt man ______________________. Das Wasser unter der Oberfläche, das ____________________, bildet sich aus dem Wasser, das im __________ versickert. Es befindet sich in ____________________ des Bodens, stehend oder fließend. Beim Versickern in den Boden kommt es zu einem ________________ des Wassers. Deshalb ist naturbelassenes Grundwasser frei von ____________________ oder krankmachenden Keimen und als ________________ geeignet.

4) **Wasserreinigung - Bau eines Wasserfilters:** Wasser, das tief aus dem Boden stammt, ist anfangs schmutzig und voller Bakterien. Deshalb muss dieses Wasser zuerst eigens gereinigt werden. Versuche, diesen Wasserfilter nachzubauen, um herauszufinden, wie er funktioniert! Notiere anschließend deine Beobachtung! ★★★★

Versuchsvorbereitung:
Du sammelst Erde, grobkörnigen Sand, Kieselsteine, Gras und Blätter. Dann brauchst du 2 Wasserkrüge, einen Filzstift, einen großen Löffel, eine Schere, Löschpapier und einen sauberen Blumentopf.

Versuchsdurchführung:

Fülle geringe Mengen Erde, Kieselsteine, Sand, Gras und Blätter in einen Krug mit Wasser! Dann rühre alles gut durch!

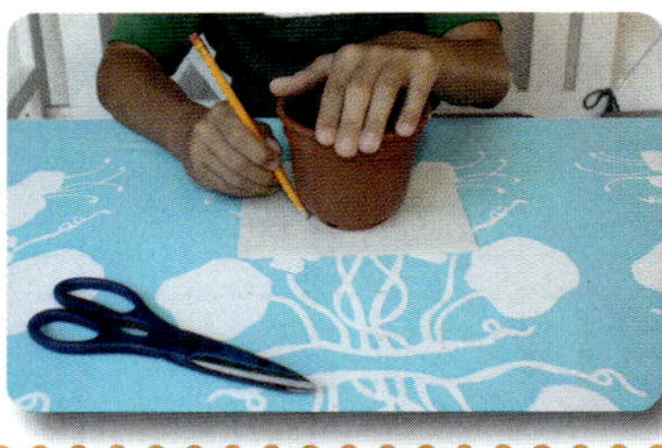

Stelle den Blumentopf nun auf das Löschpapier, zeichne seine Unterseite nach und schneide diesen Kreis aus!

Lege den Kreis aus Löschpapier auf den Boden des Blumentopfes! Fülle diesen dann halb mit Sand und lege eine Lage Kieselsteine darauf!

Nun stelle den Blumentopf auf den zweiten Krug und gieße das Schmutzwasser langsam in den Filter!

Was passiert? *Das Wasser, das aus dem Filter* ______________________________

____

Gewässer REPORT

Warum frieren Gewässer immer von oben zu?

Die Dichte der meisten Stoffe ist umso größer, je tiefer ihre Temperatur ist. Wasser ist anders. Es hat bei etwa 4 °C die größte Dichte, d. h. bei dieser Temperatur ist es aber am schwersten. Kühlt die Oberfläche eines Gewässers weiter ab, bleibt das kältere Wasser an der Oberfläche und gefriert dort. Am Grund eines Gewässers, das tief genug ist, bleibt immer eine Schicht mit flüssigem Wasser. Dort können Tiere und Pflanzen im Winter überleben.

ACHTE AUF DAS TRINKWASSER!

Unsere Erde ist zu 2/3 mit Wasser bedeckt. Das meiste davon ist Salzwasser, das man nicht trinken kann. Der größte Teil des Süßwassers auf der Erde ist in Gletschern oder Eisdecken gefroren. Das heißt, nur ein sehr geringer Teil ist tatsächlich Trinkwasser. Deswegen ist es so wichtig, dass mit Trinkwasser sorgsam umgegangen wird.

Weshalb sind Fische in der menschlichen Ernährung gesund?

Fische sind wichtige Eiweißlieferanten. Da Fische einen sehr geringen Anteil an Bindegewebe haben, ist ihr Eiweiß für uns besonders leicht verdaulich und gelangt rasch an die Stellen in unserem Körper, an denen es benötigt wird. Außerdem ist Fisch sehr vitaminreich. Bereits eine einzige Fischmahlzeit deckt den Tagesbedarf eines Menschen an vielen Vitaminen. Fisch ist auch reich an Spurenelementen wie Calcium, Iod, Eisen, Zink, Fluor und Selen.

Aber Vorsicht: Leben Fische in verschmutzten Gewässern, dann können sich Umweltgifte wie Arsen oder Quecksilber in ihren Körpern ansammeln und der Verzehr solcher Fische kann schädlich für die Gesundheit sein. So ist in der EU z. B. die Einfuhr von bestimmten Schwertfischen verboten, da ihr Fleisch einen zu hohen Gehalt an Quecksilber hat.

WIE SCHLAFEN FISCHE?

Einen schlafenden Fisch zu sehen, ist gar nicht so einfach. Fische besitzen keine Augenlider und haben deswegen die Augen immer offen. Das heißt aber nicht, dass sie immer etwas sehen, da sie ihre Augen „ausschalten“ können. Da Schlafen für Fische außerdem sehr gefährlich sein kann, verstecken sie sich zum Schlafen. Sie schwimmen in kleine Felshöhlen oder in enge Felsspalten, in die die großen Raubfische nicht hineinkönnen. Dort lehnen sie sich an die Wand oder legen sich auf die Seite. Manche Fischarten gleichen auch ihre Körperfarbe zum Schlafen dem Gewässerboden an, um nicht gesehen zu werden.

... in diesem Sinne ...

Fische können mit ihren Augen Umrisse aus bis zu 20 m Entfernung wahrnehmen und auch Farben sehen. Sie hören Geräusche und haben einen besonders stark ausgebildeten Geruchs- und Geschmackssinn. So können sie ihre mögliche Beute in großer Entfernung riechen. Das Maul der Fische ist ein empfindliches Tastorgan. Viele besitzen Hautanhänge, die wie Fühler wirken, sogenannte Barteln. So können Fische also, wie wir sehen, hören, riechen, schmecken und tasten. Zu alledem haben Fische noch einen sechsten Sinn – das Seitenlinienorgan. Es nimmt geringste Strömungsänderungen wahr, die durch Hindernisse oder herannahende Tiere im Wasser entstehen.

REZEPT DES TAGES

Forelle für 2 Personen:

Sie brauchen: 2 Forellen, ½ Bund Petersilie, 1 Knoblauchzehe, ca. 3 EL Mandelsplitter, Salz und Pfeffer, 1 Zitrone, Butter, etwas Mehl

Forelle mit kaltem Wasser waschen und trocken tupfen. Innen und außen salzen, dann pfeffern und mit einer Hälfte der Zitrone beträufeln. Petersilie und Knoblauch fein hacken, miteinander vermengen und die Fische damit füllen. Wenn Sie die Fischhaut mit etwas Mehl einreiben, wird sie knusprig. Anschließend die Fische in heißer Butter in einer Pfanne auf beiden Seiten ca. 8 min braten, Mandeln darüber streuen und ca. 2 min fertig braten.

Wir wünschen Guten Appetit!

Gewässer REPORT

GELSENALARM! Wie schützt man sich?

- Für Haus und Wohnung: Fenster zu oder Licht aus, sonst Fliegengitter oder Moskitonetze montieren.
- Sie können auch Schalen mit Wasser oder Essig aufstellen und zusätzlich einige Tropfen Zitronen- oder Lavendelöl hineinträufeln.
- Stellen Sie vor Fenster oder Türen Paradeiser-Stauden oder Lavendel auf! Diese stark riechenden Pflanzen vertreiben die Gelsen.
- Auch Nelkenöl in einer Duftlampe hilft. Tauschen Sie außerdem im Freien weiße Leuchtkörper gegen gelbe! Gelsen können gelbes Licht nicht sehen.

Sie wurden gestochen – was ist zu tun?

- Gegen Schwellungen und Juckreiz helfen Essig, Zitrone oder essigsaure Tonerde und der menschliche Speichel.
- Stiche können mit ätherischen Ölen wie Basilikum, Lavendel, Majoran, Melisse, Teebaum, Zitrone, Geranie, Sandelholz, Zeder, Anis, Nelke, Eucalyptus oder Salbei behandelt werden.

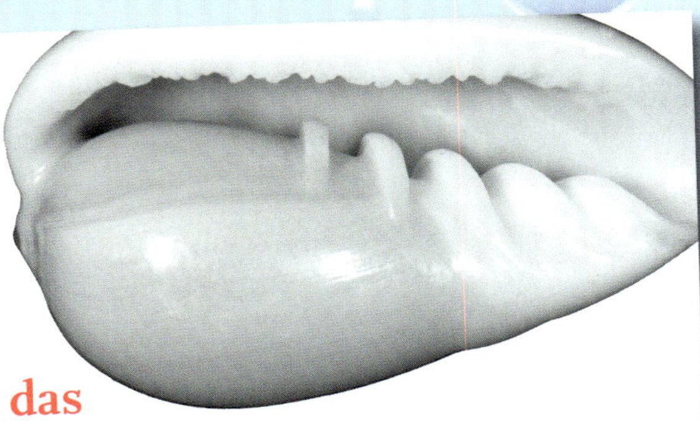

Wie kam das Porzellan zu seinem Namen?

Im 13. Jh. brachte der Weltreisende Marco Polo feines chinesisches Geschirr nach Italien. Damals gab es noch keine derart glatten, durchsichtig schimmernden Teller und Schalen in Europa. Die Menschen glaubten zuerst, dass die Chinesen dieses Geschirr aus den pulverisierten Schalen der Schnecken hergestellt hatten. Und weil Schnecke auf Italienisch „porcellana“ heißen, nannte man auch diese chinesische Keramik so.

Das Meer der Wiener und Wienerinnen

Haben Sie gewusst, dass „Sumpf“ das ungarische Wort für den Neusiedlersee ist? Der Neusiedlersee, der im Volksmund auch als „Meer der Wiener und Wienerinnen“ bezeichnet wird, liegt im Nationalpark Neusiedlersee/Seewinkel. Er hat ein flaches Seebecken. Sein Wasserstand schwankt stark, da er hauptsächlich vom Niederschlag abhängt, doch dies ist charakteristisch für einen Steppensee. Das Klima ist sehr mild, aber auch sehr windig. Sein Schilfgürtel, der übrigens der zweitgrößte zusammenhängende Schilfbestand Europas ist, ist seit Beginn des 20. Jh. stark gewachsen. Heute bedeckt er auf österreichischem Gebiet rund 100 km².

So basteln Sie ein eigenes Beobachtungsrohr

Sie brauchen: einen leeren Jogurtbecher, ein Stück Frischhaltefolie, mehrere Gummibänder

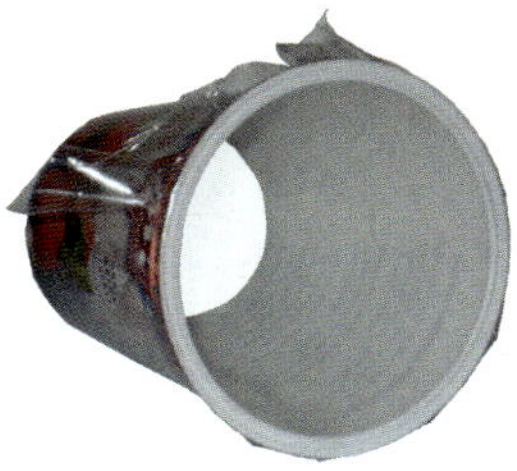

Anleitung: Schneiden Sie zuerst aus dem Jogurtbecher den Boden heraus! Dann legen Sie die Frischhaltefolie auf eine der beiden Öffnungen und streifen die Gummis darüber! Alles, was übersteht, schneiden Sie ab und ziehen die Folie nochmals glatt! Fertig ist Ihr Beobachtungsrohr!

Unglaublich, aber wahr!

- **Der Baikalsee in Sibirien ist nicht nur mit 1 600 m der tiefste See der Erde, sondern auch mit 25 Mio. Jahren der älteste. Er ist auch der wasserreichste See der Erde und mit einer Größe von 31 500 km² so groß wie Oberösterreich und Niederösterreich zusammen.**
- **Libellen können sich stundenlang ohne Pause in der Luft aufhalten. Einige Arten legen sogar ihre Eier im Flug ab.**

Buchtipps

Steve Parker: Die geheimnisvolle Welt der Süß- und Salzwasserfische. Gerstenberg, Hildesheim, 2009.

Torsten Fischer: Was ist was? Fische. Tessloff Verlag, Nürnberg, 2010.

Andreas von Einsiedel: Muscheln & Schnecken. Gerstenberg, Hildesheim, 2007.

Dietmar Mertens: Was ist was? Muscheln, Schnecken, Tintenfische. Tessloff Verlag, Nürnberg, 2006.

Jürgen Dittmann: Tiere in Tümpeln, Seen und Bächen. Verlag an der Ruhr, Mülheim an der Ruhr, 2000.

Auf diesen beiden Seiten findest du viele Anregungen zum Forschen in der Natur. Viel Vergnügen dabei!

Insekten erforschen

Was du alles brauchst: Notizblock, Lupe (8- bis 10-fache Vergrößerung), weißes Tuch, Gartenschaufel, Sieb, 4 Pflöcke, eine 4 m lange Schnur

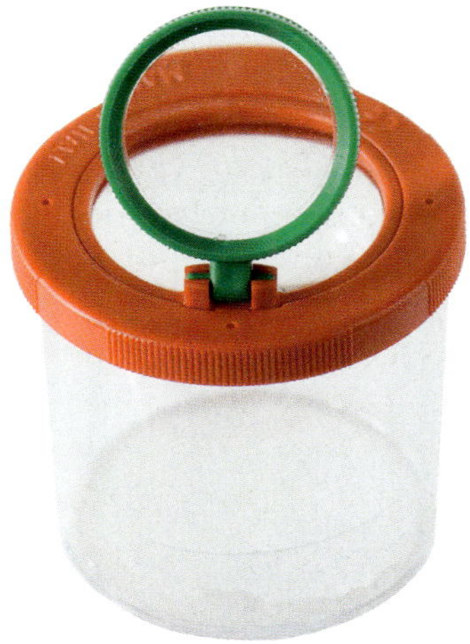

Wie musst du vorgehen?

Experiment 1: Breite ein weißes Tuch unter einem Strauch aus! Klopfe dann mit einem Stock gegen die Zweige! Du wirst sehen, dabei fallen viele Insekten auf das Tuch. Nun kannst du sie mit der Lupe, am besten mit einer Becherlupe (siehe Foto) betrachten.

Experiment 2: Grabe mit einer Gartenschaufel Erde aus und siebe sie vorsichtig! Die Gliederfüßer bleiben auf dem Sieb zurück. Nun kannst du sie für einige Zeit in ein Glas geben, das du mit einem luftdurchlässigen Stoff und einem Gummiring verschließt. Lege dabei das Aufbewahrungsgefäß mit Papier aus!

Experiment 3: Stecke mit Pflöcken und einer Schnur eine 1 x 1m große Fläche ab! Dann zähle die Insekten, die du finden kannst! Wiederhole dieses Experiment eventuell woanders und vergleiche deine Ergebnisse!

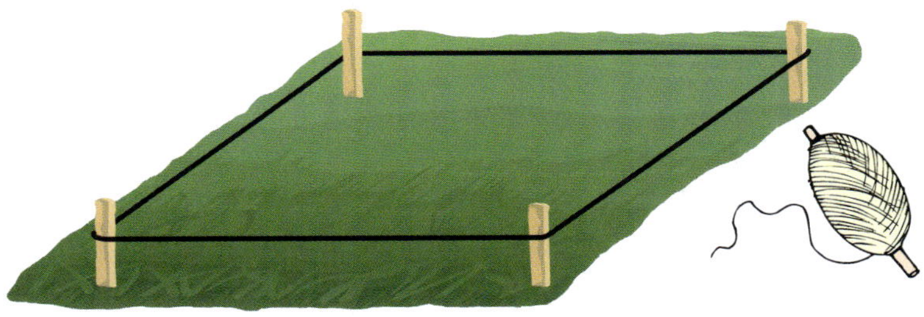

Skizzen anfertigen

Um schnelle Skizzen von Bienen oder Wespen anfertigen zu können, halte dich einfach an diese Anleitung!

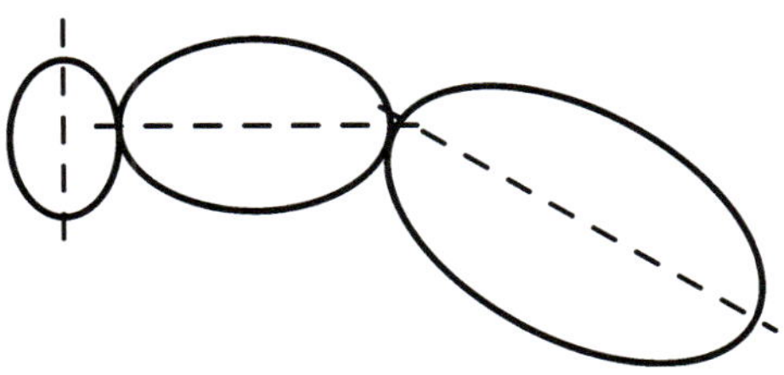

Male drei Ovale für Kopf, Brust und Hinterleib!

Setze nun Fühler an den Kopf und Beine an die Brust!

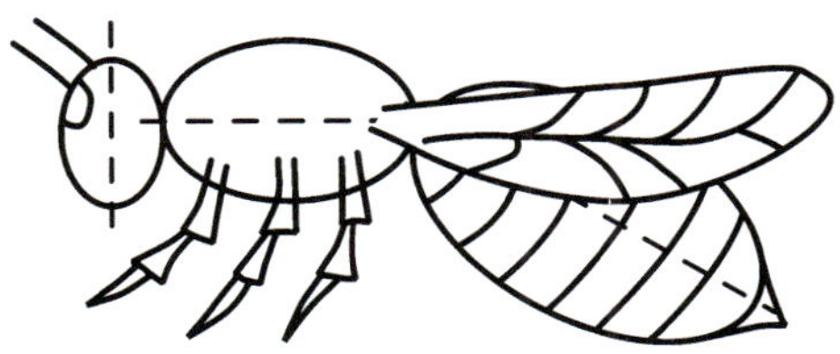

Zeichne die Flügel ein!

Ameisenexperiment

Ameisen markieren den Weg zu einer Futterquelle mit Duftspuren. Wie geht das? Indem sie mit ihrem Hinterleib Duftspuren produzieren, hinterlassen sie typische Geruchsstoffe.

Was du alles brauchst: Stück Papier, Stück Brot oder eine Semmel

Wie musst du vorgehen?

1. Zuerst legst du ein Stück Papier mit einem Stück Brot oder einer Semmel in die Nähe eines Ameisenbaus. Dann warte ab, bis die Ameisen das Futter gefunden haben!

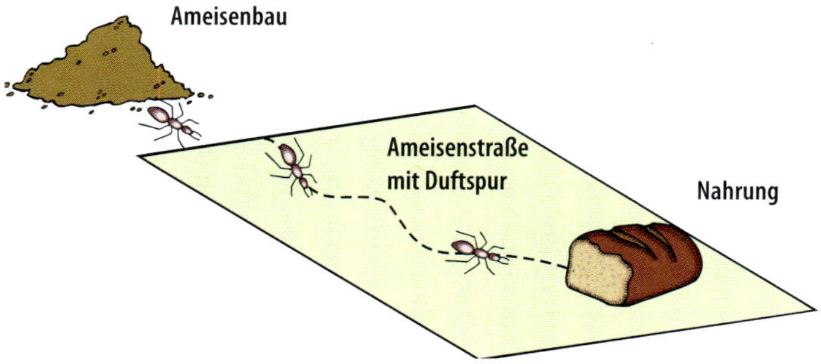

2. Nun legst du das Ameisenfutter an eine andere Stelle des Papiers. Beobachte, was nun weiter geschieht!

Frage: Krabbeln die Ameisen sofort zum Futter oder laufen sie zur alten Stelle, wo das Futter ursprünglich lag?

Antwort: ______________________________

____

Kacheln aus Blättern

Was du alles brauchst: 2 Tassen Mehl, 1 Tasse Salz, 1 Tasse Wasser, 2 EL Speiseöl

Wie musst du vorgehen?

1. Knete zuerst alle Zutaten zu einem Teig! Dann stäube etwas Mehl auf deine Arbeitsfläche!

2. Rolle den Teig mit einem Nudelwalker etwa 2 cm dick aus und drücke das Blatt mit den Adern nach unten in den Teig! Dann rolle mit dem Nudelwalker so lange darüber, bis ein Abdruck zu sehen ist!

3. Entferne nun das Blatt und backe den Teig etwa 2 Stunden lang bei 150 °C im Backofen! Zum Schluss kannst du die abgekühlte Kachel auch noch lackieren oder bemalen.

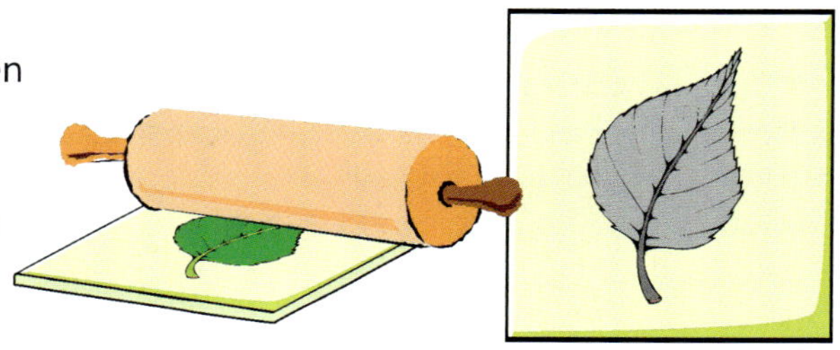

Spinnen beobachten

Was du alles brauchst: Schuhschachtel, Metallkleiderbügel, feuchte Tücher, ein Stück Frischhaltefolie in der Größe der Schachtel

Wie musst du vorgehen?

Zuerst baust du eine Schuhschachtel zu einem Spinnenterrarium um. Dazu legst du feuchte Tücher in die Schuhschachtel, da Spinnen gerne davon trinken. Lege auch einen umgebogenen Metallkleiderbügel hinein! Dann fange eine Spinne! Du findest leicht eine, wenn du nach Spinnennetzen Ausschau hältst. Setze sie in die Schachtel und schließe diese mit einer Frischhaltefolie! Zum Schluss bohre noch Luftlöcher hinein! Nun kannst du beobachten, wie die Spinne auf dem Metallkleiderbügel ihr Netz baut. **Nach einem Tag musst du aber die Spinne wieder freilassen!**

Weißt du noch …

Schneckenrätsel – **Beantworte die Fragen und überprüfe so dein Wissen!**
Tipp: Wenn du die Antwort nicht mehr weißt, dann verwende die Seitenangabe! Sie gibt dir an, wo du im Buch die Lösung findest!

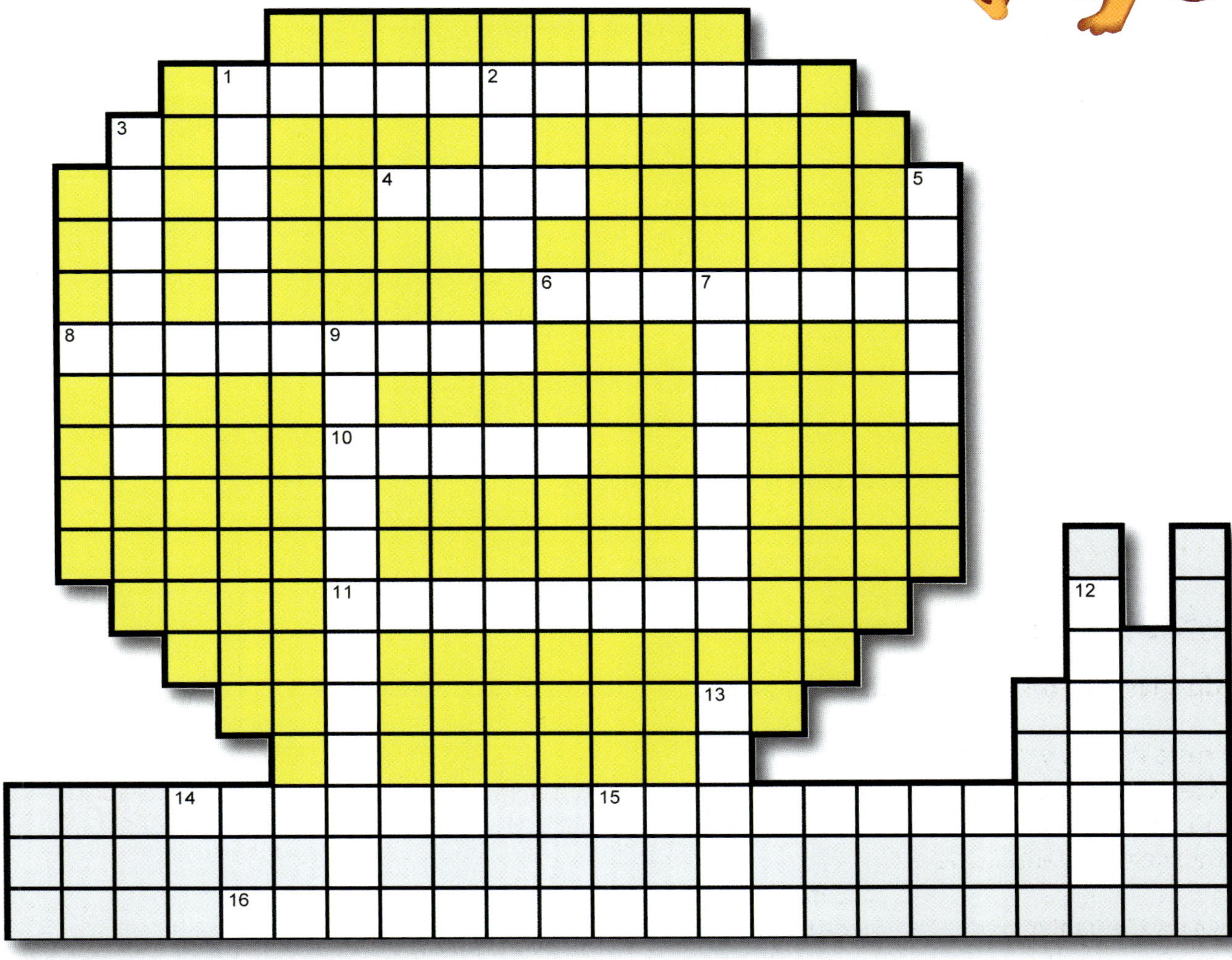

waagrecht:

1. Wenn Libellen sich paaren, bilden sie eine herzförmige Figur, das … (S. 127)
4. Ein junges Reh nennt man auch … (S. 47)
6. Seine Larve heißt Engerling, der Käfer heißt … (S. 63)
8. Damit erreicht man eine bis zu 1 000-fache Vergrößerung … (S. 75)
10. Er ist der bedeutendste Raubfisch unserer heimischen Gewässer ... (S. 111)
11. Sie haben zwei Schalenklappen und gehören zu den Weichtieren … (S. 117)
14. Es ist ein Laubmischwald in der Nähe von Fließgewässern … (S. 23)
15. Pflanzen erzeugen Nährstoffe, man nennt sie daher … (S. 9)
16. Bei dem braun-grünen glitschigen Belag auf Steinen handelt es sich oft um … (S. 101)

senkrecht:

1. Ohne ihn ist der Krebs wehrlos und könnte auch keine Nahrung erbeuten … (S. 123)
2. Spinnen bauen es, um darin Beute zu fangen … (S. 67)
3. Wenn Wasser und Wind den Erdboden abtragen, spricht man von … (S. 13)
5. Einen Wald, der von Menschen bewirtschaftet und verändert wird, nennt man … (S. 6)
7. Sie sorgt im Bienenstaat für die Vermehrung … (S. 53)
9. Es ist ein Organ, das nur Fische besitzen … (S. 107)
12. So nennt man sehr flache, ständig Wasser führende Gewässer … (S. 92)
13. Sie bilden das unterste Stockwerk im Wald und sind Pionierpflanzen … (S. 35)

SYSTEMATIK DES PFLANZENREICHES (einfache Übersicht)

Zu den **Pflanzen** zählen mehrzellige Organismen mit Zellkernen in ihren Zellen, die Fotosynthese betreiben.

MOOSE

kleine Landpflanzen mit Sporen, Blättchen, Stämmchen und Wurzelfäden

FARNE

Sprosspflanzen mit Sprossachse, Blättern und Wurzeln, die keine Samen, sondern Sporen bilden

SPORENPFLANZEN

NACKTSAMER

Samenpflanzen ohne Fruchtknoten, ihre Samen bilden beim Keimen zwei und mehr Keimblätter aus

BEDECKTSAMER

Samenpflanzen mit Fruchtknoten

Zweikeimblättrige Samenpflanzen
Ihre Samen bilden beim Keimen zwei Keimblätter aus.

Einkeimblättrige Samenpflanzen
Ihre Samen bilden beim Keimen ein Keimblatt aus.

SAMENPFLANZEN

SYSTEMATIK DER GLIEDERFÜSSER (einfache Übersicht)

Ihre Körper bestehen aus Segmenten. Sie alle besitzen ein Außenskelett, einen Kopf aus ursprünglich 5 Segmenten mit Anhängseln (Mundwerkzeuge usw.), gegliederte Extremitäten und Fassettenaugen.

	SPINNENTIERE	KREBSTIERE	TAUSENDFÜSSER	INSEKTEN
Körpergliederung	Kopfbruststück und Hinterleib	Verschiedene Arten sind sehr unterschiedlich im Körperbau.	deutlicher Kopf, Körper in gut sichtbare Segmente gegliedert	3 Körperabschnitte: Kopf, Brust, Hinterleib
Beine	4 Beinpaare	mehr als 4 Beinpaare	mehr als 8 Beinpaare	3 Beinpaare
Flügel	keine Flügel	keine Flügel	keine Flügel	häufig geflügelt

SYSTEMATIK DER WIRBELTIERE (einfache Übersicht)

	FISCHE	AMPHIBIEN	REPTILIEN	VÖGEL	SÄUGETIERE
Körperbedeckung	Schuppen und Schleimschicht („glitschig“)	feuchte Haut mit vielen Drüsen	trockene Haut und Schuppen	Federn	Fell
Fortpflanzung	Eier ohne Schale (Laich)	Eier ohne Schale (Laich)	meist Eier mit vorwiegend weicher Schale	Eier mit harter Kalkschale	meist lebende Junge
Körpertemperatur	„wechselwarm“ passen sich der Umgebung an	„wechselwarm“ passen sich der Umgebung an	„wechselwarm“ passen sich der Umgebung an	„gleichwarm“ unabhängig von Außentemperatur	„gleichwarm“ unabhängig von Außentemperatur

Pflanzen-Memory – ein Merkspiel für 3 bis 6 Spieler/Spielerinnen

Aus diesen Bildern kannst du ein Memory herstellen. Schneide dazu die Kästchen aus! Du kannst sie auch auf leere Spielkarten kleben.

Spielanleitung

Dies geht so: Der/die erste Spieler/in deckt zwei Kärtchen auf. Passen diese beiden Kärtchen zusammen, so gehört dieses Paar ihm/ihr. Passen sie nicht zusammen, zeigt er/sie die Kärtchen den Mitspielern und legt sie wieder verdeckt an ihren Platz und der nächste Spieler ist an der Reihe.

Alle Mitspieler müssen versuchen, sich zu merken, welche Kärtchen an welchen Plätzen liegen. Gewonnen hat der Spieler/die Spielerin, der/die am Ende die meisten Paare gesammelt hat.

Schwarz-Pappel

Gemeine Esche

Weiß-Tanne

Weiß-Birke

Feld-Ulme

Rot-Föhre

Artenkunde: Bäume

Gemeine Rosskastanie

Stiel-Eiche

Gemeine Fichte

Grau-Erle

Sommer-Linde

Lärche

Spitz-Ahorn

Silber-Weide

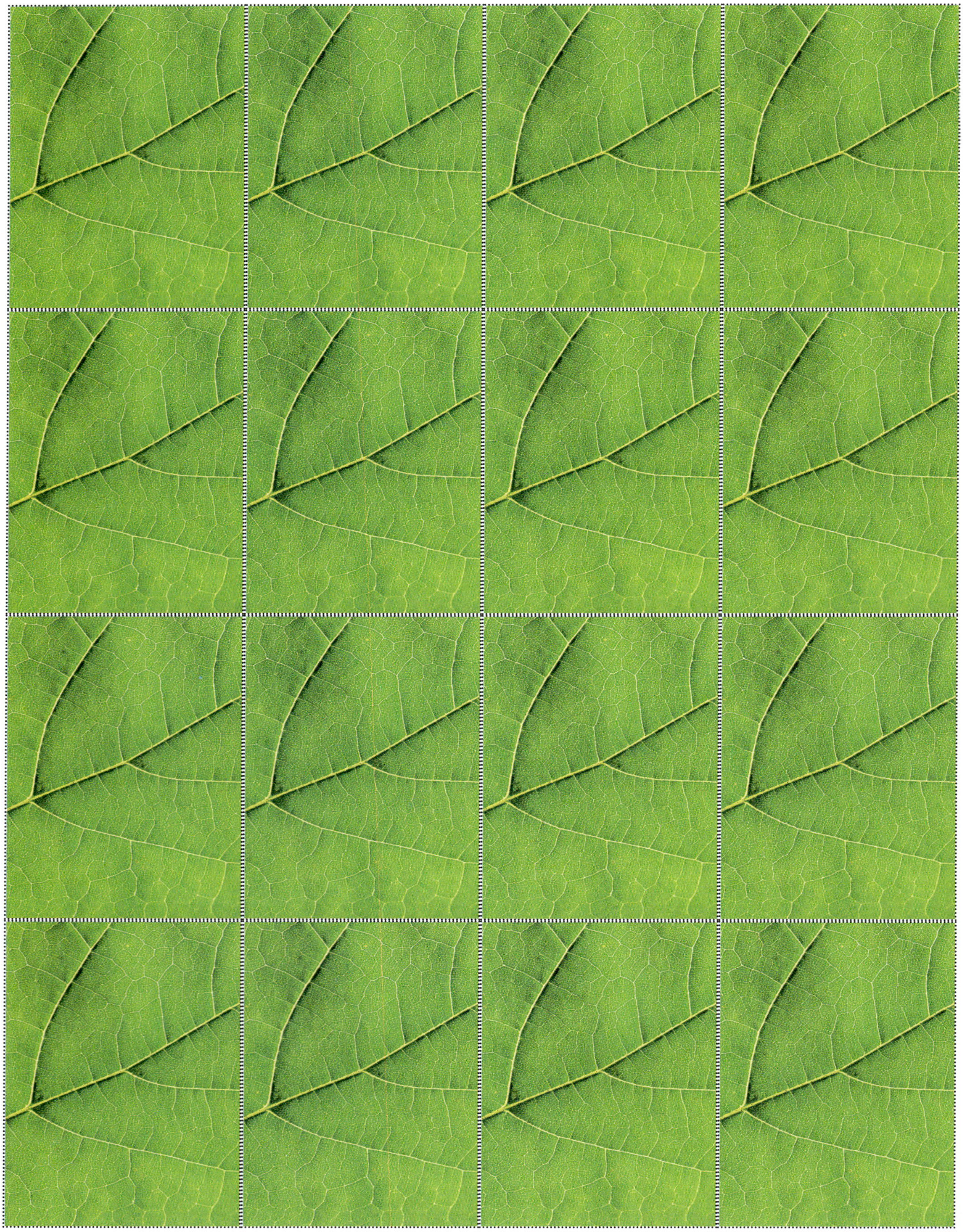

Insekten-Bilderrätsel

Welche 8 Insektenarten findest du hier in diesen Bildern? **Notiere Sie unten!**

1. ______________________________
2. ______________________________
3. ______________________________
4. ______________________________
5. ______________________________
6. ______________________________
7. ______________________________
8. ______________________________
9. ______________________________

A-B-C Rätselalphabet Wald

In den folgenden Sätzen sind die großen farbigen Buchstaben die Anfangsbuchstaben eines Begriffes aus dem Themenbereich Wald. **Setze die Wörter in die Rätselfelder ein!** Tipp: Die Felder mit einer Nummer ergeben den Lösungssatz! Ä = AE, Ü = UE

Der **A** wächst entlang von Flüssen.

Die **B** ist die äußere abgestorbene Schicht des Stammes.

C hilft den Pflanzen, die Sonnenenergie zu nützen.

D fressen und zersetzen tierische Ausscheidungen, Laub und Totholz.

Das **E** ist ein bei uns häufig vorkommender Pilz.

F vermehren sich mit Sporen.

Das **G** ist der Kopfschmuck des Rehs.

Bäume verschließen ihre Wunden mit **H**.

Bei Gefahr stößt der **I** eine stinkende Flüssigkeit aus.

Um Wildschäden zu vermeiden, werden **J** eingezäunt.

Nach dem Laubausbruch gelangt kaum Licht in die **K**.

Die Esche ist ein **L**.

Das **M** ist das Pilzgeflecht im Boden.

Sehr häufig findest du Moose im **N**.

Der saure Regen und das **O** schädigen die Blätter oder die Nadeln der Bäume.

Der **P**, ein beliebter Speisepilz, gehört zu den Blätterpilzen.

Grund- und **Q** aus österreichischen Wäldern haben Trinkwasserqualität.

Der größte Urwald Europas, der in Niederösterreich liegt, heißt **R**.

Der **S** hat einen Stiel, eine rötliche Hutunterseite und ist sehr giftig.

Der Nationalpark **T** ist ein Auwald, der unter Naturschutz steht.

Aus den Wäldern der **U** entstand die Steinkohle.

Der herzförmige **V** des Farns trägt weibliche und männliche Geschlechtsorgane.

Nadelbäume sind **W** .

Aus den befruchteten weiblichen Blütenständen der Fichte entstehen die **Z**.

A	11				23								
B	32		31										
C			3		8			34					
D						6				7			
E				9					38				
F			28	26									
G				2									
H			4										
I			27										
J		12				37							
K					35			21					
L			1	20									
M			30										
N								13					
O		18											
P					29								
Q			22				33						
R	16												
S				25			15						
T					17								
U			24										
V	5												
W				14				36					
Z		19		10									

1	2	3	4	5	6	7	8	9	10	11	12	13

14	15	16	17	18	19	20	21	22	23	24	25

26	27	28	29	30	31	32	33	34	35	36	37	38

Zell-Schach

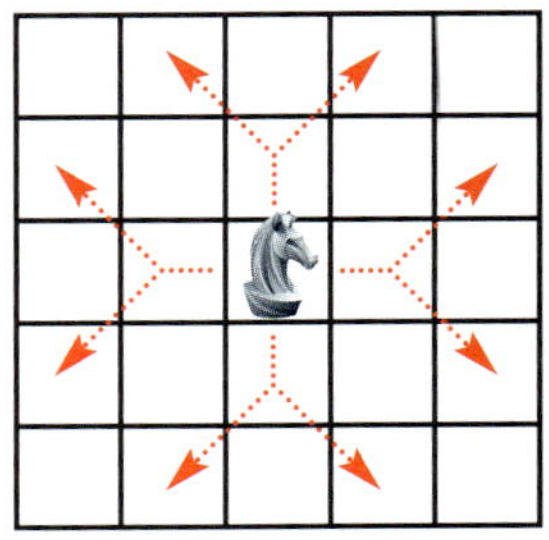

Die Zellen dieses Gewebes sind wie ein Schachbrett angeordnet. Auf diesem ist ein Merksatz versteckt. **Du erfährst den Wortlaut, wenn du auf diesem Schachbrett wie ein Springer von einem Feld zum nächsten springst.** Achtung: Jedes Feld darf nur einmal benutzt werden.

		Start	Ziel		
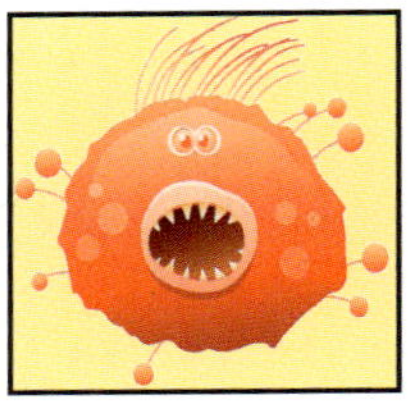		Jeder	-setzen		
Orga-	Zel-	-mus	be-	wieder-	zahlrei-
ist	-ne	-um	-chen	-men-	-ste-
-len	-nis-	-sam-	sich	aus	-ben,
aufge-	aus	Orga-	Gewe-	-hen	-schied-
	zu-	-nen	unter-	die	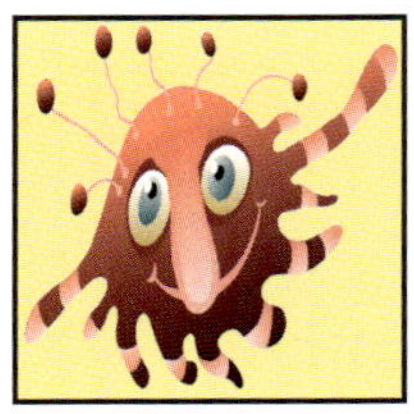
Orga-	-baut.		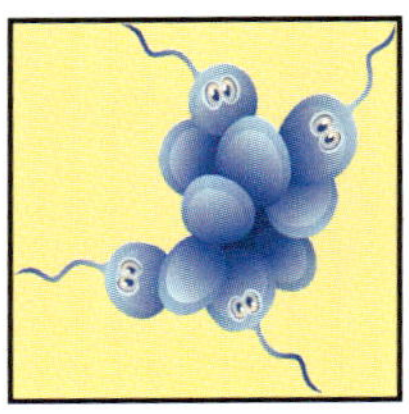	-lichen	aus

Merksatz: ______________________________

____

____

4 gewinnt!

Bei dieser Fehlersuche musst du bei jedem Fisch den Begriff durchstreichen, der nicht zu den anderen passt! Dann notiere darunter mit einem Wort, welche Gemeinsamkeit die anderen 4 Begriffe aufweisen!

Gemeinsamkeit: ____________________

Gemeinsamkeit: ____________________

Gemeinsamkeit: ____________________

Gemeinsamkeit: ____________________

Gemeinsamkeit: ____________________

Gemeinsamkeit: ____________________

SACHREGISTER

BILDQUELLEN:

Biologie für alle 2: Abbildungsverzeichnis

A. Kern / pixelio.de: 120/2

Albrecht E. Arnold / pixelio.de: 69/4, 72/8

Alisha / pixelio.de: 90/3

Angela L / pixelio.de: 96/5, 99/2,

ANP KINA / picturedesk.com: 137/13

artSILENSEcom / fotolia.com: 75/5, 79/1

AVAVA / shutterstock.com: 76/5

bertl100 / pixelio.de: 112/7, 115/1

Botanischer Garten Bern: 60/7

Brigitta Hellerschmidt: 5/3, 6/3, 21/1, 21/2, 24/1, 25/3, 25/4, 27/1, 28/1, 60/22, 146/1, 146/2, 146/3, 146/4, 146/5, 146/6, 146/7, 146/8, 147/1, 147/2, 147/3, 147/4

Carl Axel Magnus Lindman, Bilder ur Nordens Flora: 151/7, 151/8

Carsten Przygoda / pixelio.de: 111/4

Christian Monyk: 5/1, 5/2, 9/1, 9/2, 11/1, 13/4, 14/1, 21/3, 21/4, 21/5, 24/2, 35/3, 35/4, 36/5, 37/2, 39/1, 39/2, 41/2, 46/8, 49/5, 50/7, 50/8, 51/1, 52/4, 56/2, 64/1, 64/2, 64/3, 64/4, 64/5, 64/6, 64/7, 64/8, 66/10, 66/11, 66/12, 66/13, 67/2, 67/3, 67/4, 69/6, 70/2, 72/1, 72/2, 72/3, 73/1, 76/1, 76/2, 76/3, 76/4, 76/6, 76/7, 76/8, 76/9, 76/10, 76/11, 78/1, 81/4, 81/5, 81/6, 82/2, 82/4, 82/5, 83/2, 83/3, 89/2, 91/1, 92/1, 93/7, 95/1, 95/2, 95/4, 98/6, 105/4, 106/1, 106/4, 107/3, 108/1, 108/2, 118/2, 118/4, 124/1, 124/2, 126/1, 129/5, 133/2, 134/1, 135/1, 136/1, 140/1, 140/2, 140/3, 140/4, 142/3, 143/1, 143/3, 143/6, 143/7, 143/8, 143/9, 144/1, 144/2, 144/3

Christoph Ehleben / pixelio.de: 27/5, 30/3

Das kleine Schmetterlingsbuch: Die Tagfalter, Insel-Bücherei Nr. 213: 59/1

de.academic.ru: 137/9

derLord / pixelio.de: 73/5

Dieter / pixelio.de: 90/6

Dieter Haugk / pixelio.de: 50/2, 50/6, 123/1

Dmitrijs Bindemanis / shutterstock.com: 130/5

Dorling Kindersley: 8/1, 38/6, 96/1, 133/1, 139/1

E. Braune / pixelio.de: 105/6

Eidgenössische Forschungsanstalt für Wald, Schnee und Landschaft / Peter Longatti: 15/1

Eric Isselée / fotolia.com: 97/9

errni / shutterstock.com: 56/4

Europas bekannteste Schmetterlinge, Dr. F. Demos, Berlin 1895: 60/2, 60/4, 60/5, 60/6, 60/8, 60/10, 60/12, 60/14, 60/16, 60/18, 60/20, 62/1, 62/2, 62/3, 62/4, 62/5, 62/6, 62/7, 62/8, 62/9, 62/10, 62/15

Frank Hollenbach / pixelio.de : 73/4

Franz Eugen Köhler, Köhler's Medizinal-Pflanzen: 31/1, 32/1, 32/5, 34/6, 37/3, 149/1, 149/2, 149/6, 151/5, 151/6, 151/11, 151/12

Gerd A.T. Müller: 60/13, 62/11

GERD GUENTHER / Science Photo Library / picturedesk.com: 81/1, 137/12

Günter Havlena / pixelio.de: 42/6

Harry Hautumm / pixelio.de: 42/5

Heike Hering / pixelio.de: 43/1

Helga Schmadel / pixelio.de: 42/10, 45/3

Henrik Brav / istockphoto.com: 15/3

Henry Keller / pixelio.de: 69/3, 72/7

hypnotype / shutterstock.com: 26/1, 26/2, 29/1, 29/2

Imi / pixelio.de: 69/1

Jakob Sturm, Deutschlands Flora in Abbildungen: 151/3, 151/4

Jan Martin Will / shutterstock.com: 26/4

Jeridu / istockphoto.com: 137/7

Joakant / pixelio.de: 111/1, 112/4, 115/6, 148/1

Johann Georg Sturm, Deutschlands Flora in Abbildungen: 26/7, 26/8, 29/4, 29/5, 29/6, 151/9, 151/10

jomare / fotolia.com: 134/2

Julija Sapic / shutterstock.com: 26/3, 29/3

Jupiterimages: 61/1, 61/2, 62/16, 62/17, 72/4, 93/3, 93/5, 106/5, 109/1, 110/1, 131/1, 139/2, 141/3, 143/4, 143/5

Jürgen Acker / pixelio.de: 73/2

Jürgen Lukas: 47/2

Karl Dolenc / istockphoto.com: 82/6

Karl-Heinz Liebisch / pixelio.de: 28/10

Katharina Wieland-Müller / pixelio.de: 96/4, 99/1

KFU / United Archives / picturedesk.com: 48/1

Knorre / shutterstock.com: 112/1, 116/2

Konstantin Baskakov / fotolia.com: 102/4

Kurt Bouda / pixelio.de: 134/5

Kurt Michel / pixelio.de: 70/4, 72/6, 35/2

Lebensministerium: 18/1, 18/2, 18/3

Margit Drexler: 28/6

Margrit / pixelio.de: 44/3, 46/10

Marion / pixelio.de: 42/4, 44/2, 46/11

Markus Platzbecker / pixelio.de: 27/8, 29/11, 30/4

Martin Fowler / Shutterstock.com: 64/11

Meinhard Siegmundt / pixelio.de: 45/7, 119/4

Michael Abbey / PhotoResearchers / picturedesk.com: 81/3

Moa-Anette / pixelio.de: 105/5

Nancy Nehring / istockphoto.com: 75/3, 82/1, 82/3, 82/7, 92/3, 92/4, 101/4, 101/5, 101/7, 101/8, 103/1, 103/2, 103/3, 103/6, 112/2, 116/3, 124/5, 137/1, 137/4, 137/5, 137/8

New York State Department of Environmental Conservation: 113/2

Nordreisender / fotolia.com: 102/3

Österreichische Bundesforste: 114/3

Otto Wilhelm Thomé, Flora von Deutschland, Österreich und der Schweiz, (1885) : 102/9

Peter Newrkla: 19/4, 19/5, 23/2, 45/1, 47/3, 47/4, 47/5, 60/1, 90/1, 90/2, 90/4, 90/5, 92/2, 98/1, 106/3, 117/7, 118/1, 118/3, 119/3, 120/1, 122/1, 127/4

Peter Röhl / pixelio.de: 28/9, 29/10

photobucket.com: 124/6

photos.com: 3/1, 3/2, 3/3, 4/1, 4/2, 6/1, 7/1, 7/2, 7/3, 7/4, 7/5, 10/1, 10/6, 10/8, 12/1, 12/2, 12/3, 12/4, 12/5, 12/6, 12/7, 13/1, 13/2, 13/3, 13/5, 13/6, 14/2, 14/3, 14/4, 14/5, 16/1, 17/1, 17/2, 19/2, 19/3, 19/6, 20/1, 22/1, 23/3, 25/5, 25/7, 25/8, 25/9, 25/11, 27/2, 27/3, 27/6, 27/7, 28/5, 28/7, 28/8, 29/8, 30/2, 32/3, 33/1, 33/2, 34/2, 34/4, 34/7, 34/8, 36/6, 36/7, 37/1, 38/7, 40/2, 42/1, 42/3, 42/7, 43/2, 43/4, 43/5, 43/6, 44/5, 45/5, 46/13, 46/14, 46/15, 46/16, 48/2, 48/4, 49/2, 49/3, 49/4, 49/6, 50/3, 50/5, 51/2, 51/3, 51/4, 51/5, 53/1, 53/2, 53/3, 53/4, 54/5, 54/6, 54/7, 54/8, 54/9, 55/1, 55/5, 56/1, 56/5, 57/1, 57/2, 57/3, 57/4, 57/5, 57/6, 57/7, 58/2, 59/2, 59/3, 59/4, 59/5, 59/6, 60/23, 61/2, 61/6, 63/1, 63/3, 63/4, 63/5, 63/6, 63/7, 63/8, 64/9, 64/10, 64/12, 64/13, 65/1, 65/5, 66/1, 66/2, 66/6, 66/7, 66/8, 67/1, 67/5, 68/2, 68/3, 68/7, 71/1, 71/2, 72/5, 73/6, 73/7, 74/1, 74/2, 75/1, 75/2, 75/4, 75/6, 77/1, 77/2, 77/3, 77/4, 77/5, 77/6, 78/2, 85/2, 85/3, 85/4, 85/5, 86/1, 87/2, 88/1, 88/2, 88/3, 88/4, 88/5, 89/1, 90/7, 91/2, 91/3, 91/4, 91/5, 93/1, 93/2, 93/4, 93/6, 93/8, 93/9, 94/1, 94/2, 95/3, 96/3, 96/6, 97/8, 98/2, 98/5, 99/3, 101/9, 102/1, 102/5, 102/7, 102/8, 104/1, 105/2, 105/3, 106/2, 108/3, 110/2, 111/2, 112/5, 112/6, 112/9, 113/4, 115/2, 116/4, 116/5, 117/3, 117/6, 119/5, 119/6, 121/1, 121/2, 121/3, 124/3, 126/2, 127/3, 127/6, 127/7, 128/3, 134/3, 134/4, 134/6, 137/6, 138/1, 138/2, 138/3, 138/4, 138/5, 138/6, 138/7, 138/8, 141/1, 141/2, 141/4, 142/1, 142/2, 143/2, 148/2, 148/3, 148/4, 148/5, 150/1

Pilzfinder Solling: 52/3

Pilzforum.eu: 52/1

Poldy / pixelio.de: 114/4

Prof. Dr. Otto Wilhelm Thomé Flora von Deutschland, Österreich und der Schweiz 1885, Gera, Deutschland: 26/5, 31/3, 149/5, 149/7, 149/8, 149/9, 149/10, 149/11, 149/12, 151/1, 151/2, 151/13, 151/14, 151/15, 151/16

R. B. / pixelio.de: 128/1132/5,

Rainer Denkinger: 24/3

Rainer Nowak / pixelio.de: 52/2

Rainer Sturm / pixelio.de: 96/2, 99/4

Raoul Krischanitz: 110/3

Reinhold Einsiedler / fotolia.com: 127/1

Robert Hooke, Micrographia, 1665: 77/9

Robin Hunter (c) Dorling Kindersley: 107/2, 109/2

Ron Rowan Photography / shutterstock.com: 68/6

S. Hofschläger / pixelio.de: 84/3

Sabine Geiler / pixelio.de: 50/1

scarlet61 / fotolia.com: 129/6

Scimat / PhotoResearchers / picturedesk.com: 84/2

shutterstock.com / Maksym Bondarchuk : 31/4

Simone End (c) Dorling Kindersley: 73/3

Sommeragu Fabio / pixelio.de: 132/6

Stefan Schejok / shutterstock.com: 70/3

Tamara Hoffmann / pixelio.de: 70/1

Templermeister / pixelio.de: 50/4

Thorben Wengert / pixelio.de: 49/1

Tralesta / fotolia.com: 102/2

Tschi Em / pixelio.de: 124/4

U.S. Fish and Wildlife Service: 105/1, 114/1, 115/4

Udo Nowak / pixelio.de: 42/8

United States Geological Survey: 117/5

Uschi Dreiucker / pixelio.de: 43/3, 45/4

Vladimir Vitek / thinkstockphotos.com: 97/1, 113/1, 115/3

Walter J. Arnold / pixelio.de: 69/5

wikimedia commons: 10/3, 15/2, 25/6, 26/6, 29/7, 55/2, 58/3, 58/4, 58/5, 60/9, 60/15, 60/17, 60/21, 61/5, 62/12, 62/13, 62/14, 65/2, 66/3, 66/9, 68/4, 82/8, 97/6, 107/1, 108/5, 117/1, 119/1, 119/2, 120/3, 123/2, 123/3, 125/1, 130/4, 134/7, 137/2, 137/3, 137/10, 149/3, 149/4

wikimedia commons / Adam Opiola: 55/4

wikimedia commons / Aleph: 10/7

wikimedia commons / Anaxibia: 108/4

wikimedia commons / André Karwath: 127/5, 129/4, 97/5

wikimedia commons / Andrew Dunn: 87/1

wikimedia commons / Archenzo: 44/4, 46/12

wikimedia commons / Archenzo Cortenova: 28/2

wikimedia commons / Augustin Roche: 91/6

wikimedia commons / Beentree: 63/2

wikimedia commons / Bjoertvedt: 38/9

wikimedia commons / BotBln: 16/3

wikimedia commons / Bruce: 34/1

wikimedia commons / Christian Fischer: 36/8, 40/3, 41/1, 91/7

wikimedia commons / Chrumps: 65/4

wikimedia commons / Crusier: 25/1, 32/4, 34/5

wikimedia commons / David Perez: 128/4

wikimedia commons / Dezidor: 42/12

wikimedia commons / Donna Dewhurst: 10/4

wikimedia commons / Dr. Nachtigaller: 28/4

wikimedia commons / Dr. Ralf Wagner: 101/3

wikimedia commons / Erbe, Pooley: USDA, ARS, EMU: 87/3

wikimedia commons / Ernie: 60/3

wikimedia commons / Evanherk: 129/1, 132/4

wikimedia commons / Frank Vincentz: 6/2, 27/4, 30/1

wikimedia commons / G. Fahnenstiel: 101/1, 103/7

wikimedia commons / Georg Mittenecker: 92/6

wikimedia commons / Gilles San Martin: 97/3114/2

wikimedia commons / Glen Peterson: 68/5

wikimedia commons / H. Zell: 38/8, 40/6

wikimedia commons / Hans Hillewaert: 97/2

wikimedia commons / Heinz Seehagel: 34/3

wikimedia commons / Jakub Hałun: 19/1

wikimedia commons / James Gathany, CDC: 130/1

wikimedia commons / James K. Lindsey: 35/1, 40/1, 60/11, 42/11

wikimedia commons / João P. Burini: 74/3

wikimedia commons / Joel Berglund: 117/4

wikimedia commons / jp hamon: 66/5

wikimedia commons / JrPol: 83/1

wikimedia commons / Jürgen Mages: 137/14

wikimedia commons / Kaeptn chemnitz: 102/6

wikimedia commons / Karelj: 97/4, 97/7, 116/6

wikimedia commons / Kenraiz Krzysztof Ziarnek: 28/3

wikimedia commons / Kristian Peters: 129/3, 132/3

wikimedia commons / Kulac: 60/24

wikimedia commons / Luc Viatour: 111/3

wikimedia commons / Luis Fernández García: 101/6, 103/4

wikimedia commons / Mario Modesto Mata: 10/2

wikimedia commons / Mathias Krumbholz: 65/3

wikimedia commons / Mehmet Karatay: 55/3

wikimedia commons / Nathan Wilson: 42/2, 44/1

wikimedia commons / Norbert Schuller: 130/3, 132/2

wikimedia commons / Olaf Leillinger: 60/19, 60/26, 61/4

wikimedia commons / Olaf Nies: 112/3, 112/8, 115/5, 116/1

wikimedia commons / Opuntia: 60/25

wikimedia commons / Peter Trimming: 48/3

wikimedia commons / Piet Spaans: 129/2

wikimedia commons / Przykuta: 32/2

wikimedia commons / Quartl: 127/2, 132/1

wikimedia commons / Rasbak: 38/5, 40/5

wikimedia commons / Ripa: 42/9

wikimedia commons / RME-OT Caracas- Venezuela: 120/4

wikimedia commons / Rolf Dieter Mueller: 77/7

wikimedia commons / Ron Offermans: 97/10

wikimedia commons / Rosenzweig: 16/2

wikimedia commons / Ryan Wilson: 68/1

wikimedia commons / S Sepp: 25/2

wikimedia commons / Shaddack: 75/7, 75/8

wikimedia commons / Siga: 98/4

wikimedia commons / Simon Koopmann: 31/2

wikimedia commons / Sir Boris: 23/1

wikimedia commons / Sławomir Staszczuk: 10/4

wikimedia commons / Stefan Weigel: 113/3

wikimedia commons / Steffen Dietzel: 130/2

wikimedia commons / SuckXez: 81/2, 85/1

wikimedia commons / Thunderclap: 137/11

wikimedia commons / Tigerente45/2

wikimedia commons / Tubifex: 28/11

wikimedia commons / Ullrich Mühlhoff: 92/5

wikimedia commons / Valerius Geng: 69/2, 72/9

wikimedia commons / Vaz Viren: 56/3

wikimedia commons / Walké: 54/1, 58/1

wikimedia commons / Walter J. Pilsak: 45/6

wikimedia commons / Waugsberg: 54/2, 54/3, 54/4, 66/4

wikimedia commons / Weitbrecht: 117/2

wikimedia commons / Wildfeuer: 25/10

wikimedia commons / Willow: 29/9, 38/4, 40/4

wikimedia commons / Zefram: 128/2

wikimedia commons Z H. Hoffmeister: 77/8

Wolfgang Kruck / shutterstock.com: 47/1

www.epa.gov: 101/2, 103/5

www.hippocampus-bildarchiv.de: 98/3

Zentilia / shutterstock.com: 84/1